层状体系介电特性
反演理论及其应用

王复明　张　蓓　蔡迎春　钟燕辉　著

科学出版社
北京

内 容 简 介

层状体系介电特性是探地雷达无损检测技术在道路及堤防工程中应用的基础。本书系统总结了作者十余年来在介电特性反演理论与应用方面的研究成果。主要内容包括：探地雷达的发展及其工作原理，层状介质探地雷达电磁波正演模拟，层状体系介电特性反演及厚度分析方法，复合介电特性模型及其在道路工程中的应用等。

本书较全面地介绍了层状体系介电特性反演方面的最新进展，并指出了值得重视的前沿课题，可作为岩土工程、道路与铁道工程、水工结构工程等专业的研究生教材，并可供工程检测相关领域的科研人员或工程技术人员参考。

图书在版编目(CIP)数据

层状体系介电特性反演理论及其应用／王复明等著.—北京：科学出版社，2011

ISBN 978-7-03-030707-1

Ⅰ.①层… Ⅱ.①王… Ⅲ.①层状体系-介电性质-研究②路面-工程结构-理论研究　Ⅳ.①TN959.1②U416.01

中国版本图书馆CIP数据核字(2011)第056795号

责任编辑：沈　建／责任校对：邹慧卿
责任印制：赵　博／封面设计：耕　者

科 学 出 版 社 出版
北京东黄城根北街16号
邮政编码：100717
http://www.sciencep.com

骏 杰 印 刷 厂 印刷
科学出版社发行　各地新华书店经销

*

2011年3月第 一 版　　开本：B5（720×1000）
2011年3月第一次印刷　印张：15
印数：1—3 000　　　字数：289 000

定价：**60.00元**
（如有印装质量问题，我社负责调换）

前　言

　　近年来,探地雷达(GPR)技术的发展十分迅速。在设备研发方面,多种频率的地面耦合及空气耦合探地雷达系统相继问世,信号采集和数据处理技术水平不断提高。在工程应用方面,探地雷达技术已经广泛应用于土木、水利、矿山、地质、农业、林业、环境及国防等工程领域,显示出十分广阔的发展前景。

　　对于道路等层状结构,由于线路较长,采取钻孔取芯等破坏性检测方法效率低、代表性差,对交通有一定干扰。探地雷达具有快速、连续、无损等优势,因而在国内外受到广泛重视。目前,探地雷达技术已成为道路检测中的重要手段。

　　然而,道路工程对探地雷达检测技术有其特殊要求,特别是对于路面厚度检测的精度要求较高(通常要求厚度检测误差小于5%)。由于道路材料特性复杂,沿线地区地质条件变化等原因,探地雷达很难达到工程要求精度,不得不结合钻孔取芯进行精度标定。理论上,探地雷达可以检测压实度、含水量等指标,但实际上很难实现,使探地雷达应用范围受到很大限制。造成上述问题的主要原因在于探地雷达基础研究相对滞后,特别是关于路用材料介电特性的研究成果匮乏,严重制约着探地雷达技术的发展和应用。

　　作者针对道路及堤防工程探地雷达检测技术存在的困难,围绕层状体系介电特性反演问题已持续开展十多年的研究。在层状介质探地雷达电磁波正演模拟、层状体系介电特性反演及厚度分析方法、复合介电特性模型及其在道路工程中的应用等方面取得了一些成果,本书作以系统总结。

　　本书的内容安排是这样的:

　　第1章,绪论。介绍探地雷达技术的发展、介质介电特性及其确定方法以及层状体系介电特性反演理论的发展。

　　第2章,探地雷达工作原理及技术特性。概述探地雷达系统组成、工作原理及技术特性。

　　第3章,层状均匀介质探地雷达电磁波正演模拟。介绍了探地雷达电磁波传播理论,建立了层状均匀介质探地雷达电磁波正演模拟的多频成分合成方法,分析了介电常数对探地雷达反射信号的影响。

　　第4章,层状非均匀介质探地雷达电磁波正演模拟。建立了非均匀层状体系探地雷达电磁波正演模拟的时域有限差分方法,并对介电常数沿竖向不均匀分布和沿水平方向不均匀分布情况下的探地雷达电磁波进行正演模拟。

　　第5章,层状体系介电特性反演分析的系统识别方法。阐述了系统识别反演理论，建立了以系统识别原理和灵敏度分析为基础的层状体系介电特性反演方法，并进行了理论验证。

第6章，层状体系介电特性反演分析的遗传算法。介绍了遗传算法的基本原理，提出了层状体系介电特性反演分析的遗传算法以及遗传算法和系统识别的联合反演方法，并对三种反演方法进行了对比分析。

第7章，路面结构层厚度分析。概述了现行路面结构层厚度分析方法，提出了基于反演理论的路面结构层厚度分析方法，开发了路面结构介电特性反演及厚度分析软件SIDTHK，并通过实际工程对软件进行了考评。

第8章，路用材料复合介电特性模型及其应用。开展了路用材料复合介电特性模型试验研究，提出了基于反演理论的路基路面材料压实度、孔隙率、含水量或沥青含量分析方法，研究了基于反演理论的路基含水量、水泥稳定基层强度、沥青混合料级配快速检测分析技术。

应该指出，层状体系介电特性反演是随着探地雷达技术发展起来的前沿学术方向，涉及电磁学、数学、材料等学科专业和道路、机场、堤防等工程领域。本书虽然较为系统地总结了作者的研究成果，但不少方面有待进一步深入研究。因此，本书既是对前期研究成果的总结，也是对本领域新课题的展望。希望读者对书中内容错误之处给予指正，并给作者今后的研究工作给予指导。同时，作者也希望能有更多的学者和工程技术人员投入到本领域的研究工作中，以共同推动介电特性反演理论和探地雷达技术的发展。

本书是王复明团队十余年持续研究的成果总结。张蓓、钟燕辉、蔡迎春先后完成介电特性反演理论方向的博士论文，构成了本书的主要内容。郭成超、李嘉、李强、陈忠平、徐平、李晓龙、张君静等老师以及陶向华、孟美丽、黎春林、张勇、刘俊、王海涛、冯晋利、方宏远、刘强、李婧琳、杨兵等研究生参与了部分研究工作，为本书的完成做出了贡献。

作者的研究工作得到国家杰出青年科学基金、教育部新世纪优秀人才支持计划、交通部西部交通建设科技项目、河南省杰出人才创新基金、河南省杰出青年科学基金等科技计划项目的资助，得到林皋院士、Lytton R L教授、钟万勰院士、郑颖人院士、周丰峻院士、彭向和教授、周晶教授、康海贵教授、刘迎曦教授、陈国靖研究员、张晓冰教授级高工、唐伯明教授、沙爱民教授、郭大进教授级高工、梁新政教授级高工、范跃武教授级高工、马健教授级高工、王辉教授级高工、温胜强教授级高工、刘文廷博士、Saarenketo T博士、Scullion T研究员、Fernando E G博士、Ullidtz P教授、Sorensen A博士等专家的指导和帮助，作者在此表示衷心的感谢。

作　者
2011年2月

目　　录

前言
第1章　绪论 ··· 1
  1.1　探地雷达技术的发展 ··· 1
  1.2　介质介电特性及其确定方法 ·· 4
    1.2.1　介质的介电特性 ·· 4
    1.2.2　介电常数的确定方法 ·· 7
  1.3　层状体系介电特性反演理论的发展 ·································· 8
  1.4　本书的内容安排 ··· 10
  参考文献 ·· 11

第2章　探地雷达工作原理及技术特性 ······································ 15
  2.1　探地雷达系统组成及工作原理 ······································· 15
  2.2　探地雷达技术特性 ·· 19
    2.2.1　探地雷达探测性能分析 ··· 19
    2.2.2　探地雷达测量参数的选择 ······································ 23
    2.2.3　探地雷达性能指标分析 ··· 25
  参考文献 ·· 27

第3章　层状均匀介质探地雷达电磁波正演模拟 ·························· 28
  3.1　探地雷达电磁波传播理论 ··· 28
    3.1.1　层状均匀介质探地雷达电磁波波动方程 ···················· 28
    3.1.2　探地雷达电磁波在两种不同介质交界面上的传播特性 ···· 32
    3.1.3　探地雷达电磁波的波谱特征 ··································· 33
  3.2　层状均匀介质探地雷达电磁波正演模拟 ·························· 34
    3.2.1　正演模拟多频成分合成方法 ··································· 34
    3.2.2　正演模型的建立 ·· 36
    3.2.3　实例分析 ··· 41
  3.3　介电常数对探地雷达反射信号的影响 ····························· 47
    3.3.1　探地雷达电磁波在有耗介质中的传播特性 ·················· 47
    3.3.2　单层体系中介电常数对探地雷达反射信号的影响分析 ···· 48
    3.3.3　多层体系中介电常数对探地雷达反射信号的影响分析 ···· 50
  参考文献 ·· 56

第 4 章 　层状非均匀介质探地雷达电磁波正演模拟 ································· 58
4.1 　非均匀材料介电特性试验 ·· 58
4.1.1 　材料介电常数非均匀性试验验证 ··· 58
4.1.2 　非均匀介电常数对探地雷达信号解释精度的影响 ································· 61
4.2 　层状介质探地雷达电磁波正演模拟的时域有限差分方法 ···························· 62
4.2.1 　时域有限差分法 ··· 62
4.2.2 　层状介质探地雷达电磁波正演模拟 ··· 70
4.3 　非均质层状体系探地雷达电磁波正演模拟 ·· 91
4.3.1 　竖向非均质层状体系探地雷达电磁波正演模拟 ····································· 91
4.3.2 　水平非均质层状体系探地雷达电磁波正演模拟 ····································· 94
4.3.3 　工程实例对比分析 ··· 97
参考文献 ·· 100

第 5 章 　层状体系介电特性反演分析的系统识别方法 ································· 102
5.1 　系统识别反演方法的理论基础 ·· 102
5.1.1 　系统识别基本原理 ··· 102
5.1.2 　反演方程的建立 ··· 103
5.1.3 　反演方程的求解 ··· 105
5.1.4 　算例分析 ··· 108
5.2 　层状体系介电特性反演分析的系统识别方法 ·· 115
5.2.1 　层状体系介电特性反演 ··· 115
5.2.2 　介电特性反演方程的建立和求解 ··· 117
5.3 　系统识别反演方法的考评 ·· 120
参考文献 ·· 123

第 6 章 　层状体系介电特性反演分析的遗传算法 ··· 124
6.1 　遗传算法基本原理与实现过程 ·· 124
6.1.1 　遗传算法发展概况 ··· 124
6.1.2 　遗传算法基本原理及其特点 ··· 124
6.1.3 　遗传算法的实现过程 ··· 126
6.2 　层状体系介电特性反演分析的遗传算法 ·· 131
6.2.1 　层状体系介电特性反演遗传算法的实现 ··· 131
6.2.2 　算例分析 ··· 132
6.3 　遗传算法和系统识别联合反演方法 ·· 133
6.3.1 　联合反演方法的实现 ··· 133
6.3.2 　算例分析 ··· 135
参考文献 ·· 136

第 7 章 路面结构层厚度分析 137
7.1 基于简化公式的路面结构层厚度分析方法 137
7.1.1 路面结构层厚度检测技术概况 137
7.1.2 探地雷达厚度检测简化计算公式 138
7.2 基于反演理论的路面结构层厚度分析方法 142
7.3 路面结构介电特性反演及厚度分析软件 SIDTHK 146
7.3.1 SIDTHK 软件设计 146
7.3.2 SIDTHK 软件考评 147
7.4 工程应用实例 153
参考文献 163

第 8 章 路用材料复合介电特性模型及其应用 166
8.1 路用材料复合介电特性模型试验研究 166
8.1.1 复合介电特性模型 166
8.1.2 路用材料复合介电特性试验研究 171
8.1.3 路用材料复合介电特性模型改进 181
8.2 基于反演理论的路基路面材料压实度、孔隙率、含水量或沥青含量分析 196
8.2.1 路基路面材料压实度、孔隙率、含水量或沥青含量的定义 198
8.2.2 基于反演理论的路基路面材料压实度、孔隙率、含水量或沥青含量分析 200
8.2.3 工程应用实例 202
8.3 路基含水量分析 204
8.4 水泥稳定基层强度分析 209
8.5 沥青混合料级配分析 214
参考文献 228

第1章 绪　　论

1.1　探地雷达技术的发展

雷达(Radar)源于 Radio Detection and Ranging 的缩写,原意是"无线电探测与测距",即应用无线电方法发现目标并测定它们在空间的位置[1]。因此,雷达检测技术实质上是一种特高频电磁波的发射、接收和分析的技术,它利用目标对电磁波的反射现象来发现目标并测定其位置。

雷达技术的发展可追溯到19世纪初。当时,雷达技术被用来发现空中目标并测定其位置和速度。此后,雷达技术基本原理逐步被揭示,如不同的物体对电磁波具有不同的干扰特性,介质的介电常数、电导率和磁导率等特性决定着电磁波传播的规律以及电磁波在真空中的传播速度等于光速等,对雷达技术的发展起到了推动作用。

探地雷达(ground penetrating radar,GPR)是雷达技术逐渐由军用转向民用方向发展的一个重要成果。

探地雷达是利用高频无线电波来确定地下介质分布特性的无损检测技术。其工作原理类似于探空雷达,即由发射天线向地下发射高频脉冲电磁波,电磁波在地下介质传播过程中,遇到存在电性差异的物体界面会产生发射,反射回来的电磁波经由接收天线接收,根据接收的雷达回波波形、振幅和双程走时等参数来推断地下目标体的空间位置、结构、电性及几何形态,从而达到探测地下目标的目的[1~3]。探地雷达发射与接收的射频频率一般在 $10^7 \sim 2 \times 10^9$ Hz 之间。雷达波频率高,波长短,遵守波的传播规律,具有入射、反射、折射与衰变等传播特点[4]。与探空雷达不同的是,由于地下介质特性比较复杂,且介质对电磁波具有较强的衰减作用,使得电磁波在地下的传播特性要比在空气中的传播特性复杂得多。

探地雷达技术的发展始于20世纪初。1904年,德国 Hulsemeyer 首次尝试用电磁波信号来探测远距离地面金属体,这便是探地雷达的雏形。1910年,德国 Letmbach 等在一项专利中正式阐明了探地雷达的基本概念。其后,Letmbach 等又用两分离天线在地表进行发射与接收来探测地下水和矿层,并通过地下发射波与地表泄漏的直接波之间的干涉进行地下目标的深度判别。1926年,德国 Hülsenberg 提出应用电磁脉冲技术探测地下结构的思路,并发现电磁波在介电常数不同的介质交界面上会产生反射。这一发现构成了探地雷达技术的理论基础。

探地雷达发展初期的几十年间，主要被应用于对电磁波吸收很弱的冰层、岩盐等介质的探测。比如，1929 年 Stern 在奥地利应用探地雷达探测了冰河的厚度；20 世纪 50 年代初，ElSaid 用探地雷达实现了沙漠地下水调查；1951 年，Steenson 用雷达探测冰川的厚度；美国军队在 60 年代中期委托 Calspan 公司率先采用雷达进行了非金属地雷的探测及相关研究；60 年代末，美国研究人员认为月球表层物质的电磁特性与冰相似，因而决定采用雷达作为探测工具，并针对性地设计了几种方案，最终由阿波罗 17 号携带探地雷达在月球表面完成了实地勘测；1963 年 Evans S 用雷达测量极地冰层的厚度；1970 年 Harison 在南极冰层上，用探地雷达取得了 800~1200m 穿透深度的资料；1974 年，Unterberger 利用探地雷达探测盐矿夹层，Campbell 利用探地雷达探测冰川和冰山的厚度等。

20 世纪 70 年代后，随着电子技术的发展以及现代先进数据处理技术的应用，探地雷达的应用范围从冰层、盐矿等弱耗介质扩展到土层、煤层、岩层等有耗介质，探地雷达的研发和应用得到国际上的广泛重视。60 年代末期，丹麦与英国研制了由飞机搭载的探地雷达用于冰河调查；1979 年，美国 SRIInternational 用机载探地雷达进行了为期七年的热带森林调查；Morey 在 1974 年设计出超宽带探地雷达，为探地雷达开创了新的发展方向；1980~1990 年期间，日本 OYO 公司开发了 Geo2 Radar 的探地雷达；加拿大 A2Cubed 公司于 1988 年创建了探头及软件公司（SSI），致力于 Pulse EKKO 系列探地雷达的研发和推广；80 年代全数字化探地雷达的问世，具有划时代的意义。数字化探地雷达不仅提供了大量数据存储的解决方案，同时增强了实时和现场数据处理的能力[5]；20 世纪末期，计算机的发展全面推动了探地雷达的技术进步，在大型计算机上已可进行三维数值模拟，借助探地雷达进行地下测绘并且三维可视化也变得可行。

进入 21 世纪，探地雷达在土木、水利、矿山、地质、农业、林业、环境及国防等工程领域得到更加广泛的应用。许多国家加大了探地雷达技术的科研投入，新型探地雷达不断涌现。意大利设计出在太空运行的探地雷达。Duke 大学依照时间反转的概念设计了一种新型雷达，在信号发射和数据处理方面与传统探地雷达相比，具有工作效率高、数据处理快的优势，有望提高探地雷达处理复杂问题的能力[6~8]。

我国的探地雷达研究始于 20 世纪 70 年代初期。西安交通大学、电子部二十二所、成都电子科技大学、北京邮电大学等单位较早地开展了探地雷达硬件的研制工作。进入 80 年代后，一些高校和研究单位相继引进国外的探地雷达设备。主要有：①美国地球物理探测设备公司（GSSI）的 SIR 系列；②加拿大探头及软件公司（SSI）的 Pulse EKKO 系列；③美国脉冲雷达公司的 Rodar 系列；④美国 Penetradar 公司的 GPR 系列；⑤日本应用地质株式会社（OYO）的 GEORADAR 系列；⑥瑞典地质公司（SGAB）的 RAMAC/GPR 雷达系统；⑦意大利 IDS 公司的 RIS

系列雷达；⑧俄罗斯 GEOTECH 公司的 OKO-2 系列雷达等。这些雷达所使用的中心工作频率为 10～2500MHz，时窗 0～20000ns，探测深度可达数十米，分辨率可达厘米级。虽然我国的探地雷达研究起步较晚，但近些年来在该领域也取得了较为突出的成果。80 年代初，中国电波传播研究所、西安交通大学、中科院长春地理所、北京理工大学、西南交通大学、北京公路研究所和东南大学等单位开展了探地雷达相关基础理论的研究。中国电波传播研究所于 1990 年研制出 LT21 和 LT21A 型探地雷达，2004 年研制成功 LTD22000 小型探地雷达；北京爱迪尔国际探测技术有限公司 1997 年研制了 CBS29000V 型车载脉冲探地雷达；长江工程地球物理勘测研究院、国防科技大学等单位在 863 计划资助下，在探地雷达仪器研制和信息处理技术方面取得重大进展，有力提升了我国探地雷达技术水平。

探地雷达应用于道路与堤防工程无损检测的研究起始于 20 世纪 70 年代中期。80 年代后期，随着举世瞩目的美国战略性公路研究计划（SHRP）的实施，以落锤式弯沉仪（falling weight deflectometer，FWD）、探地雷达为代表的公路无损检测技术的研究与应用受到国际上的普遍重视。1985 年，FHWA 车载式探地雷达检测系统应用于路面结构层厚度检测、混凝土板下脱空识别和桥梁病害检测等。德州交通研究所 Lytton、Scullion、Maser 等人在探地雷达理论与应用技术研究中取得了重要成果[9~24]。在欧洲，丹麦和瑞典最早使用探地雷达进行路面检测，而芬兰 Roadscanner 公司 Saarenketo 的研究成果在国际上有较大影响[19~31]。1988 年，芬兰国家公路管理局（FINNRA）将探地雷达作为常规检测工具应用于道路检测，为道路设计和维护提供依据。芬兰早期主要是利用 100～500MHz 频率范围的低频地面耦合雷达，开展路面结构病害探测及路面性能评价方面的研究。90 年代初期和中期，芬兰开始将频率为 1.0～1.5GHz 的高频空气耦合雷达应用于桥梁检测、路面设计和质量控制等。

我国关于探地雷达在道路与堤防检测中的应用研究开始于 20 世纪 80 年代。国家地震局、黄河水利委员会黄河科学技术研究院、铁道部铁道科学研究院、交通部公路科学研究院、中国科技大学、大连理工大学、华南理工大学、长沙理工大学、郑州大学等单位结合道路、堤防工程实际，在探地雷达应用技术研究中取得了较为丰富的成果[32~48]。北京爱迪尔国际探测技术有限公司研制出 CBS-9000 型道路雷达检测系统。随着我国高速公路、堤防工程养护维修任务日益繁重，探地雷达检测技术的研究和应用得到广泛关注。

总体上看，经过几十年的发展，探地雷达设备不断完善，信号采集及数据处理技术日趋成熟，应用范围逐步扩大。但是，目前在道路与堤防检测中，探地雷达技术仍存在一些困难和问题。主要有：①路面厚度检测精度有待提高。工程实际中对路面厚度检测精度要求较高。探地雷达检测精度受多种因素影响，时常需要钻孔取芯进行厚度标定。②理论上探地雷达可以检测压实度、含水量等指标，但实际上很难实现,使探地雷达应用范围受到很大限制。造成上述问题的主要原因在于探地雷达基础研究相对滞后,特别是关于路用材料介电特性的研究成果匮乏,严重制约着探地雷达技术的发展和应用。

介质的介电特性决定着电磁波在其中的传播特性,介电特性的差异是探地雷达应用的基础条件。由于对路用材料介电特性的认识尚不深入,通常将多相复合的、有耗的路用材料假定为均质的、无耗的,并采用简化公式计算其介电常数,不仅直接影响探地雷达关于路面结构层厚度的检测精度,而且导致压实度、含水量等指标的检测分析难以实现。

1.2 介质介电特性及其确定方法

1.2.1 介质的介电特性[49,50]

在介质物理学中,介质的介电特性由介电常数 ε、磁导率 μ 和电导率 σ 来描述。其中 ε 反映介质的极化特性,μ 反映介质的磁化特性,σ 反映介质的导电性能。根据焦耳定律,σ 还决定着介质中电磁能量的损耗。下面对极化、电导率、磁导率和介电常数等介电特性的要素作简要介绍。

1. 极化

介质在外加电场的作用下,介质内部的正负电荷将向着相反的方向做微小的运动,致使正负电荷的中心位置不能重合,这种现象称为极化。极化有四种基本形式:电子极化、分子极化、离子极化和表面极化,如图 1.1 所示。非极性介质和极性介质的极化方式不同,对于非极性介质,若在电场作用下发生位移的是核和电子,则称为电子极化;若发生位移的是正负离子,则叫做离子极化。对极性分子,由于内部存在固有偶极矩,在电场作用下,偶极矩要沿电场方向偏转一定的角度,这种由于偶极子转向产生的极化方式称为极性分子的取向极化。表面极化是由于自由电荷在介质表面积聚而产生的一种极化方式。

2. 电导率

电导率描述介质传导电荷的能力,常用 σ 表示,单位为西门子/米(S/m)。

3. 介电常数

介电常数是介质介电特性最重要的参数之一。介质的介电常数描述了介质的极化特性,它反映了处于电场中介质的存储电荷的能力,单位为 F/m。通常,将真空的介电常数 ε_0 作为参考值($\varepsilon_0 = 8.854 \times 10^{-9}$ F/m),而其他介质的介电常数用与

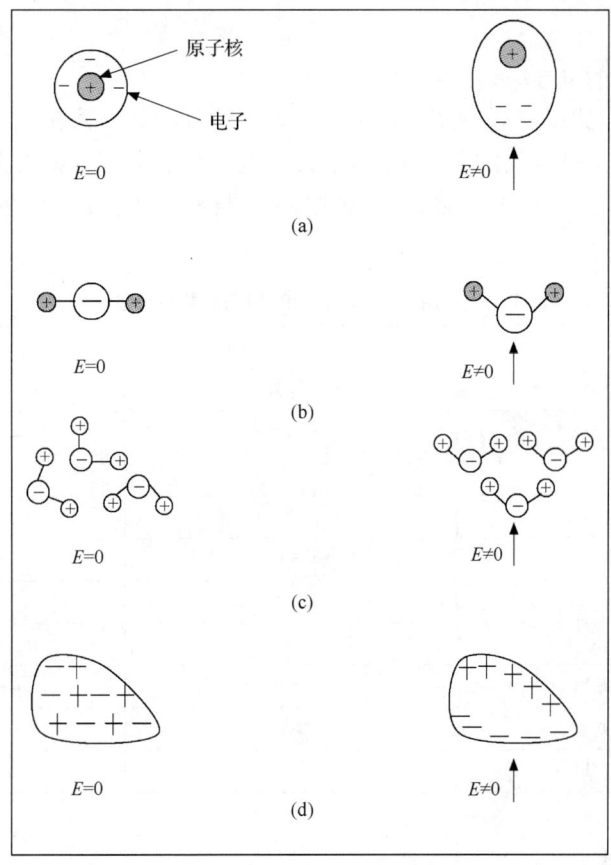

图 1.1 极化的四种类型
(a) 电子极化；(b) 分子极化；(c) 离子极化；(d) 表面极化

真空介电常数的比值来表示,并称之为相对介电常数(也通常称之为介电常数),其定义如下:

$$\varepsilon_r = \frac{\varepsilon}{\varepsilon_0} = \varepsilon'_r - \mathrm{j}\varepsilon''_r \tag{1.1}$$

显然,介质的相对介电常数 ε_r 是一无量纲的复数,它的实部 ε'_r 表示了介质对电磁波的存储效应,虚部 ε''_r 反映了介质对电磁波的损耗特性。在损耗介质中,内部电荷在外电场作用下发生位移摩擦,将部分电磁能转化为热能,转化的多少可用 ε''_r 来度量,这种转化使电磁波逐渐衰减,使电磁振荡受到阻尼;而 ε'_r 则影响传播波的电场,从而使得电磁场的比值改变,同时还使电磁波的传播速度减慢,并影响到其他一些传播特性。ε''_r 可进一步表示为

$$\varepsilon_r'' = \frac{\sigma}{\omega} \tag{1.2}$$

式中，σ 为介质的电导率；ω 为角频率(rad/s)。

从式(1.1)、式(1.2)可看出，介质的介电常数具有频率依赖性，随交变场频率的变化而变化；另外介质的电导率越高，其介电常数的虚部也就越大，对电磁波的吸收能力也越强。表1.1给出了常用路面材料介电常数的实部和虚部范围值[9,19]。

表 1.1 常用路面材料介电常数的实部和虚部值

路面材料	介电常数	
	实部	虚部
空气	1	−0.001
水	81	−0.50
冰	3	−0.05
沥青	4.5~6	−0.035
剥落沥青混凝土	<4	−0.035
湿沥青混凝土	>8	−0.27
干柔性基层	<8	−0.20
湿柔性基层	>12	−0.80
饱和柔性基层	>16	−1.2
湿黏土	>20	−1.50
砂砾路基	8~15	−0.50
旧混凝土	8	−0.47
新混凝土	10~20	−2.2

4. 磁导率

磁导率描述了介质被磁化的能力，单位为亨利/米(H/m)。真空的磁导率为 $4\pi \times 10^{-7}$ H/m，常用 μ_0 表示。其他材料的相对磁导率为该材料的磁导率和真空磁导率的比值，常用 μ_r 表示。根据相对磁导率可将介质可分为三类：一类为反磁性材料，其相对磁导率 $\mu_r < 1$，但非常接近1；另一类为顺磁性材料，其相对磁导率 $\mu_r > 1$，但非常接近1；还有一类为铁磁性材料，其相对磁导率 μ_r 远远大于1。通常将反磁性材料和顺磁性材料统称为非磁性材料。

工程中常用的土木建筑材料，大都属于非磁性材料。因此，在以上介电特性参数中，为简化计算常把其磁导率认为是1，而电导率 σ 对电磁波传播特性的影响根据式(1.2)已蕴涵在介电常数的虚部中。因此，介电常数是土木建筑材料介电性最重要的参数。

1.2.2 介电常数的确定方法

1. 利用简化公式计算介电常数

简化公式方法是目前分析探地雷达数据较常用的方法。它通过测量探地雷达反射波的波幅和波峰之间的时延,然后利用介电常数的简化计算公式进行介电常数的求解。由于建立以探地雷达电磁波传播理论为基础的介电常数计算公式十分困难,人们只能根据某些假设建立简化计算公式,于是不同的假设产生了不同的简化公式。通常将路用材料假定为均匀的、各向同性的,并且各结构层介质为非导电性介质,不考虑电磁波在介质传播过程中的衰减,即假定材料介电常数的虚部为0。显然,基于这些假设的介电常数计算公式未能充分反映路用材料的介电特性。特别是对于水泥混凝土等高耗介质,忽略介电常数的虚部会给计算结果带来较大的误差[41,42],使得该分析方法在实用中具有一定的局限性。

2. 利用钻芯取样标定方法确定介电常数

根据雷达计算厚度的原理,如果通过钻芯得到了结构层厚度,又由雷达得到了电磁波穿过结构层的双程走时,则可以由厚度计算公式反推出介电常数。该法采用分段介电常数均匀一致的假定,即将道路分段并假定每一段介电常数是均匀不变的。显然这种假设与实际情况具有一定的差距。

有时为了标定雷达的测试精度,往往在道路施工过程中在结构层的界面上预先埋置金属薄板(如锡箔纸、钢板等)。当获得结构层厚度后,利用路表和金属薄板两个明显的反射波计算时程差,进而反推介电常数。

3. 利用介电常数仪直接测量介电常数

利用表面介电常数仪直接测量结构层表面的介电常数,如图 1.2 所示。由于表面介电常数仪的测试深度一般在 5cm 左右,因此对于厚度较大的结构层来说,这种方法的探测深度显得不足。文献[51]将沥青层中钻取的芯样截断成每 5cm 一个,分别测得各自介电常数,然后取平均介电常数作为该沥青层的等效介电常数。试验证明该方法能够得到更高精度的沥青层厚度。也有学者采用网络分析仪测试介电常数。网络分析仪主要测试室内试件,利用其进行现场测试会受到一定条件的限制。

4. 基于探地雷达信号反演介电常数

近年来,根据探地雷达信号反演材料的介电常数逐步受到学术界的重视。其

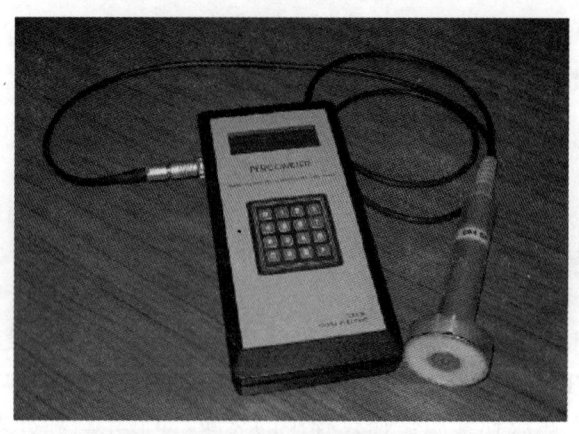

图1.2 表面介电常数测试仪

基本原理是通过雷达电磁波正演模型模拟雷达反射信号,将其与实测雷达反射信号进行拟合分析,通过调整正演模型参数使其在一定精度下与实测信号达到最佳拟合,从而获得此时雷达电磁波正演模型的参数,并最终获取结构层材料的介电常数。当获得了准确的探地雷达反射信号后,该法对介电常数识别的准确性就取决于雷达电磁波正演模型的合理性和反算方法的有效性。显然,反演方法使对介电常数的研究和分析建立在严谨的理论基础之上,从而可从根本上克服以上几种介电常数确定方法的弊端。

1.3 层状体系介电特性反演理论的发展

层状体系介电特性反演是随着探地雷达技术的发展而形成的前沿学术方向。其基本原理是通过建立探地雷达电磁波在层状体系中的传播模型,即正演模型,来研究雷达电磁波在层状体系中的传播规律,通过参数调整算法使探地雷达电磁波的模拟反射信号与实测反射信号在一定精度达到最佳拟合,进而获取层状体系结构层材料的介电特性,它为实现探地雷达对层状体系结构层厚度、压实度、含水量等指标的快速、连续、无损检测提供了可能。由于介电特性反演从本质上反映了探地雷达电磁波传播的特点,从而将对介电特性的研究和分析建立在了严谨的理论基础之上,从根本上克服了现有几种介电常数分析方法的弊端。

合理的雷达电磁波正演模型、快速有效的反演方法和准确的雷达电磁波实测信号是层状体系介电特性反演分析方法得以实施的三个条件。目前国内外在探地雷达硬件研制方面已有相当成熟的技术,能够提供高精度的雷达电磁波反射信号。因此,如何建立合理的层状体系雷达电磁波传播模型和高效稳定的模型参数调整算法就成了实现介电特性反演的关键。

国内外不少学者围绕雷达波传播模型以及反演方法开展了相关研究[36~40,52~55]。早期的研究仅局限于在低耗或无耗介质中分析电磁波的动力学特性,即不考虑介电常数虚部对电磁波传播的影响。而对于道路、机场、堤坝等工程结构,常用的材料大多为有耗介质,显然在雷达波传播模型中忽略介电常数虚部是与工程实际不相符的,特别是当材料为高耗介质时会产生较大的误差。目前,探地雷达检测路面厚度之所以精度尚不令人满意,其主要原因在于介电常数计算中未考虑其虚部。因此,研究有耗介质中雷达电磁波的传播规律及其正演模拟技术具有重要的理论意义和工程应用价值。但目前关于层状体系结构层雷达回波模拟方面的研究还不成熟。如何建立合理的雷达电磁波在层状体系中的传播模型,特别是全面考虑介电常数实部与虚部的影响,是研究介电特性反演的基础。

多相复合材料介电特性模型揭示了材料介电常数与压实度、含水量等指标的本质关系。一旦建立复合材料介电特性模型,即可根据探地雷达信号反演其固相、液相和气相各组分的体积率,进而计算压实度、含水量等指标。虽然国内外关于介电特性模型进行了不少研究,并提出了许多模型[56~65]。但这些模型均是基于一定假设,在特定情况下才成立的经验模型,关于道路、堤防材料复合介电特性模型的成果甚少。因此,应用探地雷达技术检测压实度、含水量等指标尚处于探索阶段。

层状体系介电特性反演涉及电磁学、数学、材料等学科专业和道路、机场、堤防等工程领域。由于问题的复杂性,现有研究大都采用试算法调整电磁波传播模型参数[54],即通过人工试算调整正演模型参数,使用逐步逼近的方式去拟合实测雷达波反射信号,由此来确定材料的介电特性。这种方法带有较强的人为主观性和随意性,往往要求分析计算人员具有较强的实际工程经验,能够根据模型分析结果有针对性地调整有关参数。由此可以理解为什么有人将探地雷达看做是30%的技术、70%的艺术的原因。因此,如何建立高效稳定的参数调整算法,减少人为因素,使对介电特性的分析建立在严密的理论基础上,显得尤为重要。

1993年,王复明和Lytton在国际上首次提出了路面结构模量反演的系统识别方法[66],解决了路面结构反演方程的收敛性问题。在此基础上,作者系统研究了层状体系力学特性[67~69]和介电特性反演理论[41~43]。2003年,张蓓在其博士论文中建立了全面考虑介质介电常数实部和虚部的路面结构探地雷达电磁波正演模拟的多频成分合成方法,并基于该传播模型建立了路面结构介电特性反演分析的系统识别方法及厚度分析方法,开发了路面结构介电特性反演及厚度分析软件SIDTHK,成功地将合理的雷达电磁波正演模型和高效稳定的参数反演方法结合起来,有效地提高了探地雷达对路面结构层厚度的检测精度[41]。2006年,在上述工作的基础上,钟燕辉在其博士论文中进一步发展了层状均匀体系介电特性反演理论,建立了层状体系结构层多层厚度分析方法。通过研究沥青混合料和水泥混合料等路用材料的复合介电常数模型,揭示了多相材料复合介电特性与压实度、孔隙率、含水量或沥青含量等指标的内在本质关系，提出了层状均匀体系复合介电特性反演分析的系统识别方法，并建立了基于反演理论的路基路面材料压实度、孔隙率、含水量或沥青含量分析方法[42]。2008年，蔡迎春在其博士论文中，建立了层状非均匀介质探地雷达电磁波正演模拟的时域有限差分方法，提出了层状体系介电特性反演分析的遗传算法及其和系统识别方法的联合反演方法，并结合路基路面材料物理特性与介电特性的相关试验，研究了基于反演理论的路基含水量、水泥稳定基层强度、沥青混合料级配快速检测分析技术[43]。本书即是对上述成果的系统总结。

1.4　本书的内容安排

本书主要内容安排如下：

第1章，绪论。介绍探地雷达技术的发展、介质介电特性及其确定方法以及层状体系介电特性反演理论的发展。

第2章，探地雷达工作原理及技术特性。概述探地雷达系统组成、工作原理及技术特性。

第3章，层状均匀介质探地雷达电磁波正演模拟。介绍了探地雷达电磁波传播理论，建立了层状均匀介质探地雷达电磁波正演模拟的多频成分合成方法，分析了介电常数对探地雷达反射信号的影响。

第4章，层状非均匀介质探地雷达电磁波正演模拟。建立了非均匀层状体系探地雷达电磁波正演模拟的时域有限差分方法，并对介电常数沿竖向不均匀分布和沿水平方向不均匀分布情况下的探地雷达电磁波进行正演模拟。

第5章，层状体系介电特性反演分析的系统识别方法。阐述了系统识别反演理论，建立了以系统识别原理和灵敏度分析为基础的层状体系介电特性反演方法，并进行了理论验证。

第6章，层状体系介电特性反演分析的遗传算法。介绍了遗传算法的基本原理，提出了层状体系介电特性反演分析的遗传算法以及遗传算法和系统识别的联合反演方法，并对三种反演方法进行了对比分析。

第7章，路面结构层厚度分析。概述了现行路面结构层厚度分析方法，提出了基于反演理论的路面结构层厚度分析方法，开发了路面结构介电特性反演及厚度分析软件SIDTHK，并通过实际工程对软件进行了考评。

第8章，路用材料复合介电特性模型及其应用。开展了路用材料复合介电特性模型试验研究，提出了基于反演理论的路基路面材料压实度、孔隙率、含水量或沥青含量分析方法，研究了基于反演理论的路基含水量、水泥稳定基层强度、沥青混合料级配快速检测分析技术。

参 考 文 献

[1] 丁鹭飞,耿富录. 雷达原理[M]. 西安:西安电子科技大学出版社,1995
[2] 李大心. 探地雷达方法与应用[M]. 北京:地质出版社,1994
[3] 曾昭发,刘四新,王者江. 探地雷达方法原理及应用[M]. 北京:科学出版社,2006
[4] 孙朝云. 现代道路交通测试技术[M]. 北京:人民交通出版社,2000
[5] Leckebusch J. Ground-penetrating radar:A modern three-dimensional prospection method[J]. Archaeological Prospection,2003,10(4):213—240
[6] Borcea L,Papanicolaou G,Tsogka C. Theory and applications of time reversal and interferometric imaging[J]. Inverse Problems,2003,(6):S139—S164
[7] Yavuz M E,Teixeira F L. Frequency dispersion compensation in time reversal techniques for UWB electromagnetic waves[J]. IEEE Geoscience and Remote Sensing Letters,2005, 2(2):233—237
[8] Rklund N,Johnsson T. Real-time sampling of ground penetrating radar and related processing [D]. Lulea: Lulea University of Technology,2005
[9] Maser K R,Scullion T. Automated pavement subsurface profiling using radar-case studies of four experimental fields sites[R]. Transportation Research Record No. 1344, Transportation Research Board, Washington D C,1992
[10] Maser K R,Scullion T. Influence of asphalt layering and surface treatments on asphalt and base layer thickness computations using radar[R]. Texas:Texas Transportation Institute,1992
[11] Maser K R,Scullion T,Roddis W M. Radar for Pavement Thickness Evaluation[M]. Philadelphia: ASTM Special Technical Publication,1994: 343—360
[12] Wimsatt A J,Scullion T,Ragsdale J,et al. The use of ground penetrating radar data in pavement rehabilitation strategy selection and pavement condition assessment[J]. Proceedings of SPIE——The International Society for Optical Engineering,1998:372—383
[13] Maser K R,Sande I. Application of ground penetrating radar for evaluation of sub-surface airfield pavement conditions[J]. Insight: Non-Destructive Testing and Condition Monitoring,2000,42:451—453
[14] Maser K R,Holland T J,Roberts R. NDE methods for quality assurance of new pavement thickness [J]. International Journal of Pavement Engineering,2006,7:1—10
[15] Maser K R. Condition assessment of transportation infrastructure using ground-penetrating radar[J]. Journal of Infrastructure Systems,1996,2: 94—101
[16] Maser K R. Ground penetrating radar surveys to characterize pavement layer thickness variations at GPS sites[R]. Washington D C:National Academy of Science,1994
[17] Smith S,Scullion T. Development of ground-penetrating radar equipment for detecting pavement condition for preventive maintenance[R]. Washington D C:Final Rep Strategic Hwy Res Program Council, 1993
[18] Fernando E,Liu W T,Dietrich B. Computer program for network level determination of pavement layer thicknesses[C]//Proceedings of SPIE——The International Society for Optical Engineering,2000, 4084:194—199
[19] Saarenketo T,Scullion T. Ground penetrating radar application on roads and highways[R]//Texas: Texas Transportation Institute,College Station,1994:36
[20] Scullion T,Saarenketo T. Application of ground penetrating radar technology for network and project

level pavement management systems[C]//Proceedings of the Fourth International Conference on Managing Pavements,Durban,1998

[21] Scullion T,Saarenketo T. Integrating ground penetrating radar and falling weight deflectometer technology in pavement evaluation[C]//Proceedings of the Third ASTM Symposium of Nondestructive Testing of Pavements and Backcalculation of Moduli,Seattle,1999

[22] Saarenketo T,Scullion T. Road evaluation with ground penetrating radar[J]. Journal of Applied Geophysics,2000,(43):73—88

[23] Saarenketo T,Scullion T. Laboratory and GPR tests to evaluate eletrical and mechanical properties of Texas and finnish base course aggregates[C]//Proceedings of the Sixth International Conference on Ground Penetrating Radar,Sendai,1996:477—482

[24] Saarenketo T, Scullion T. Moisture susceptibility and electrical properties of base course aggregates [C]//Proceeding of BCRA 1998,Trondddheim,1998,(3):1401—1410

[25] Saarenketo T. Ground penetrating radar applications in road design and construction in finnish lapland [J]. Geological Survey of Finland,1992,15:161—167

[26] Saarenketo T. Ground penetrating radar applications in road design and construction in finnish lapland [J]. Geological Survey of Finland,1992,Special Paper 15:161—167

[27] Maijala P,Saarenketo T,Valtanen P. Correlation of some parameters in GPR measurement data with quality properties of pavement and concrete bridge decks[C]//Proceedings of the Fifth International Conference on Ground Penetrating Radar,Ontario,1994,(2):393—406

[28] Saarenketo T. Electrical properties of water in clay and silt soils[J]. Journal of Applied Geophysics, 1998,(40):73—88

[29] Saarenketo T,Nikkinen T,Lotvonen S. The use of ground penetrating radar for monitoring water movement in road structures[C]//Proceedings of Fifth International Conference on Ground Penetrating Radar, Ontario,1994,(3):1181—1192

[30] Saarakento T. Using ground penetrating radar and dielectric probe measurements in pavement density quality control[R]. Transportation Research Record 1575. Washington:National Academy Press, 1997:34—41

[31] Saarenketo T,Roimela P. Ground penetrating radar technique in asphalt pavement density quality control[C]//Proceeding of the Seventh International Conference on Ground Penetrating Radar,Lawrence, 1998,(2):461—466

[32] 李大心. 公路工程的探地雷达检测技术[J]. 地球科学——中国地质大学学报,1996,21(6):661—662

[33] 何水明,李大心. 探地雷达探测公路路基质量的可能性探讨[J]. 地质科技情报,2000,19(3):90—92

[34] 魏剑涛. 探地雷达的分析和研究[D]. 大连:大连理工大学,2000

[35] 孙洪星,李凤明. 探地雷达高频电磁波传播衰减机理与应用实例[J]. 岩石力学与工程学报,2002, 21(3):413—417

[36] 冯德山,戴前伟. 探地雷达GPR正演模拟的时域有限差分实现[J]. 地球物理学进展,2006,21(2): 630—636

[37] 邓世坤. 探地雷达图象的正演合成[J]. 地球科学——中国地质大学学报,1993,18(3):285—293

[38] 邓世坤,王惠濂. 探地雷达的正演合成与偏移处理[J]. 地球物理学报,1993,36(4):528—536

[39] 王惠濂. 地质雷达的物理模拟研究[J]. 地球科学——中国地质大学学报,1993,13(3):205—208

[40] 沈飚,石庆华,孙忠良. 道路铺砌层中探地雷达波传播的正演模拟及应用[J]. 石油地球物理勘探,

1997,32:135—140

[41] 张蓓. 路面结构层介电特性及其厚度反演分析的系统识别方法——路面雷达关键技术研究[D]. 重庆:重庆大学,2003

[42] 钟燕辉. 层状体系介电特性反演及其工程应用[D]. 大连:大连理工大学,2006

[43] 蔡迎春. 层状非均匀介质介电特性分析——路面雷达应用技术研究[D]. 大连:大连理工大学,2008

[44] 黎春林. 探地雷达检测路面含水量、空隙率和压实度的应用研究[D]. 郑州:郑州大学,2003

[45] 郭成超. 路面结构层材料介电特性反演及路面雷达应用[D]. 郑州:郑州大学,2004

[46] 李嘉. 路面雷达电磁波的时域有限差分法模拟[D]. 郑州:郑州大学,2005

[47] 刘俊. 路面雷达电磁波的二维时域有限差分法模拟及应用研究[D]. 郑州:郑州大学,2006

[48] 杨兵. 基于改进介电常数模型的沥青路面面层压实度反演[D]. 郑州:郑州大学,2010

[49] 毕德显. 电磁场理论[M]. 北京:电子工业出版社,1985

[50] 王蔷,李国定,龚克. 地磁场理论基础[M]. 北京:清华大学出版社,2001

[51] Attoh-Okine B N. Time series analysis for ground penetrating radar (GPR) asphalt thickness profile[J]. Applied Stochastic Models and Data Analysis,1994,10(3):153—167

[52] Ghasemi, Faezeh S A, Abrishamian M S. A novel method for FDTD numerical GPR imaging of arbitrary shapes based on Fourier transform[J]. NDT and E International,2007,40:140—146

[53] Lambot S, Slob E G, Bosch V D, et al. Modeling of GPR signal and inversion for identifying the subsurface dielectric properties: Frequency dependence and effect of soil roughness[C]//Proceedings of the Tenth International Conference Ground Penetrating Radar,Ontario,2004:79—82

[54] Amara L. Development of ground penetrating radar signal modeling and implementation for transportation infrastructure assessment [D]. Virginia : Virginia Polytechnic Institute and State University,2001

[55] Xu T, McMechan G A. GPR attention and its numerical simulation in 2.5 dimensions[J]. Geophysics,1997,62(1):403—414

[56] Rayleigh L. On the influences of obstacles arranged in rectangular order on the properties of a medium[J]. Phil,1892,34(3):481—502

[57] Böttcher C J F. Theory of Electric Polarization[M]. Amsterdam:Elsevier,1952:11—13

[58] Arjen B, Turnhout J V. Dielectric on-line spectroscopy during extrusion of polymer blends[J]. Polymer,1999,40(18):5023—5033

[59] Leshchanskyi Y I, Ulyanychev N V. Calculation of the electrical parameters of sandy-clay soils at meter and centimeter wavelengths[J]. IEEE Trans Geosci Remote Sens,1980,23:529

[60] Dirksen C, Dasberg S. Improved calibration of time domain reflectometry for soil water content measurements[J]. Soil Sci Soc Am,1993,J(57):660—667

[61] Brown W F. Dielectrics in Encyclopedia of Physics[M]. Berlin:Springer,1956:15—16

[62] Anatolij M S, Reutov E M. Mixture formulas applied in estimation of dielectric and radiative characteristics of soils and grounds at microwave frequencies[J]. IEEE Transactions on Geoscience and Remote Sensing,1982,20(1):11—13

[63] Reynolds J A, Hough J M. Formulate for dielectric constant of mixtures[J]. Proc Phys Soc,1957,708(452):765—769

[64] Odelevsky V I. Raschet obobschennoi provodimosti geterogennih system[J]. GTF, 1951, 21(6):667—685

[65] 李剑浩. 混合物介电常数的新公式[J]. 地球物理学报, 1989, 32(6): 716—719
[66] Wang F M, Lytton R L. System identification method for backcalculating pavement layer properties [J]. TRB Paper, 1993, 1384: 1—7
[67] 梁新政. 路面结构层应力非线性特性反演研究[D]. 大连: 大连理工大学, 2000
[68] 魏翠玲. 粘弹性层状地基的动态反分析[D]. 大连: 大连理工大学, 2000
[69] 姬亦工. 层状非均匀地基及其多块板相互作用和反分析研究[D]. 大连: 大连理工大学, 2000

第 2 章 探地雷达工作原理及技术特性

2.1 探地雷达系统组成及工作原理[1~4]

探地雷达(ground penetrating radar,GPR)是一种工作于近地面状态下利用超宽带电磁脉冲进行地下结构和埋藏物探测的无损探测仪器,是一种用于确定地下介质分布的广谱电磁技术。探地雷达系统是根据电磁波反射原理设计的,它是研究超高频短脉冲电磁波在地下介质中传播规律的一门学科。由于探地雷达具有高效、快速、连续、无损伤、低成本和高分辨率成像等特点,目前已成为公路路面、机场道面、隧道、水坝和堤防等层状结构基础工程设施无损检测技术的重要组成部分,并代表了结构层厚度、压实度、孔隙率、含水量及沥青含量等重要工程质量控制指标检测技术的发展方向。

探地雷达根据其工作模式可分为空气耦合式探地雷达和地面耦合式探地雷达。空气耦合式探地雷达因其频率高,分辨率也高,且工作时与介质表面保持一定的高度,能实现高速数据采集,常用于浅层介质的快速勘探。而地面耦合式探地雷达则相对频率较低,分辨率也相对较低,工作时贴近介质表面,但由于其反射能量大,探测深度深,常用于深层介质的物理勘探。由于本书主要研究公路路面、机场道面、隧道、水坝和堤防等层状体系介电特性及其工程应用,属于浅层探测的范畴,且要求较高的探测精度,因此将主要讨论空气耦合式探地雷达的相关理论。本书以下所指探地雷达均为空气耦合式探地雷达。

探地雷达主要由固体腔、天线(发射机与接收机)、信号处理器和计算机等部分组成。典型的空气耦合式探地雷达系统如图 2.1 所示,其组成和工作原理如图 2.2所示。

图 2.2 中,固体腔是雷达系统的核心,超宽带脉冲电磁波就由此产生,它是一种特制的固体共振腔,产生的频率可达 2GHz 以上。共振腔要求振源稳定,选频准确。天线包括发射天线和接收天线两部分,发射天线是将波源的尖频电磁波定向向路面发送的主要器件,要求定向性好,发射稳定,功损小。为了使天线不贴地发射,以便车载悬空快速扫描测定,天线特制成空气耦合聚焦型,并做成横向电磁波喇叭形。接收天线的任务在于捕捉雷达电磁波的反射信号并将其传输给信号处理器。信号处理器对采集到的信号进行放大、滤波去噪处理并数字化,然后传输给计算机系统,最后通过计算机对信号进行分析处理、显示和存储。

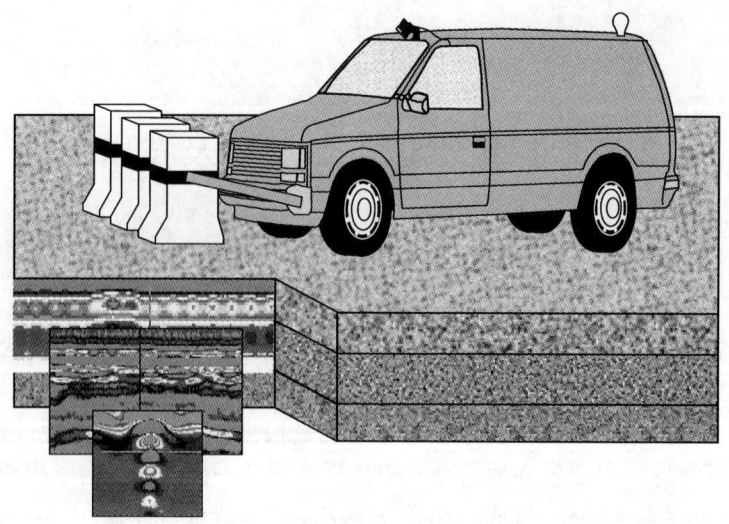

图 2.1 探地雷达系统示意图

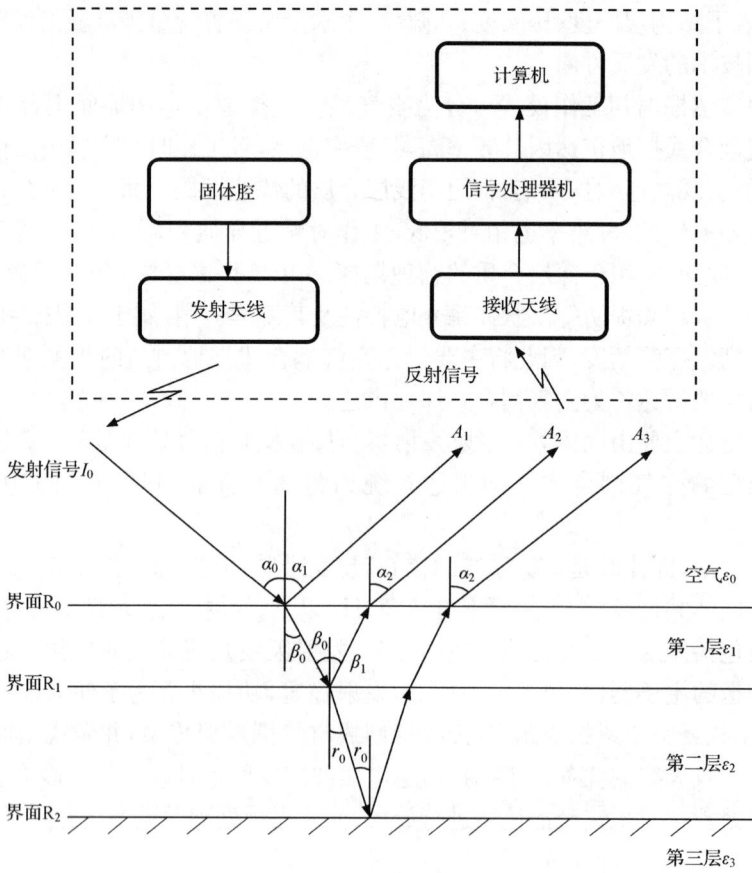

图 2.2 探地雷达系统组成及工作原理

雷达发射的是一种宽带、高频电磁波,一般频率为数 $10\sim2000\mathrm{MHz}$。频率自激产生,穿透能力强。现以三层结构体系为例,对探地雷达工作原理作一简要说明。

当由振源产生脉冲电磁波 I_0,并由天线定向成一定角度 α_0 向结构表面发射时,波的一部分在第一界面 R_0(第一层与空气界面)反射,α_0 应等于 α_1,反射量为 A_1。同时另一部分向下穿透。由于介质材料对电磁波具有吸收效应,因而穿透波的部分能量将被该种材料吸收。同时,波在其中产生折射,折射角 β_0 小于波的入射角 α_0。当折射波沿 β_0 方向传播碰到第二界面 R_1(第二层与基层界面)时,波的一部分通过界面 R_1 法线反射,β_0 应与 β_1 相等,同时又向 R_0 界面穿透反射,与 R_0 界面第二法线成的反射角 α_2 应等于 α_0,成为波的一次小循环,反射量为 A_2。另一部分继续向下传播,穿透界面到第二层,一部分能量损耗于该层,同时产生折射。折射角 r_0 的大小,主要取决于第二层的介电常数,当第二层的介电常数大于第一层的介电常数时,则折射角 r_0 大于面层的入射角 α_0。电磁波折射后,又碰到第三界面 R_2(第二层与第三层界面),同样,波一部分向上反射,并穿透第一层到空气,成为波的一次中循环,反射量为 A_3。同理,波的另一部分继续向下传播,穿透界面到达第三层。

由上面的分析可知,雷达波与其他波一样,具有相同的传播特点与规律。其中一个最突出的特点就是雷达波遇到界面就要反射。上面所叙述的波的循环状态,就体现了波的这种特性。探地雷达检测技术正是利用电磁波传播的这一特性来实现对结构层指标的检测。

探地雷达接收天线接收到的反射信号实际上就是电磁波在各结构层界面上的反射信号的叠加,于是反射信号就由一系列的波峰组成,且峰值相继减小,这实际上也反映了电磁波在介质中的衰减特性。图 2.3 为三层体系探地雷达反射波瀑布图,图 2.4 为该反射波示意图。

图 2.4 中,A_1 为电磁波在空气与路表界面 R_0 上产生的反射波幅,A_2 为面层与基层界面 R_1 产生的反射波幅,A_3 为基层与路基界面 R_2 产生的反射波幅,Δt_1 为电磁波在面层中传播的往返时间,Δt_2 为电磁波在基层中传播的往返时间。其中 A_1、A_2、A_3 单位为伏特(V),Δt_1、Δt_2 的单位为纳秒(ns)。

Δt_1、Δt_2 可由仪器的时窗信号记录到。计算 Δt_1、Δt_2 的原理:当采样时窗为 t ns,并选择每个雷达波迹由 n 个点组成时,获得了雷达反射波并确定了准确的界面回波信号,由计算机搜索出每个雷达反射波波迹中主波峰 A_1 和 A_2 之间的点数 n_1 以及 A_2 和 A_3 之间的点数 n_2,则电磁波在路面结构层中传播的往返时间为

$$\Delta t_i = 2\frac{tn_i}{n} \quad (i=1,2) \tag{2.1}$$

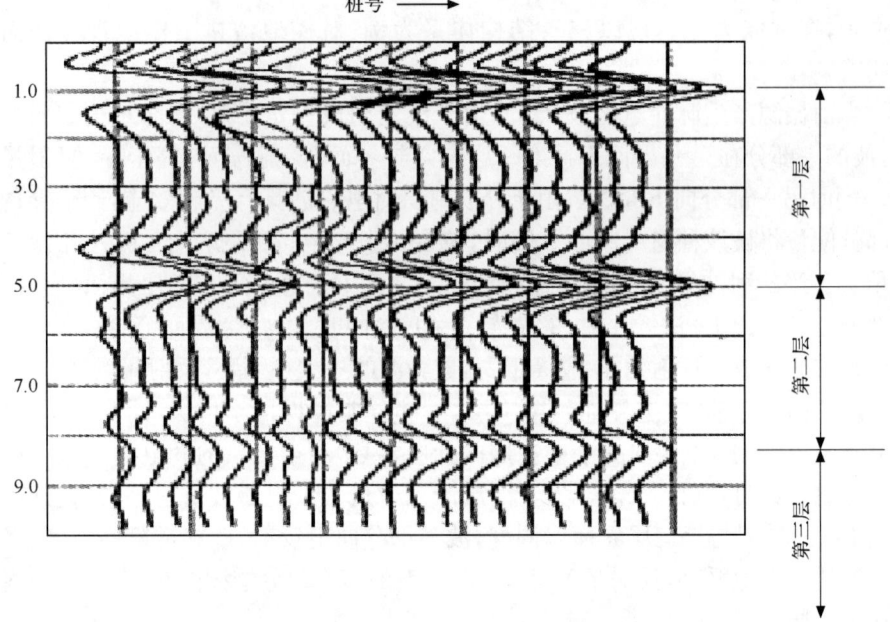

图 2.3 三层体系探地雷达反射波瀑布图

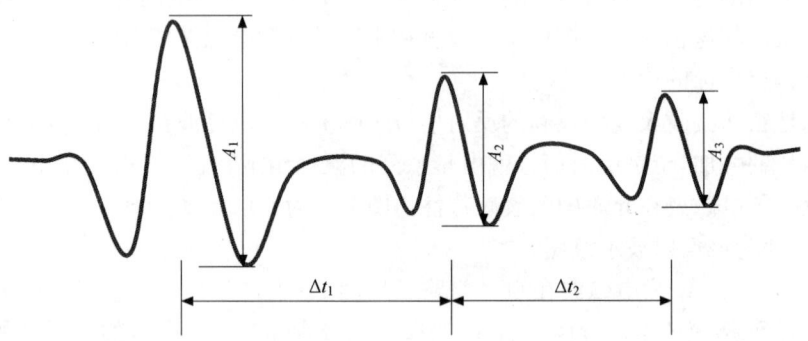

图 2.4 三层体系探地雷达反射波示意图

A_1、A_2、A_3 可由计算机自动搜寻得到。层状介质的结构层可以根据其电磁特性如介电常数来区分。当相邻的结构层材料的电磁特性不同时，就会在其界面间影响射频信号的传播，即会发生透射和反射。由各界面反射回来的电磁波由天线中的接收器接收，并采用采样技术将其转化为数字信号进行处理。通过对电磁波反射信号的时频特征和振幅特征进行分析，就能了解到结构层的特征信息（如介电常数、层厚、空洞等）。

雷达波的反射发生在不同介电常数介质的界面。通常情况下，均质材料的介电常数是比较固定的,但复合或多相介质的介电常数不是一个定值。探地雷达利用反射波波幅特征来推求各结构层的介电常数,并在此基础分析结构层的特征信息。

由于层状介质的物理力学指标以及它们的几何尺寸都与电磁波的旅行时间、行程以及行速有密切关系,因而,测知了电磁波的旅行时间、行程与行速后就能计算出层状介质各项指标的具体参数,以及各种异常体的位置,例如,材料的厚度、压实度、含水量或沥青含量、密实状况和异常物(空洞等)实际位置等。因此,在习惯上又把雷达技术的检测称为"时距法"检测。层状介质结构层相互间介电特性差异越大,则反射波的能量越大,对应的反射波的波幅也越大。因此我们可以从雷达反射波的波幅反算出层状介质各层的介电常数。获得介电常数以后,就可根据介电常数与结构层厚度、压实度、含水量等指标的函数关系,确定出层状体系结构层的厚度、压实度、含水量等指标。

2.2 探地雷达技术特性[1~6]

2.2.1 探地雷达探测性能分析

探地雷达的探测性能一般包括最大探测深度和最高分辨率。

1. 雷达方程与探测距离

由于探地雷达与探空雷达具有相似的工作原理,所以探地雷达可以借用探空雷达的雷达方程。考虑到二者的差别,需作相应的修正。用信号能量表示的雷达方程为[3]

$$\frac{P_{r\min}}{P_{t\max}} = \frac{\eta_{Tx}\eta_{Rx}G_{Tx}G_{Rx}\lambda^2 \sigma_b}{64\pi^3 R_{\max}^4} \tag{2.2}$$

式中,$P_{r\min}$ 为雷达的最小可检测信号的功率;$P_{t\max}$ 为雷达的最大发射功率;$P_{r\min}=kT_nB_nF_n(S/N)_{\min}$,其中 T_n 为接收单元的等效噪声温度,k 为波尔兹曼常数,F_n 为噪声指数,B_n 为噪声频带宽度;η_{Tx}、η_{Rx} 分别为雷达发射天线和接收天线的增益;λ 为电磁波的波长;σ_b 为目标的散射截面积;$R_{\max}$ 为雷达的最大探测距离。

由式(2.2)可计算出雷达的最大探测距离。但对于探地雷达,考虑到电磁波在介质中的衰减特性,需将雷达方程进行修正,修正后的雷达方程为

$$\frac{P_{r\min}}{P_{t\max}} = \frac{\eta_{Tx}\eta_{Rx}G_{Tx}G_{Rx}\lambda_m^2 \sigma_b \mathrm{e}^{-4ad_{\max}}}{64\pi^3 d_{\max}^4} \tag{2.3}$$

式中,λ_m、a 分别为介质中脉冲电磁波中心频率的波长(m)和衰减系数(dB/m);$d_{\max}$ 为探地雷达所能探测的最大深度(m)。在一般介质中,衰减系数和电磁波的

频率有关,且随频率的升高而增大。

式(2.3)可改写为

$$\frac{P_{r\min}}{P_{t\max}G_{Tx}G_{Rx}\eta_{Tx}\eta_{Rx}} = \frac{\lambda_m^2 \sigma_b e^{-4\alpha d_{\max}}}{64\pi^3 d_{\max}^4} \qquad (2.4)$$

从式(2.4)可看出,等号的左端主要与探地雷达系统性能有关,右端主要与环境和探测目标有关。对于给定的探地雷达系统,左端的值是一定的。因此探地雷达的最大探测深度主要与环境因素和目标特性有关。由电磁理论可知,电磁波在介质中传播时的波长 λ_m 为

$$\lambda_m = \frac{c}{f_c \sqrt{\varepsilon_r \mu_r}} \qquad (2.5)$$

式中,c 为电磁波在真空中的传播速度(3×10^8 m/s);f_c 为脉冲信号的中心频率;ε_r、μ_r 为介质的相对介电常数和磁导率。由式(2.4)、式(2.5)可看出,探地雷达天线的中心频率越高,介质的相对介电常数和磁导率越大,则探地雷达所能探测的最大深度越浅。

对于确定的最大发射功率和最小接收功率,利用式(2.5)可以估算出雷达的最大探测深度。由于地下介质和探测目标的差异性较大,而在一般的实际情况下,探测目标的深度在几个波长到十几个波长范围,式(2.5)只能是一个粗略的估计。另外,式(2.5)是在假设天线和目标为点源的条件下得到的。如果上述条件不成立,就不能得到接收功率与目标埋深 4 次幂成反比的关系。

探地雷达的探测深度可根据式(2.4)计算,也可使用简易算法估算。商用探地雷达一般允许介质的吸收损耗达 60dB。当介质吸收系数<0.1dB/m(这符合通常的地质环境),则可用 Annan 给出的探测深度 $d_{\max}$ 简易估算式进行估算[4]:

$$d_{\max} < \frac{30}{\alpha} \quad 或 \quad d_{\max} < \frac{35}{\sigma} \qquad (2.6)$$

式中,α 为介质吸收系数(dB/m);σ 为电导率(S/m)。

在工程地质勘察中,若勘察深度在 5～30m 范围内,则选择低频探测天线,要求探测频率低于 100MHz。对于浅部工程地质,探测深度在 1～10m,探测频率可选择 100～300MHz;对于探测深度在 0.5～3.5m 的工程、环境以及考古勘察工作,探测频率可选用 300～500MHz;对于路面结构层等厚度在 0～1m 左右的检测,探测频率一般选用 900MHz～2GHz[5]。在一般介质的介电常数和磁导率范围内,探地雷达的探测深度与中心频率之间的对照关系如表 2.1 所示。

表 2.1　不同频率天线的探测深度值

天线频率	探测深度值
2.5 GHz	30～60cm
1.0 GHz	60～1.0m
900 MHz	75～1.5m
500 MHz	1.5～3m
300 MHz	3～6m
100 MHz	10～20m

虽然现在我们不能给出探地雷达探测深度的精确定量表达式,但可以将它粗略地估算出来,并且可知,在探地雷达的频率范围内:①不同地下介质的衰减常数变化范围极大。②衰减常数随频率的增高而增大。③含水量增大会导致介质的介电常数和衰减常数增大。④含水量较大的介质在冰冻状态下,其介电常数和衰减常数会大大减小。所以,如要探测地下的深层目标,需采用较低频率的雷达系统,并选择在干燥的季节或者冰冻的季节进行测试。

在利用探地雷达进行实地探测时,首先需要根据地质资料和工程经验估算目标体深度,然后再根据上述关系来选择雷达天线的中心频率。

2. 最高分辨率

探地雷达分辨率是指雷达区分两个在空间上相距很近的目标的能力(也可定义为雷达区分在时间上相距很近的脉冲信号的能力)。分辨率决定了探地雷达分辨最小异常介质的能力和其应用的范围,可分为垂直分辨率和水平分辨率。

根据雷达原理,雷达的距离分辨率为[3,4]

$$\Delta R = \frac{v}{2\Delta f} \quad (2.7)$$

式中,$\Delta f = B_w$ 为雷达发射信号的频带宽度;v 为电磁波的传播速度。

1) 垂直分辨率

雷达在垂直方向上能够区分一个以上反射界面的能力称为垂直分辨率,它决定了雷达分辨最小异常介质体的能力。用时间间隔表示为

$$\Delta t = \frac{1}{B_{\text{eff}}} \quad (2.8)$$

式中,B_{eff} 为接收信号频谱的有效带宽。假定雷达天线发射出的脉冲宽度为 t_w(单位为 ns),一般可以认为天线的中心频率 $f_c = 1/t_w$(单位为 MHz)。通常在设计无载波脉冲探地雷达天线时,选取天线频带宽度 $B_{\text{eff}} = f_c$,转换为深度,表示为

$$\Delta h = \frac{v\Delta t}{2} = \frac{v}{2B_{\text{eff}}} = \frac{c}{2f_c\sqrt{\varepsilon_r\mu_r}} \quad (2.9)$$

式中，v 为波速。

从式(2.9)可知：①当介质中的波速减小时，雷达的垂直分辨率提高，即在介电常数较大的介质中，雷达的垂直分辨率较高。②接收信号频谱的有效带宽 B_{eff} 越大，雷达的垂直分辨率越高。而 B_{eff} 不仅取决于发射信号的带宽，还受地下介质的影响。脉冲波在地下介质的传播过程中，由于介质色散的影响，高频分量迅速衰减，脉冲会越来越宽，B_{eff} 下降。所以，随着深度的增加，分辨率随之下降。除此之外，B_{eff} 还受接收电路带宽的影响。

对于探地雷达系统而言，地下介质的影响是外部因素，无法进行调整，要提高雷达的分辨率，就必须提高雷达的发射信号带宽，并采用相应的宽带接收电路。

2）水平分辨率

探地雷达在水平方向上所能分辨的最小异常体的尺寸称为水平分辨率。

如果两个目标相距为 H，位于同一水平面内，深度为 d，要雷达系统能区分这两个目标，则取决于雷达的水平分辨率。图 2.5 为水平分辨率几何原理示意图。由图 2.5 可知，要分辨出目标 1 和目标 2 的回波，必须满足探地雷达在水平方向上所能分辨的最小异常体的尺寸。

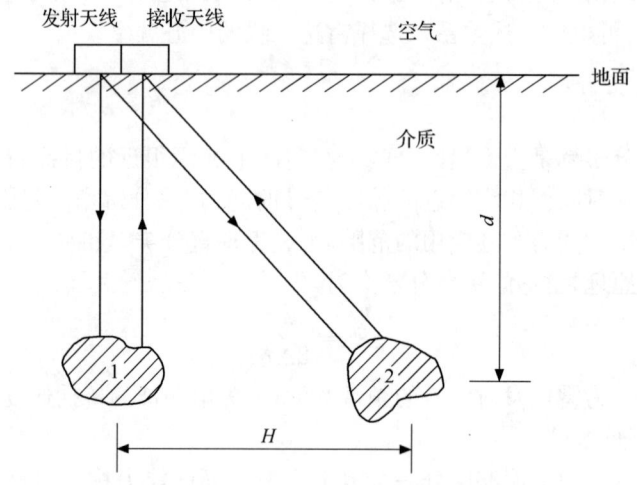

图 2.5　水平分辨率几何原理示意图

图 2.5 中地下两个平行目标的深度为 d，相距为 H，要使探地雷达在空间上能区分两个目标的回波信号，则应：

$$2\sqrt{H^2+d^2}-2d \geqslant v/B_{eff} \tag{2.10}$$

即

$$H \geqslant \sqrt{\left(\frac{v}{2B_{eff}}\right)^2 + \frac{vd}{B_{eff}}}$$

$$v/B_{\text{eff}} = v/f_c = \lambda_m \quad (2.11)$$

通常

$$\lambda_m/4d \ll 1 \quad (2.12)$$

由式(2.9)~式(2.11)得

$$H_{\min} = \sqrt{\lambda_m d} = \sqrt{\frac{vd}{f_c \sqrt{\varepsilon_r \mu_r}}} \quad (2.13)$$

式中，$H_{\min}$为探地雷达的最高水平分辨率。式(2.13)中，中心频率f_c采用的单位为MHz，$H_{\min}$和d的单位为m。

由式(2.13)可知，探地雷达的水平分辨率除了与其本身性能(中心频率f_c)和目标深度d有关外，还和最高垂直分辨率一样，跟目标周围介质的特性有关。有一点值得说明的是，在探地雷达实际探测过程中，通过采用适当的数字信号处理或数字图像处理方法，可以使探地雷达对目标的最高分辨能力高于由式(2.9)和式(2.13)计算出的最小分辨率。

由上述分析可见，探地雷达的探测深度与分辨率是相互制约的。增加探测深度的有效方法是降低电磁波的频率，即加大脉冲宽度，这样会导致B_{eff}的减小而带来分辨率的下降。反之，若要提高分辨率，则应降低脉冲宽度，这样探测深度也就会随之减小。因此，在实际应用中必须在探测深度和分辨率之间做出适当的选择。当然，增大发射功率也可以在一定程度上增加探地雷达的探测深度，缓和探测深度与分辨率之间的矛盾。但这样又会使系统功耗增大，且体积、重量随之增大，不利于野外工作。

2.2.2 探地雷达测量参数的选择

测量参数是指实地测试时，根据具体的目标性质和环境需要选择的参数，包括脉冲波的中心频率、采样率、时窗长度、雷达扫描点间距等。测量参数选择合适与否关系到测量的效果。因此在探地雷达勘测前，需要根据目标特性和所处环境尽量选取适当的测量参数，以确保测量能顺利进行。

1. 中心频率的选择

探地雷达天线中心频率选择需兼顾探测深度、分辨率和天线尺寸是否符合场地需要。一般来说，在满足分辨率且场地条件又许可时，应该尽量降低天线中心频率。

如果要求的空间分辨率为x(单位为m)，周围环境的相对介电常数为ε_r，则天线中心频率可根据式(2.14)初步选定：

$$f_c = \frac{c}{2x \sqrt{\varepsilon_r \mu_r}} \quad (2.14)$$

实际测量时,空间分辨率在垂直分辨率和水平分辨率之间该如何取舍,即是以垂直分辨率还是以水平分辨率作为控制指标,应视具体的探测目标和探测任务而定。

如果探地雷达所要探测的目标为层状介质,目标周围介质的相对介电常数为 ε_r,要求的垂直分辨率为 $\Delta d \geqslant \Delta d_{\min}$,由式(2.9)可初步确定探地雷达的中心频率为

$$f_c \geqslant \frac{c}{2\Delta d \sqrt{\varepsilon_r \mu_r}} \tag{2.15}$$

对于呈水平分布的目标,水平分辨率要求较严格,这时就需要根据所要求的水平分辨率来确定探地雷达的中心频率。为求得其中心频率,首先应估计目标的深度,再根据水平分辨率 H,由式(2.13)可得

$$f_c \geqslant \frac{vd}{H^2 \sqrt{\varepsilon_r \mu_r}} \tag{2.16}$$

根据初选频率,利用探地雷达探测距离方程计算最大探测深度。如果探测最大深度小于实际目标深度,需降低探地雷达的中心频率以获得适宜的探测深度。

2. 采样时窗的选择

探地雷达的采样时窗是指从采集第一个数据开始到采集最后一个数据结束期间的时间长度。时窗长度的选择主要取决于所要求探地雷达的最大探测深度 d(单位为 m)和天线发射的电磁波在介质中的传播速度 v(单位为 m/ns)。已知所要求的探测深度 d 和电磁波在介质中的传播速度 v,则探地雷达的采样时窗长度 W(单位为 ns)可由下式估算:

$$W = 1.3 \frac{2d}{v} = 1.3 \frac{2d \sqrt{\varepsilon_r \mu_r}}{c} \tag{2.17}$$

通常将式(2.17)中时窗的选用值增加 30%,这是为地层速度与目标深度所留出的余量。

3. 采样率的选择

采样率是用记录目标反射波时,探地雷达采样头采样间隔的倒数来衡量的。采样率越高,采样间隔越短。采样率由 Nyquist 采样定律控制,即采样率至少应达到记录的反射波中最高频率的 2 倍。对大多数探地雷达系统,频带与中心频率比大致为 1,即发射脉冲能量覆盖的频率范围为 0.5~1.5 倍中心频率,这就是说反射波的最高频率大约为中心频率的 1.5 倍。按 Nyquist 定律,采样速率至少应达到天线中心频率的 3 倍。为使记录波形更加完整,通常建议采样率为天线中心频率的 6 倍。设天线的中心频率为 f_c(单位为 MHz),则采样率 Δt(单位为 ns)为

$$\Delta t = \frac{1000}{6 f_c} \tag{2.18}$$

4. 相邻扫描点间的距离

探地雷达在实地勘测时采用的是离散测量，相邻扫描点间的距离需要由探地雷达天线的中心频率与地下介质的介电特性来确定。为了确保地下介质的响应在空间上不重叠，也应遵循Nyquist空间采样定律，即探地雷达相邻扫描点间的距离 Δx 应小于介质中电磁波波长的 1/2，即

$$\Delta x = \frac{c}{2 f_c \sqrt{\varepsilon_r \mu_r}} \tag{2.19}$$

式中，f_c 为天线的中心频率(MHz)；ε_r、μ_r 分别为介质的相对介电常数和磁导率。

探地雷达连续测量时，天线最大移动速度取决于扫描速率、天线宽度和目标的大小。SIR系统认为查清目标体应至少保证有20次扫描通过目标，于是最大移动速度 v_{max} 为

$$v_{max} < (扫描率/20) \times (天线宽度 + 目标大小) \tag{2.20}$$

在实际工作中，根据研究的内容以及目标体的情况，相邻扫描点间的距离可在几厘米至几米范围内变化。对于倾斜反射体，测点点距不宜大于Nyquist采样间隔，否则就不能很好地确定。当反射体较平整时，点距可适当放宽。探地雷达探测路面结构层时，相邻扫描点间的距离通常为0.2m。

不同测量参数对测量效果影响的程度是不同的。时窗、采样率的选取对数据采集效果的影响不大，而天线中心频率、测点点距的选取对探测效果有显著影响，实际测量时要谨慎选取这些参数。

2.2.3 探地雷达性能指标分析[1,6]

为确保探地雷达发射信号的质量和测试雷达机的稳定性，美国德克萨斯农工大学(Texas A&M University)交通研究所提出了六项性能测试指标[6]，即噪信比(NSR)、短期信号稳定性(STS)、长期信号稳定性(LTS)、末端反射(ENR)、砼探测实验(CPT)、时间标定偏差(TCD)。下面对这六项指标逐一进行说明。

1. 噪信比(noise/signal ratio, NSR)

将雷达天线置于一 4ft* × 4ft 的金属板之上15min左右。等预热之后，以最快的采样速度记录200个波形，则

$$\text{NSR} = \frac{A_n}{A_{mp}} \tag{2.21}$$

---

* 1ft=3.048×10^{-1}m，下同。

式中，A_n 为全反射之后 2~10ns 之内最大波幅；A_{mp} 是金属板全反射幅值。

噪信比直接影响信号质量和数据准确性，若噪信比过大会引起信号失真。

2. 短期信号稳定性(short term stability, STS)

将雷达天线置于一 4ft×4ft 金属板之上 15min 左右。等预热之后，以最快的采样速度记录 200 个波形，则

$$\text{STS} = \frac{A_{\max} - A_{\min}}{A_{\text{avg}}} \tag{2.22}$$

式中，$A_{\max}$ 为 200 个波中的最大波幅；$A_{\min}$ 为 200 个波中的最小波幅；A_{avg} 为 200 个波的平均波幅。

短期信号稳定性影响反射波的波幅与脉冲宽度，波幅(或者说反射系数)决定了介电常数。一旦介电常数不准确，则计算厚度同样不准。特别是薄层，当短期信号稳定性出现 1% 的误差时，计算厚度误差会达 3%~5%。

3. 长期信号稳定性(long term stability, LTS)

作金属板全反射试验，使探地雷达系统一直处于工作状态 2h。每 2min 记录一个波形，一共记录 60 个波，则

$$\text{LTS} = \frac{A_{\max} - A_{\text{warm-up}}}{A_{\text{warm-up}}} \tag{2.23}$$

式中，$A_{\text{warm-up}}$ 为预热后立即测得的全反射波幅；$A_{\max}$ 为预热后 2 小时内 60 个波中的最大波幅。

长期稳定性主要是针对长时间的网级项目测试而言的，需要雷达保持连续稳定工作的能力。

4. 末端反射(end reflection, ENR)

做金属板全反射试验，则

$$\text{ENR} = \frac{A_E}{A_{mp}} \tag{2.24}$$

式中，A_E 为末端反射波幅；A_{mp} 为全反射波幅。

末端反射过大时，一方面会影响反射回波，另一方面也给末端反射波的移滤造成困难。

5. 混凝土探测实验(concrete penetration test, CPT)

将龄期 28d 以上、尺寸为 36in*×36in×6in、抗压强度为 21MPa 的素混凝土

---

* 1in=2.54cm，下同。

板置于金属平面上，则

$$\mathrm{CPT} = \frac{A_{\mathrm{bottom}}}{A_{\mathrm{top}}} \tag{2.25}$$

式中，A_{bottom} 为混凝土板上表面的反射波幅；A_{top} 为混凝土板下金属板的反射波幅。

电磁波在混凝土中衰减较快，如该项指标太小时，探地雷达不能适应水泥路面的测试。

6. 时间标定偏差（time calibration deviation，TCD）

将探地雷达天线置于三个不同高度处（h_1, h_2, h_3）做全反射试验，并求出天线的末端反射和金属板反射之间的时间（t_1, t_2, t_3），令：

$$C_1 = \frac{h_2 - h_1}{t_2 - t_1} \tag{2.26}$$

$$C_2 = \frac{h_3 - h_2}{t_3 - t_2} \tag{2.27}$$

则时间标定偏差为

$$\mathrm{TCD} = 2\frac{|C_1 - C_2|}{C_1 + C_2} \tag{2.28}$$

参 考 文 献

[1] 张蓓. 路面结构层介电特性及其厚度反演分析的系统识别方法——路面雷达关键技术研究[D]. 重庆：重庆大学，2003
[2] 钟燕辉. 层状体系介电特性反演及其工程应用[M]. 大连：大连理工大学，2006
[3] 丁鹭飞，耿富录. 雷达原理[M]. 西安：西安电子科技大学出版社，1995
[4] 李大心. 探地雷达方法与应用[M]. 北京：地质出版社，1994
[5] 戴前伟，吕绍林，肖彬. 地质雷达的应用条件探讨[J]. 物探与化探，2000，24(2)：157～160
[6] Saarenketo T, Scullion T. Application of ground penetrating radar technology for network and project level pavement management systems[C]//Proceedings of the Fourth International Conference on Managing Pavements, Calgary, 1998

第3章 层状均匀介质探地雷达电磁波正演模拟

3.1 探地雷达电磁波传播理论[1~5]

3.1.1 层状均匀介质探地雷达电磁波波动方程

介质的电磁特性是用介电常数 ε、磁导率 μ 和电导率 σ 来描述的。在静态电磁场中，ε 反映介质的极化特性，μ 反映介质的磁化特性，σ 反映介质的导电性能。根据焦耳定律，σ 还决定介质中电磁能量的损耗。

实际工程中，常见的是随时间作简谐变化的电磁场。谐变电磁场的 Maxwell 方程组的复数形式为[1,2]

$$\left. \begin{array}{l} \nabla \times \dot{H} = (\sigma + \mathrm{j}\omega\varepsilon)\dot{E} \\ \nabla \times \dot{E} = -\mathrm{j}\omega\mu\dot{H} \\ \nabla \cdot \dot{H} = 0 \\ \nabla \cdot \dot{E} = \dot{\rho}_f / \varepsilon \end{array} \right\} \quad (3.1)$$

式中，$\dot{H}$ 为磁场强度的复数形式；$\dot{E}$ 为电场强度的复数形式；$\dot{\rho}_f$ 为电流密度的复数形式；ω 为角频率；ε、σ、μ 分别为介电常数、电导率和磁导率。

当介质线性、均匀、各向同性时，Maxwell 第一方程的复数形式可写为

$$\nabla \times \dot{H} = (\sigma + \mathrm{j}\omega\varepsilon)\dot{E} = \mathrm{j}\omega\left(\varepsilon + \frac{\sigma}{\mathrm{j}\omega}\right)\dot{E} = \mathrm{j}\omega\tilde{\varepsilon}\dot{E}$$

式中

$$\tilde{\varepsilon} = \varepsilon + \frac{\sigma}{\mathrm{j}\omega} = \varepsilon - \mathrm{j}\frac{\sigma}{\omega} \quad (3.2)$$

称为复介电常数。有时还用到相对复介电常数

$$\tilde{\varepsilon}_r = \frac{\tilde{\varepsilon}}{\varepsilon_0} = \varepsilon_r - \mathrm{j}\frac{\sigma}{\omega\varepsilon_0} \quad (3.3)$$

复介电常数的实部就是介质的介电常数，虚部则表示介质对电磁波的损耗特性。虚部的数值越大表示介质中的电磁能量损耗也越大。理想介质 ($\sigma = 0$) 的复介电常数等于实数，$\tilde{\varepsilon}_r = \varepsilon_r$。对于良导体，当频率不太高，即满足 $\dfrac{\sigma}{\omega\varepsilon_0} \geqslant \varepsilon_r$ 条件时，复介电常数接近于纯虚数，$\tilde{\varepsilon}_r \approx -\mathrm{j}\dfrac{\sigma}{\omega\varepsilon_0}$。对于一般介质，复介电常数是一个复数。

根据波的合成原理,任何脉冲电磁波都可以分解成不同频率的正弦电磁波。因此,正弦电磁波的传播特性是探地雷达的理论基础。

由于探地雷达使用的是偶极源,在离源较远的地方,波的等相面在一定范围内可看成平面,此时其波场转化为平面波[3]。因此,探地雷达天线发射出的电磁脉冲波在到达结构表面时,可近似看作为平面,且当雷达发射天线与接收天线合二为一或间距很近以及结构表面倾角很小时,发射波的主传播方向可近似看作与结构表面垂直,如图3.1所示。

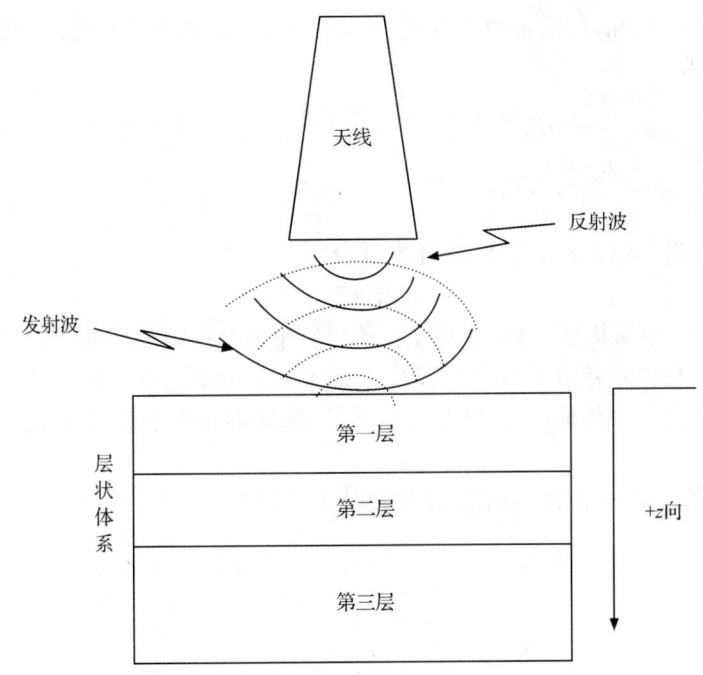

图 3.1 探地雷达的发射波和反射波

当探地雷达电磁波在层状均匀介质中传播时,一般作如下假定[4,5]:
(1) 各结构层材料是均质的、各向同性的。
(2) 雷达发射波为平面波,且发射波的主传播方向与地表垂直。

根据上述假定,当雷达电磁波沿地表深度方向垂直入射传播时,电磁场满足的Maxwell方程可表示为

$$\frac{\partial^2 E}{\partial z^2} = -(\omega^2 \mu \varepsilon - \mathrm{j}\omega\mu\sigma)E \tag{3.4}$$

式中,$E = \mathrm{Re}[E_0 \exp(\mathrm{j}\omega t)]$,为正弦时变电场矢量的实部;$E_0$ 为电场矢量的振幅(V/m);ω 为角频率(rad/s);z 为沿传播方向的距离(m);μ 为磁导率(H/m);$\varepsilon = \varepsilon' - \mathrm{j}\varepsilon''$,为层状介质复介电常数(F/m);$\sigma = \sigma' + \mathrm{j}\sigma''$,为介质导电率(S/m)。

由方程(3.4),可得其解为

$$E = E_0 e^{-jkz} \quad (3.5)$$

式中,k 为传播常数,又称波数,且为一复数,其表达式为

$$k = \omega\sqrt{\mu\left(\varepsilon + j\frac{\sigma}{\omega}\right)} = \alpha + j\beta \quad (3.6)$$

介质的损耗角可定义为总复数导电率的实部和虚部之比,即

$$\tan\delta = \frac{\sigma + \omega\varepsilon''}{\omega\varepsilon'} \quad (3.7)$$

从式(3.6)可知,传播常数 k 取决于电磁波的频率和介质特性。k 的实部 α 和虚部 β 分别为

$$\alpha = \left(\frac{\omega^2\mu\varepsilon}{2}\right)^{1/2}\left\{\left[1+\left(\frac{\sigma}{\omega\varepsilon}\right)^2\right]^{1/2} - 1\right\}^{1/2} \quad (3.8)$$

$$\beta = \left(\frac{\omega^2\mu\varepsilon}{2}\right)^{1/2}\left\{\left[1+\left(\frac{\sigma}{\omega\varepsilon}\right)^2\right]^{1/2} + 1\right\}^{1/2} \quad (3.9)$$

由式(3.7)、式(3.8),式(3.5)可改写为

$$E = E_0 e^{-\alpha z} e^{-j\beta z} \quad (3.10)$$

式中,$e^{-\alpha z}$ 代表衰减因子,衰减系数 α 表示单位距离上振幅的衰减(Np/m);$e^{-j\beta z}$ 代表相位因子,相位系数 β 表示单位长度上的相移量(rad/m)。从式(3.10)可以看出,电磁波在介质中传播时,其幅度是衰减的,脉冲形状由于 βz 的非线性相位而引起畸变。

电磁波在介质中传播的相速 v_p 和波长 λ 分别为

$$v_p = \frac{\omega}{\beta} = \frac{1}{\sqrt{\frac{\mu\varepsilon}{2}\left[\sqrt{1+\left(\frac{\sigma}{\omega\varepsilon}\right)^2}+1\right]}} \quad (3.11)$$

$$\lambda = \frac{2\pi}{\beta} = \frac{2\pi}{\omega\sqrt{\frac{\mu\varepsilon}{2}\left[\sqrt{1+\left(\frac{\sigma}{\omega\varepsilon}\right)^2}+1\right]}} \quad (3.12)$$

对于低损耗地下介质($\sigma/\omega\varepsilon \ll 1$),有

$$\sqrt{1+\left(\frac{\sigma}{\omega\varepsilon}\right)^2} \approx 1 + \frac{1}{2}\left(\frac{\sigma}{\omega\varepsilon}\right)^2$$

于是式(3.8)~式(3.12)可化简为

$$\alpha \approx \omega\sqrt{\frac{\mu\varepsilon}{2}\left[1+\frac{1}{2}\left(\frac{\sigma}{\omega\varepsilon}\right)^2 - 1\right]} = \frac{\sigma}{2}\sqrt{\frac{\mu}{\varepsilon}} \quad (3.13)$$

$$\beta \approx \omega\sqrt{\frac{\mu\varepsilon}{2}\left[1+\frac{1}{2}\left(\frac{\sigma}{\omega\varepsilon}\right)^2 + 1\right]} \approx \omega\sqrt{\mu\varepsilon} \quad (3.14)$$

$$v_p = \frac{\omega}{\beta} \approx \frac{1}{\sqrt{\mu\varepsilon}} \quad (3.15)$$

$$\lambda = \frac{2\pi}{\beta} = \frac{v_p}{f} \approx \frac{2\pi}{\omega\sqrt{\mu\varepsilon}} \tag{3.16}$$

低耗介质的σ极小,当$\sigma/\omega\varepsilon$趋于零时,衰减因子$\alpha \approx 0$,相位因子$\beta \approx k$,这时,电磁波只有小的传输损耗,电场和磁场存在极小的相位差。路面结构层中μ一般取值1,所以相速可表示为$v_p = 1/\sqrt{\varepsilon}$。

由式(3.13)可以看出,环境电导率是影响探地雷达探测深度的重要因素,电导率越高,电磁波衰减越快。例如,在纯水中电磁波的穿透深度为$10\sim 20$m,而在盐水中,因为它有更高的电导率,穿透深度仅仅为$1\sim 2$m。地下介质也是导电有耗介质,高频电磁波在其中传播时也同样会发生衰减。

因为波的衰减,波从表面进入导电介质中越深,场的幅度就越小,能量也变得越小,这种情况被称为趋肤效应。当波从表面进入导电介质一段距离后其幅度衰减到原来幅度的$1/e$时,这段距离称为趋肤深度或称穿透深度。对于低损耗地下介质,可表示为

$$\delta = \frac{1}{\alpha} \approx \frac{2}{\sigma}\sqrt{\frac{\varepsilon}{\mu}} \tag{3.17}$$

式中,δ表示趋肤深度;α为衰减因子;ε为环境的介电常数;σ为环境的电导率;μ为环境磁导率。从式(3.17)可以看出,对于低损耗介质($\omega\varepsilon \gg \sigma$,即电磁波传播的介电极限条件),高频电磁波的衰减几乎不受探测频率的影响。由于探地雷达的工作频率较高,一般认为,高频电磁波在地下介质的传播过程满足介电极限条件($\omega\varepsilon \gg \sigma$)。其实由于大地电阻率一般都比较低(即$\sigma$比较高),达不到介电极限条件,其工作频率介于介电极限条件与静态极限($\omega\varepsilon \ll \sigma$)之间,此时,高频电磁波在传播过程中发生衰减的程度将随电磁波频率的增加而增加。对于静态极限,其趋肤深度为

$$\delta = \sqrt{\frac{2}{\mu\omega\sigma}} \tag{3.18}$$

不管工作频率是在介电极限还是在静态极限,或者是介于两者之间,其趋肤深度都是随着电导率的增大而减少,即环境的电导率越低,高频电磁波的衰减越慢,探测深度越大。一般地,空气、干燥花岗岩、干燥石灰岩和混凝土等是很好的雷达应用条件,纯水、冰、雪、砂和干黏土等为中等应用条件,湿黏土、湿的页岩和海水等为很差的应用条件。

在空气中,$\sigma = 0, \alpha = 0$,即电磁波在空气中传播时无衰减。而当电磁波在有耗介质中传播时,就会有能量的损耗和衰减。依据电磁波理论,电磁波在介质中传播时能量的衰减可用传播因数(propagation factor)T来反映:

$$T = e^{-j\frac{\omega}{c}\frac{d}{\cos\theta_t}\sqrt{\varepsilon}} \tag{3.19}$$

式中，θ_t 为折射角；ω 为入射波的角频率；d 为结构层厚度；c 为真空中的光速（$3\times 10^8 \mathrm{m/s}$）。传播因数 T 表示了电磁波到达厚度为 d 的结构层下界面时的能量与到达上界面时能量的比值。显然，传播因数 T 是一个与电磁波入射频率、结构层的介电常数和厚度有关的量，结构层厚度和介电常数越大、电磁波入射频率越高，则电磁波在介质中的损耗和衰减越严重。

当探地雷达电磁波垂直入射时，透射角 θ_t 为 0，式(3.19)可简化为

$$T = e^{-j\frac{\omega d}{c}\sqrt{\varepsilon}} \tag{3.20}$$

3.1.2 探地雷达电磁波在两种不同介质交界面上的传播特性[3~5]

探地雷达发射的高频电磁波在层状结构中传播时，每遇到不同的界面就会发生折射和反射，入射波、反射波与折射波的方向遵循反射定律和折射定律。根据能量守恒定理，反射波和折射波的能量总和等于入射波的能量。

反射系数 R 定义为反射波电场强度幅值 E_r 与入射波电场强度幅值 E_i 之比值，即 $R = E_r/E_i$；折射系数 Z 定义为折射波电场强度 E_z 与入射波电场强度 E_i 之比，即 $Z = E_z/E_i$。

当探地雷达脉冲波垂直入射到层状体系中时，在不同介质界面上会产生反射和折射，反射系数和折射系数分别为

$$R(n) = \frac{k_n - k_{n+1}}{k_n + k_{n+1}} \tag{3.21}$$

$$Z(n) = \frac{2k_n}{k_n + k_{n+1}} \tag{3.22}$$

上述式中，$R(n)$、$Z(n)$ 分别为电磁波在第 n 层与第 $n+1$ 层界面上的反射系数和折射系数；k_n、k_{n+1} 分别为电磁波在第 n 层与第 $n+1$ 层介质中的传播常数。

应用高频（900MHz~2GHz）探地雷达进行道路检测时，ω 远大于 σ，而且一般的路面材料大都属于非磁性材料，即 $\mu' \approx 1$，于是，式(3.21)和式(3.22)可简化为

$$R(n) = \frac{\sqrt{\varepsilon_n} - \sqrt{\varepsilon_{n+1}}}{\sqrt{\varepsilon_n} + \sqrt{\varepsilon_{n+1}}} \tag{3.23}$$

$$Z(n) = \frac{2\sqrt{\varepsilon_n}}{\sqrt{\varepsilon_n} + \sqrt{\varepsilon_{n+1}}} \tag{3.24}$$

式中，ε_n、ε_{n+1} 分别为第 n 层与第 $n+1$ 层介质的介电常数。对于多层介质中传播的电磁波，反射能量 $E_r(n)$ 和折射能量 $E_z(n+1)$ 可表达为

$$E_r(n) = R(n)E_z(n) \tag{3.25}$$

$$E_z(n+1) = Z(n)E_z(n) \tag{3.26}$$

由式(3.23)~式(3.26)可以计算出各反射波和折射波的振幅。在正演计算

时,电磁波在介质中的反射时间由各介质层的厚度及波速决定。

由式(3.23)可以看出,电磁波在不同介质的界面上的反射波幅的大小取决于两种介质材料的相对介电常数。两种材料的介电常数差别越大,反射波幅也就越大,结构越容易识别。相反,如果两介质的介电常数非常接近或一样,就会导致反射波幅很弱或波幅为零,使得我们很难或无法对雷达回波信号进行解释,这也是运用探地雷达识别结构材料介电特性的先决条件。

介质中的电磁波传播速度可写为

$$v = c\left\{\frac{\left(\varepsilon' - \dfrac{\sigma''}{\omega}\right)}{2\varepsilon_0}\left[\sqrt{1 + \left[\dfrac{\varepsilon'' + \dfrac{\sigma'}{\omega}}{\varepsilon' - \dfrac{\sigma''}{\omega}}\right]^2} + 1\right]\right\}^{-\frac{1}{2}} \tag{3.27}$$

由于式(3.27)中,ω 远大于 σ' 和 σ'',且 ε'' 远小于 ε',因此,此式可以简化为

$$v = \frac{c}{\sqrt{\varepsilon'/\varepsilon_0}} = \frac{c}{\sqrt{\varepsilon_r'}} \tag{3.28}$$

式中,ε_r' 为介质的相对介电常数。

3.1.3 探地雷达电磁波的波谱特征[3~5]

以上两节的讨论仅限于单色频率电磁波随时间与空间的变化,也就是说,在时间域内研究电磁波的传播特点。而目前探地雷达所发射的电磁波大都是非周期脉冲,这种脉冲电磁波包含了各种频率成分,同时,对于道路、机场、堤坝等工程材料大都是色散介质,即其介电特性具有频率依赖性。因此,为了研究不同频率电磁波在色散介质中的传播,需要在频率域范围内研究波的振幅与相位随频率的变化。

根据傅里叶变换理论,非周期性的脉冲函数 $F(t)$ 只要满足狄利克莱(Dirichlet)条件,即函数在有限区间内逐段光滑,且只有有限个间断点,且 $F(t)$ 在间断点处收敛于 $\frac{1}{2}[f(t+0) + f(t-0)]$(探地雷达脉冲信号满足此条件),则 $F(t)$ 可以用傅里叶积分表示为

$$\theta(f) = \frac{1}{2\pi}\int_{-\infty}^{\infty} F(t)e^{-j2\pi ft}\,dt \tag{3.29}$$

$$F(t) = \int_{-\infty}^{\infty} \theta(f)e^{j2\pi ft}\,df \tag{3.30}$$

式中,t 为时间;f 为频率。$\theta(f)$ 一般是复函数,数学上称为象函数,$F(t)$ 称为原函数。通常,我们把式(3.29)称为傅里叶变换(FFT),式(3.30)称为傅里叶逆变换(IFFT),二者合称傅里叶变换对。傅里叶变换是将时域函数变换为频域函数,而傅里叶逆变换是将频域函数变换为时域函数。式(3.30)的物理意义是,任何一个非周期振动脉冲 $F(t)$ 是由无限多个不同频率(这里指的是"单色频率")、不同振幅

的谐和振动 $e^{j2\pi ft}$ 之和构成的,每个"单色"的谐和振动的振幅和初相位由复变函数 $\theta(f)$ 决定。$\theta(f)$ 可表示为

$$\theta(f) = A(f)e^{j\varphi(t)} \quad (3.31)$$

式中,$A(f)$ 表示每个谐和振动分量的振幅,称为振幅谱;$\varphi(f)$ 表示每一个谐和振动分量的初相位,称为相位谱。把其代入式(3.30)中的被积函数得

$$\theta(f)e^{j2\pi ft} = A(f)e^{j[2\pi ft+\varphi(t)]}$$
$$(3.32)$$

式中,$A(f)$ 表示每个谐和振动分量 $e^{j2\pi ft}$ 对函数 $F(t)$ 的贡献大小;$\varphi(f)$ 表示组成 $F(t)$ 的谐和振动 $e^{j2\pi ft}$ 之间在时间分布上的关系。图 3.2 表示由许多不同频率、不同振幅、不同起始相位的谐和振动合成的一个非周期振动。

式(3.29)的物理意义是:如果已知脉冲函数的形状 $F(t)$,那么可以求得它的象函数 $\theta(f)$,我们又把 $\theta(f)$ 称为原函数 $F(t)$ 的复变谱。$A(f)$ 称为 $F(t)$ 的振幅谱,如图 3.3 所示。$\varphi(f)$ 称为 $F(t)$ 的相位谱,如图 3.4 所示。

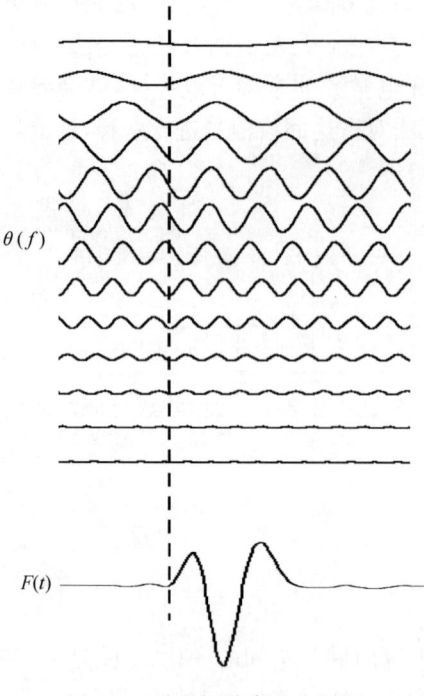

图 3.2 谐和振动合成非周期信号示意图

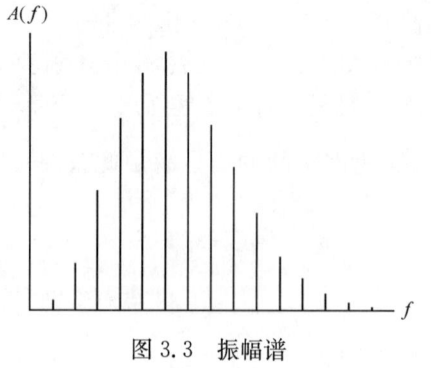

图 3.3 振幅谱

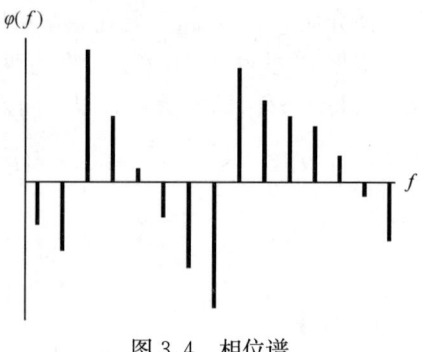

图 3.4 相位谱

3.2 层状均匀介质探地雷达电磁波正演模拟[4,5]

3.2.1 正演模拟多频成分合成方法

正演模拟又称为回波模拟合成,即通过研究雷达电磁波在介质中的传播规律,

建立探地雷达波的传播模型,进而计算雷达回波,模拟探地雷达响应。正演模拟是研究高频电磁波在介质中传播规律的有效途径。其意义主要表现在两个方面:首先,通过分析各种雷达电磁波传播模型的正演结果,可以深入认识雷达电磁波在介质中的传播特性,提高解释精度;其次,正演模型是基于实测信号对结构层材料介电特性进行反演分析的基础。因此,雷达电磁波正演模拟技术一直是探地雷达理论研究的主要内容之一,正演技术的发展也是有效推动探地雷达技术发展的关键之一。

国内从 20 世纪 90 年代初开始雷达波正演模型的研究。早期的研究局限于在低耗或无耗介质中分析电磁波的动力学特性,即不考虑介电常数虚部对电磁波传播的影响。而对于道路、机场、堤坝等工程结构,常用的材料大多为有耗介质,显然在雷达波正演传播模型中忽略介电常数虚部是与工程实际不相符的,应用低耗或无耗介质中的雷达电磁波正演模型是不能合理而准确地解释电磁波在有耗介质中的传播规律的,特别是当材料为高耗介质时还会产生较大的误差。因此,研究有耗介质中脉冲电磁波的传播规律及其正演模拟技术具有重要的理论意义和工程应用价值,但目前关于层状介质雷达回波模拟方面的研究还不很成熟。

根据探地雷达电磁波的波动方程及其传播特点,考虑电磁波在结构层界面上的反射和折射以及电磁波在介质中传播时的能量衰减,可建立探地雷达电磁波在层状均匀有耗介质中的传播模型。这种模型在理论上将更加严谨,更加符合实际,并具有更广泛的适应性,能同时适用于雷达电磁波在无耗、低耗和高耗介质中的传播。

探地雷达所发射的电磁波大都是非周期脉冲电磁波,这种脉冲电磁波包含了各种频率成分。而对于色散介质,其介电特性具有频率依赖性。因此,为了研究不同频率电磁波在色散介质中的传播,就需要在频率域内研究波的振幅与相位随频率的变化。即应首先通过傅里叶变换将时域内的雷达入射波 Y_i 分解成频率域内的子波,由此得到入射波的频谱 F_i:

$$F_i = \text{FFT}(Y_i) \tag{3.33}$$

然后在频域内计算各离散频率点在层状介质各层中的传播特性。再对频域内的模拟反射波信号 $F_{r,\text{syn}}$ 进行快速傅里叶逆变换(IFFT),将频域信号转换为时域信号,这时

$$x(t) = \frac{1}{2\pi}\int_{-\infty}^{0} X(\omega)e^{j\omega t}d\omega + \frac{1}{2\pi}\int_{0}^{+\infty} X(\omega)e^{j\omega t}d\omega \tag{3.34}$$

$x(t)$ 为实信号时,$X(\omega) = X^*(-\omega)$,此处 * 表示复数的共轭,则式(3.34)可写为

$$x(t) = \frac{1}{2\pi}\int_{-\infty}^{0} X^*(-\omega)e^{j\omega t}d\omega + \frac{1}{2\pi}\int_{0}^{+\infty} X(\omega)e^{j\omega t}d\omega \tag{3.35}$$

式(3.35)可通过下列方式进行简化:

$$x(t) = \frac{1}{2\pi}\int_{0}^{+\infty} X^*(\omega)e^{-j\omega t}d\omega + \frac{1}{2\pi}\int_{0}^{+\infty} X(\omega)e^{j\omega t}d\omega$$

$$= \frac{1}{2\pi} \int_{0}^{+\infty} [X^*(\omega) e^{-j\omega t} + X(\omega) e^{j\omega t}] d\omega$$

$$= \frac{1}{2\pi} \int_{0}^{+\infty} 2\text{Re}(X(\omega) e^{j\omega t}) d\omega$$

$$= \frac{1}{2\pi} 2\text{Re}\left[\int_{0}^{+\infty} X(\omega) e^{j\omega t} d\omega\right] \tag{3.36}$$

离散信号的傅里叶逆变换,只需将上述方程的积分形式改为和的形式即可。由式(3.36)可知,模拟合成的时域信号只需频率的正数部分,离散信号只需前半部分数据。于是,时域内的雷达反射波模拟信号可通过下式所示的快速傅里叶逆变换得到:

$$Y_{r,\text{syn}} = 2\text{real}(\text{IFFT}(F_{r,\text{syn}})) \tag{3.37}$$

式中,$Y_{r,\text{syn}}$ 为时域内的探地雷达反射波模拟信号。

3.2.2 正演模型的建立

探地雷达电磁波在不同介质分界面上会发生反射和折射,同时电磁波在介质中传播会由于介质的导电性和色散损耗而导致衰减。当考虑电磁波在层状均匀介质结构层界面上的反射、折射以及电磁波在介质中传播时的能量衰减,即考虑介质介电常数虚部或者说电导率的影响,这时若假设入射波已知,且总入射能量为单位能量1,则可建立探地雷达电磁波垂直入射时其在层状体系中传播的总反射模型,如图3.5所示。

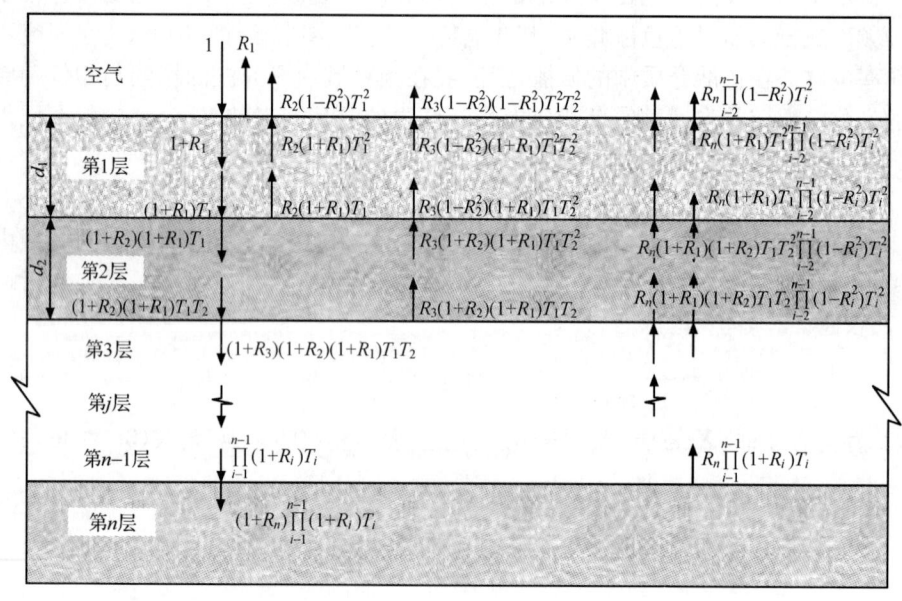

图3.5 层状均匀介质探地雷达电磁波总反射模型

为了建立雷达电磁波的正演模型，需引入层状体系结构模型的基本参数，包括层状体系结构层的层数、各层的介电特性及其厚度。这些基本参数将直接决定着探地雷达电磁波的传播特性，决定着雷达电磁波反射信号的形状、幅值、时延等特征。因此，只要已知雷达入射波和确定了层状体系结构模型，就能相应建立雷达电磁波传播的总反射模型。层状介质介电特性中的磁导率通常认为是1，而电导率已包含在介电常数的虚部中，所以，可用介质介电常数的实部和虚部来表示其介电特性。因此，决定探地雷达波传播模型的参数有探地雷达入射波、层状体系结构层的层数、各层介电常数的实部、虚部以及各结构层的厚度。

图3.5中，R_1、R_2、R_3、R_i和R_n分别为雷达电磁波在层状体系第1个界面（空气与第1层的交界面）、第2个界面（第1层与第2层的交界面）、第3个界面（第2层与第3层的交界面）、第i个界面（第$i-1$层与第i层的交界面）及第n个界面（第$n-1$层与第n层的交界面）上的反射系数，表达式见式(3.23)；T_1、T_2和T_i分别表示电磁波在结构层第1层、第2层和第i层中传播时的传播因数，表达式见式(3.20)。

由图3.5可以看出，当单位能量的单色频率入射子波向地表垂直入射时，一部分能量在层状体系的第1个界面上发生反射和折射，由式(3.25)、式(3.26)可知反射能量为R_1，折射能量为$1+R_1$。然后，折射的能量继续向下传播，考虑介质对电磁波的吸收作用，即介质的电导率或介质介电常数虚部的影响，折射的能量到达第2个界面时的能量为折射能量与传播因数的乘积，为$(1+R_1)T_1$，该能量在第2个界面上的反射部分能量为$R_2(1+R_1)T_1$，折射的能量为$(1+R_2)(1+R_1)T_1$，该反射能量又接着穿透第1层到达第1个界面，到达时的能量为$R_2(1+R_1)T_1^2$，此能量又在第1个界面上发生反射和折射，折射的能量为$R_2(1-R_1^2)T_1^2$，该能量被接收天线接收。遵循同样的规律，第2个界面上的折射能量继续向下传播。同样的道理，依次类推，可得到第n个界面上的入射能量为$\prod_{i=1}^{n-1}(1+R_i)T_i$，折射能量为$(1+R_n)\prod_{i=1}^{n-1}(1+R_i)T_i$，反射能量为$R_n\prod_{i=1}^{n-1}(1+R_i)T_i$。于是，单位能量的单色入射子波经过在层状介质结构层n个界面上的反射和折射，以及能量的损耗，最后到达地表的反射能量为

$$E_r = \left[R_1 + R_2(1-R_1^2)T_1^2 + R_3(1-R_2^2)(1-R_1^2)T_1^2T_2^2 + \cdots + R_n\prod_{i=1}^{n-1}(1-R_i^2)T_i^2\right]$$

(3.38)

结合式(3.33)，可得单色频率探地雷达入射子波的模拟反射信号为

$$F_{r,\mathrm{syn}} = \left[R_1 + R_2(1-R_1^2)T_1^2 + R_3(1-R_2^2)(1-R_1^2)T_1^2T_2^2 + \cdots + R_n\prod_{i=1}^{n-1}(1-R_i^2)T_i^2\right]F_i$$

$$= \left\{\sum_{j=1}^{n}\left[R_j\prod_{i=1}^{j-1}(1-R_i^2)T_i^2\right]\right\}F_i \qquad (3.39)$$

式中，$F_{r,\mathrm{syn}}$为模拟合成波的频谱。

然后，对频域内的模拟反射信号$F_{r,\mathrm{syn}}$按照式(3.37)进行变换，就得到时域内的探地雷达波模拟反射信号。

依据以上原理，可将建立探地雷达电磁波在层状均匀介质中的传播模型步骤归纳如下：

(1) 输入雷达发射的脉冲信号。探地雷达发射天线发射的电磁脉冲信号是作为已知参数输入到正演模型中去的。每次实际测试前，都需做金属板全反射试验和末端反射试验，以此来得到适时的入射波。获取入射波的过程将在下面详细说明。

(2) 通过傅里叶变换将时域内的入射波分解转换为频率域内的子波，即将时域信号转换为频域信号。

(3) 输入层状体系结构层基本参数，建立层状体系结构模型，并依据电磁波传播理论，建立层状体系单色雷达电磁入射波的总反射模型。

(4) 分析计算各离散频率点，即各单色频率电磁子波在层状结构中的传播特性，包括反射、折射和损耗特性，得到频域内各单色频率入射子波的反射信号。

(5) 将各单色频率入射子波所对应的反射信号进行合成，得到频域内雷达波的总反射信号。

(6) 通过傅里叶逆变换将频域内雷达波的总反射信号转换为时域内的反射信号。

(7) 输出雷达反射波的模拟信号。

依据以上步骤编制了层状均匀介质中探地雷达波正演模拟程序。图3.6是该程序的程序框图。

探地雷达入射波的获取主要包括以下步骤：

(1) 金属板全反射试验。由于雷达发射的脉冲入射波在金属板上将被完全反射回来，所以可通过对接收到的金属板全反射波形进行反相，从而得到雷达的入射波。图3.7为Rodar V雷达系统1GHz天线典型的金属板全反射波形。

(2) 末端反射试验。将天线对向天空，发射电磁波并记录反射波，则该反射波即为天线的末端反射。图3.8为Rodar V雷达系统1GHz天线的末端反射波形。

(3) 在金属板全反射波形中滤掉末端反射波形。图3.9为滤掉末端反射后的金属板反射波形。

(4) 将图3.9所示波形乘以(-1)进行反相，并将波形中1.98ns以前和6.02ns以后的数据点波幅设为0以滤掉噪声，得图3.10所示波形，即为探地雷达入射波。

(5) 对雷达入射波进行傅里叶变换，得到由256个频率点所组成的入射波的振幅频谱，频谱图如图3.11所示。

第 3 章　层状均匀介质探地雷达电磁波正演模拟

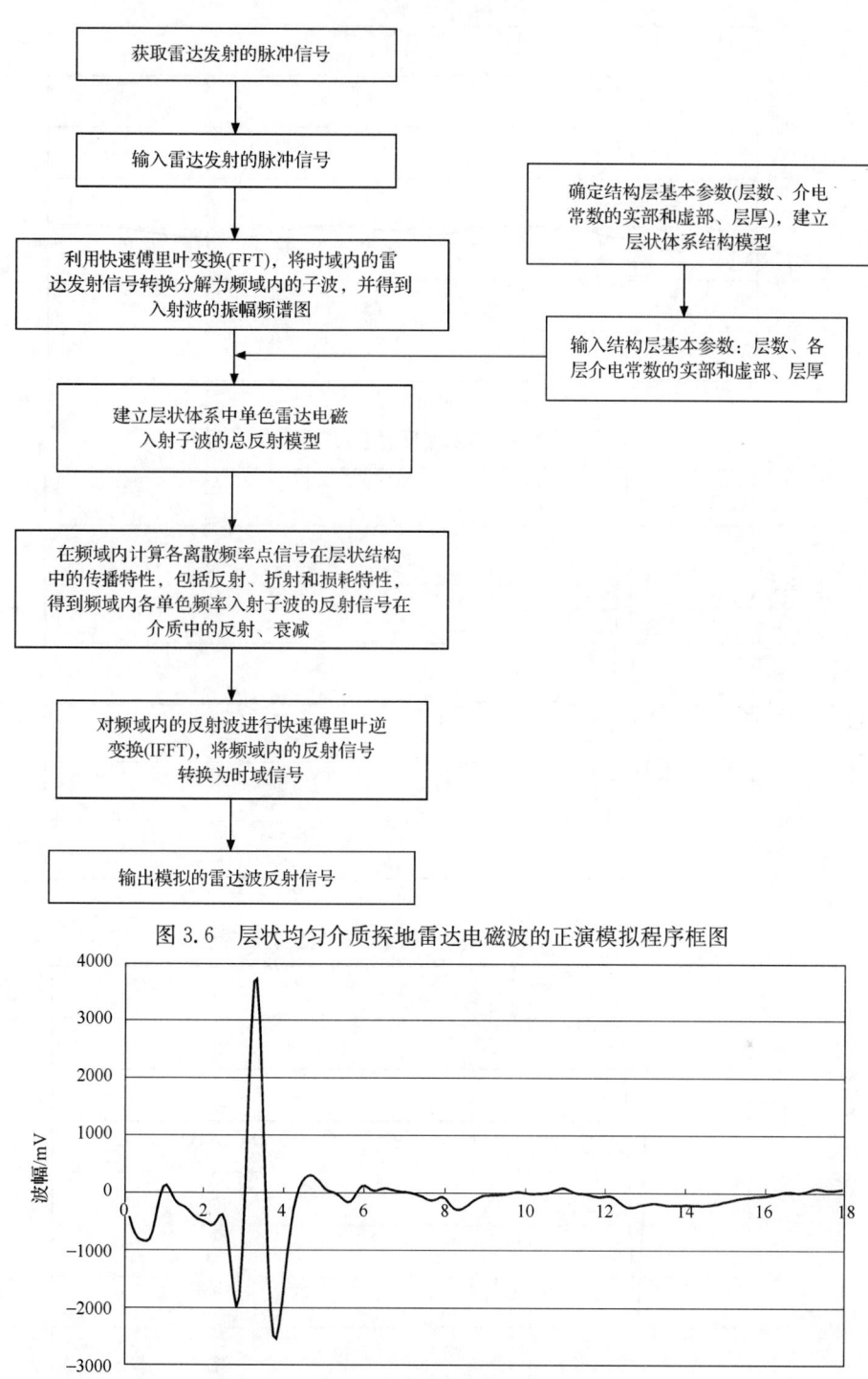

图 3.6　层状均匀介质探地雷达电磁波的正演模拟程序框图

图 3.7　金属板全反射波形

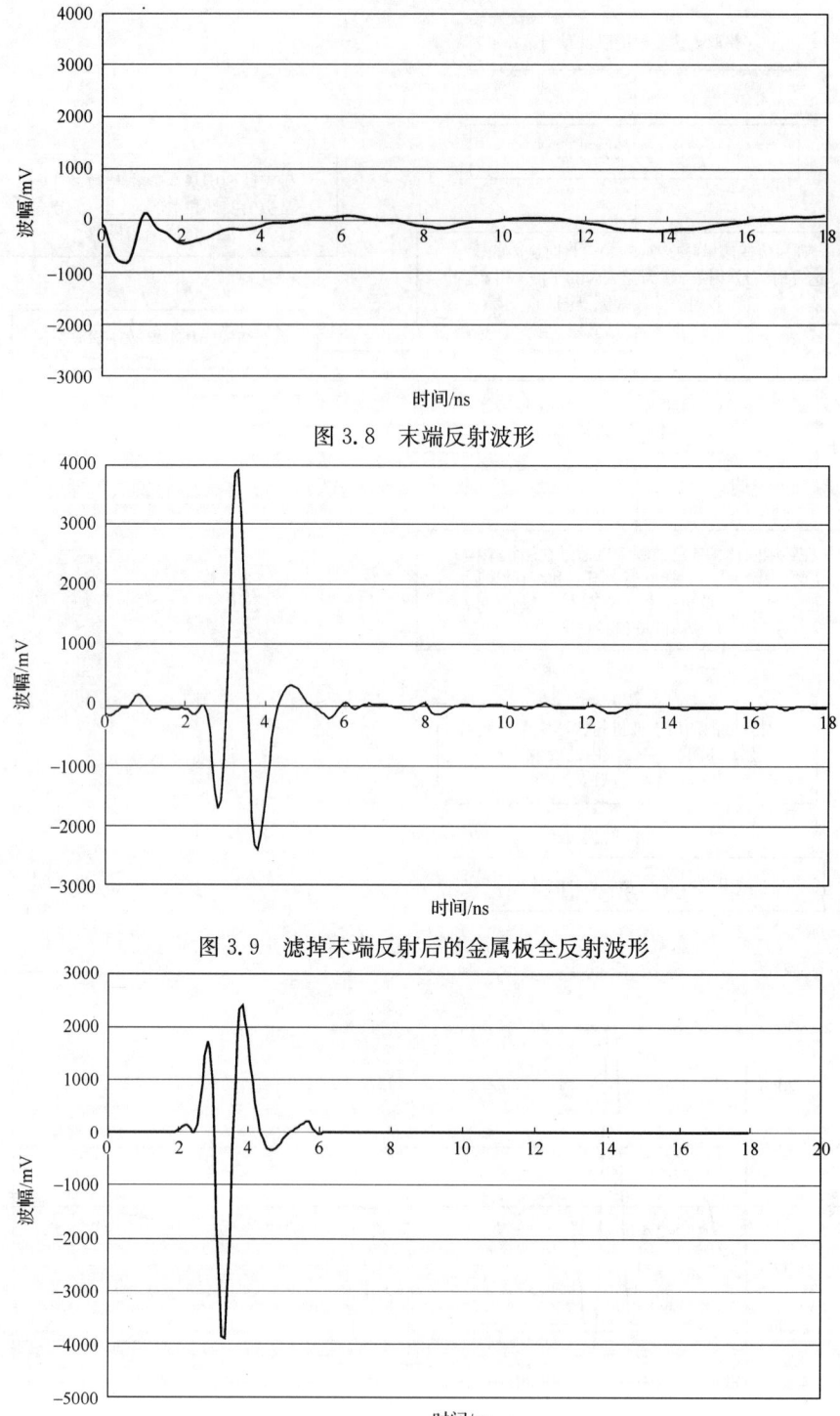

图 3.8　末端反射波形

图 3.9　滤掉末端反射后的金属板全反射波形

图 3.10　探地雷达入射波

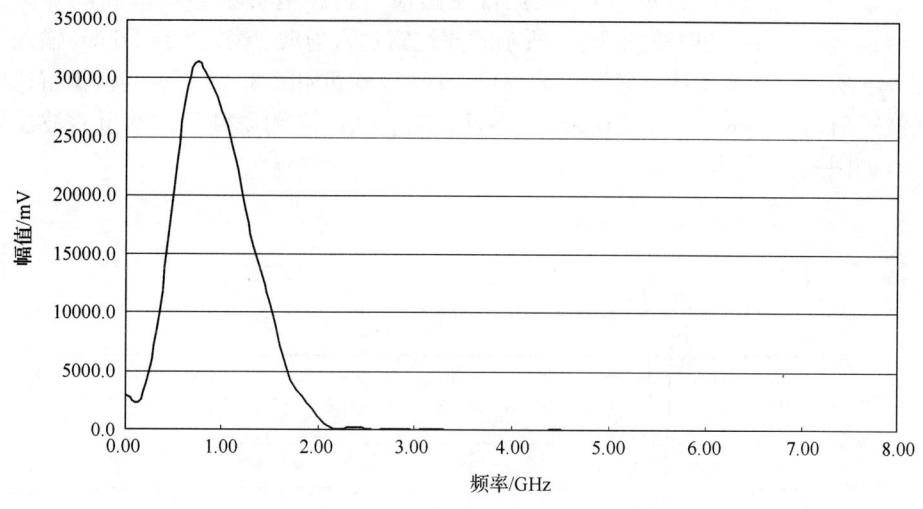

图 3.11 探地雷达入射波振幅频谱图

3.2.3 实例分析

1. 单层体系探地雷达电磁波正演模拟

1) 实例一

将一厚度 d 为 16cm 的混凝土板放置在一块光滑的金属板上,该结构模型及雷达电磁波传播的总反射模型如图 3.12 所示。由于单位能量的入射波经空气穿透混凝土板到达混凝土板与金属板的交界面上发生能量的全反射,所以这时折射能量为 0。从图 3.12 可看出,在该界面上的入射能量与反射能量相等,都为 $(1+R)T$。

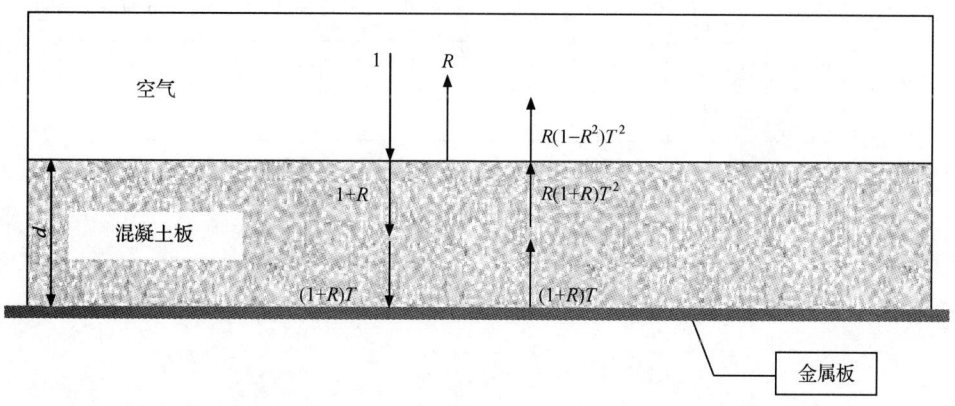

图 3.12 单层混凝土板探地雷达电磁波总反射模型(板下为金属板)

混凝土板的介电常数未知，根据常见路面材料介电常数的实部和虚部假设 $\varepsilon'=10,\varepsilon''=-2$，同时将图 3.13 所示的探地雷达入射波、厚度 $d=16\ \text{cm}$ 输入到图 3.6 所示的探地雷达电磁波正演模拟程序中，得到如图 3.14 所示的模拟雷达电磁波反射信号。试验采用 Rodar V 1GHz 雷达天线，实测得到的雷达电磁波反射信号如图 3.15 所示。

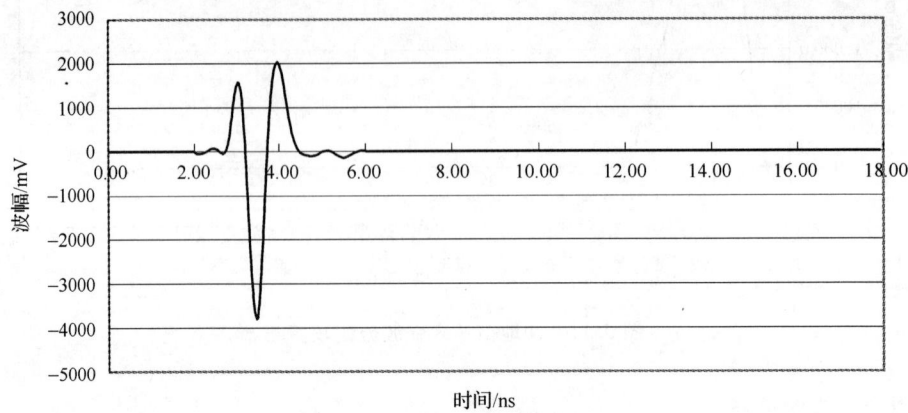

图 3.13　探地雷达入射波

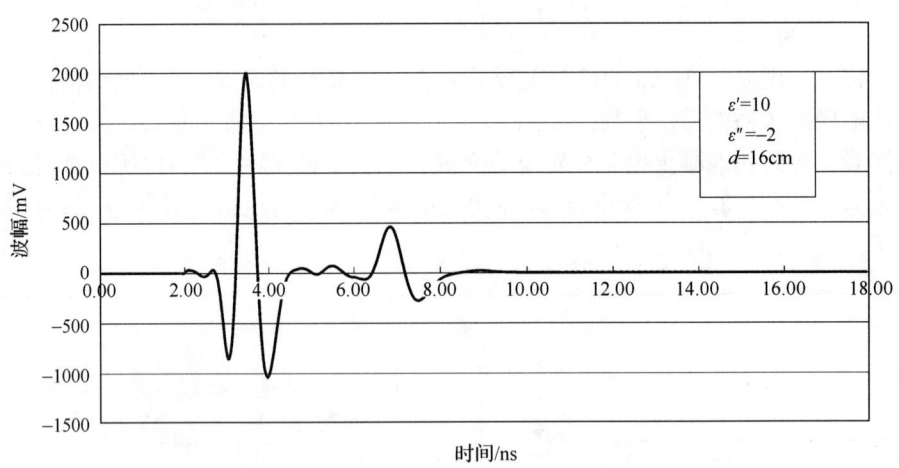

图 3.14　单层混凝土板雷达反射波模拟结果（板下为金属板）

第3章　层状均匀介质探地雷达电磁波正演模拟

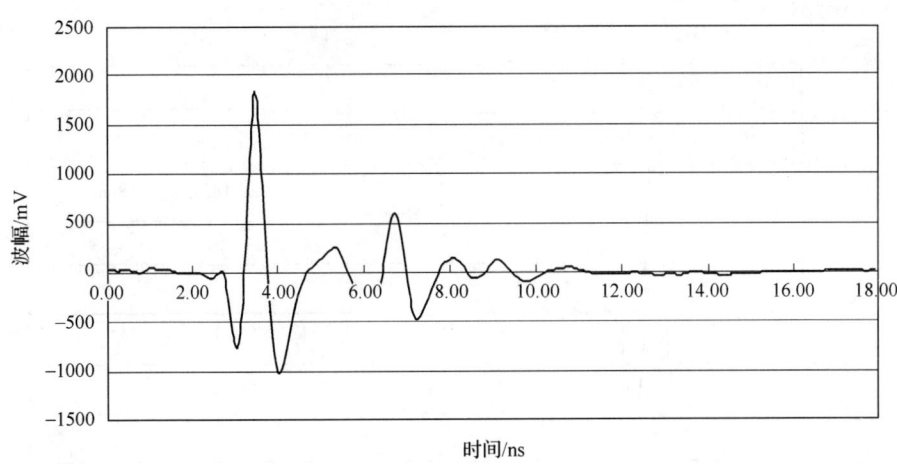

图 3.15　单层混凝土板雷达反射波实测结果(板下为金属板)

2) 实例二

将实例一中的混凝土板离地 27.8cm，并抽走金属板，这时的雷达电磁波总反射模型如图 3.16 所示。

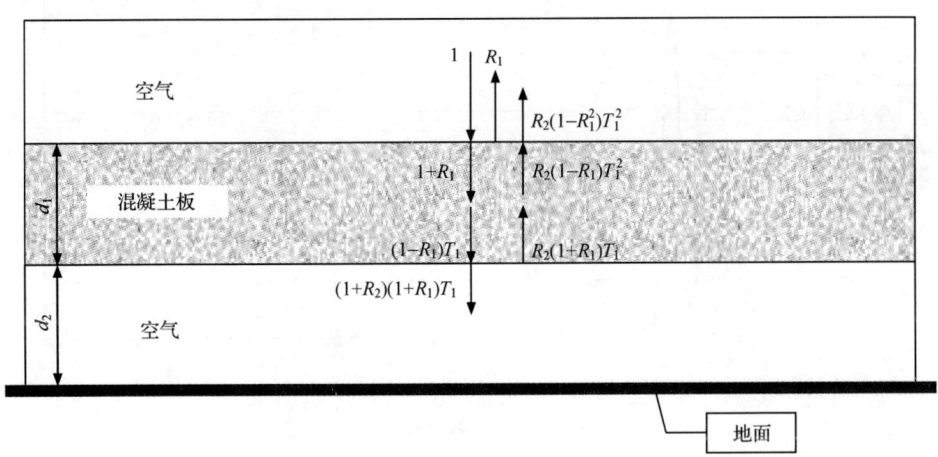

图 3.16　单层混凝土板探地雷达电磁波总反射模型(板下为空气层)

对混凝土板介电常数的实部和虚部仍假设 $\varepsilon'=10,\varepsilon''=-2$。试验仍然采用 Rodar V 1GHz 雷达天线，入射波也与实例一中的入射波相同。相比于实例一，混凝土板下多了一层厚度为 27.8cm 的空气层，其介电常数的实部为 1，虚部为 0。将入射波、混凝土板的参数 $d_1=16\text{cm}、\varepsilon'_1=10、\varepsilon''_1=-2$ 和空气层的参数 $d_2=27.8\text{cm}、\varepsilon'_2=1、\varepsilon''_2=0$ 输入到图 3.6 所示的雷达电磁波正演模拟程序中，得到如图 3.17 所示的模拟雷达电磁波反射信号。实测得到的雷达电磁波反射信号如

图 3.18 所示。

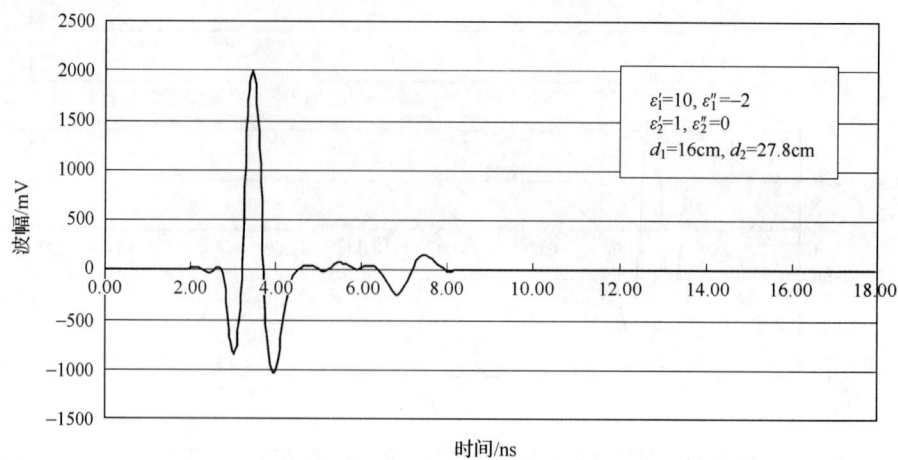

图 3.17　单层混凝土板雷达反射波模拟结果（板下为空气层）

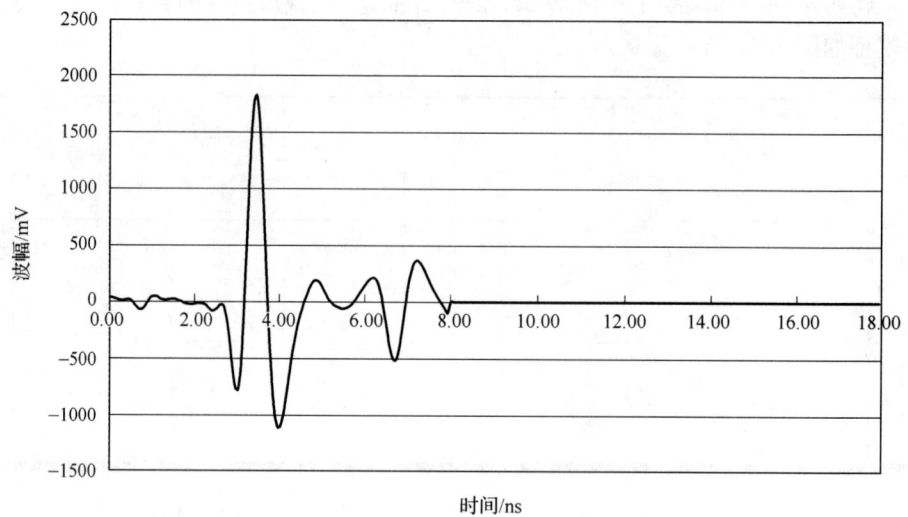

图 3.18　单层混凝土板雷达反射波实测结果（板下为空气层）

3）结果分析

（1）对比图 3.14 和图 3.15 以及图 3.17 和图 3.18，可以看出，模拟信号很好地反映了实测信号各方面的特征，从而验证了本节建立的正演模型对单层结构体系的合理性和适应性。

（2）相比于实例一，可发现在实例二中，雷达反射波在混凝土板底界面上的反射波峰是负向的。这是因为混凝土板的介电常数大于空气的介电常数，电磁波在该界面上的反射系数为负值,于是造成了反射波峰的反相。

2. 多层体系探地雷达电磁波正演模拟

1) 实例一

某半刚性基层沥青路面,其面层为 20cm 厚沥青混凝土,基层为 20cm 厚水泥稳定碎石,底基层为 35cm 厚石灰土,路基假定为半无限体。

根据路面结构,选用 Rodar V 中心频率为 1GHz 的探地雷达天线对该路全线行车道右轮迹进行检测。探地雷达波总反射模型如图 3.19 所示。对各层介电常数的实部和虚部作出如下假设:$\varepsilon_1' = 6, \varepsilon_1'' = -0.05; \varepsilon_2' = 9, \varepsilon_2'' = -0.5; \varepsilon_3' = 12, \varepsilon_3'' = -0.5; \varepsilon_4' = 20, \varepsilon_4'' = -1.2$。将以上参数连同图 3.20 所示的探地雷达入射波和各层厚度 $d_1 = 20cm$、$d_2 = 20cm$、$d_3 = 35cm$ 输入到图 3.6 所示的雷达波正演模拟程序中,得到如图 3.21 所示的雷达反射波模拟结果。图 3.22 为对应位置滤掉末端反射后的探地雷达反射波实测结果。

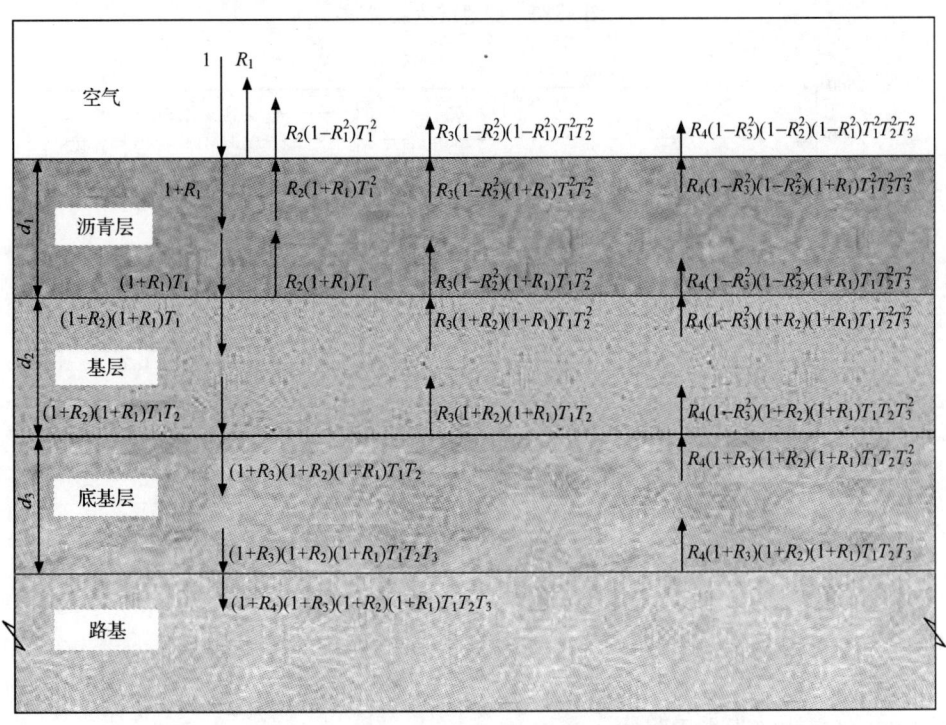

图 3.19 半刚性基层沥青路面探地雷达波总反射模型

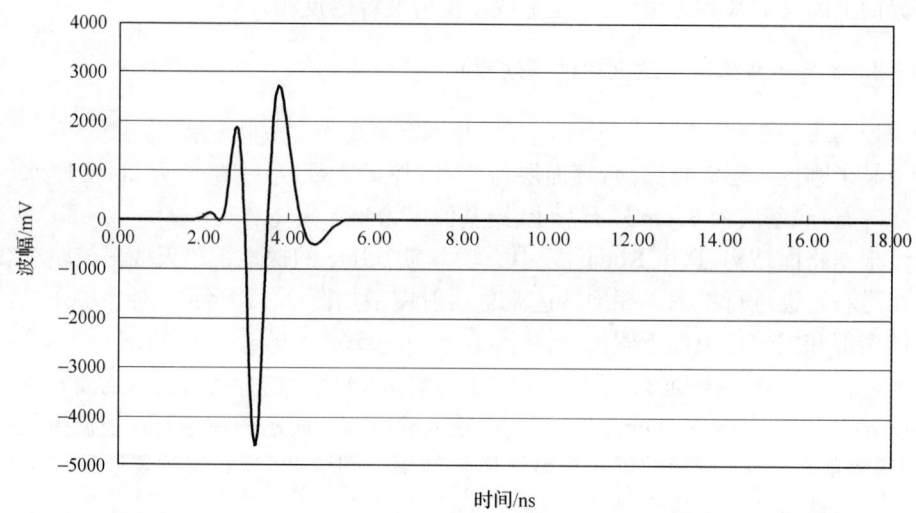

图 3.20 探地雷达入射波

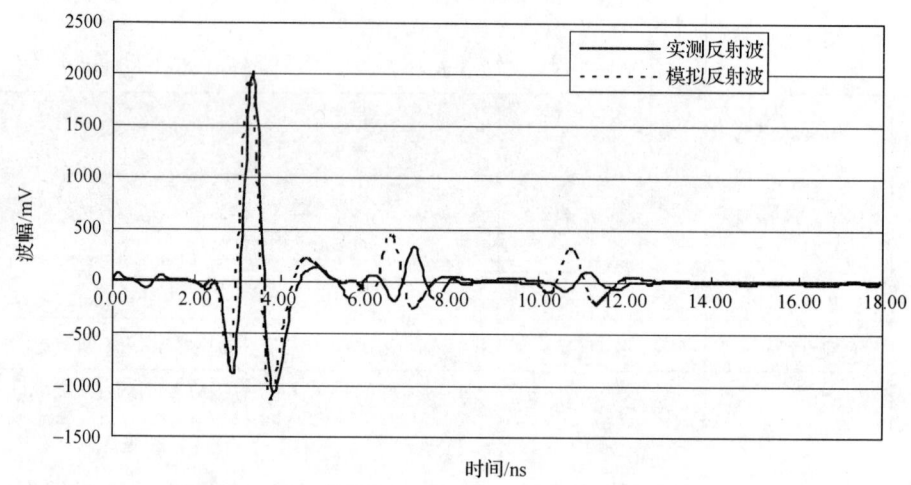

图 3.21 四层半刚性基层沥青路面雷达反射波模拟结果与实测反射波的对比

2) 实例二

某沥青混凝土路面,其面层为 19.1cm 厚沥青混凝土,基层为 19.4cm 厚半刚性材料,路基假定为半无限体。

将探地雷达入射波和已知参数代入图 3.6 所示的雷达波正演模拟程序中,可得模拟合成的雷达反射信号。图 3.22 为雷达反射波模拟结果与实测反射波的比较。

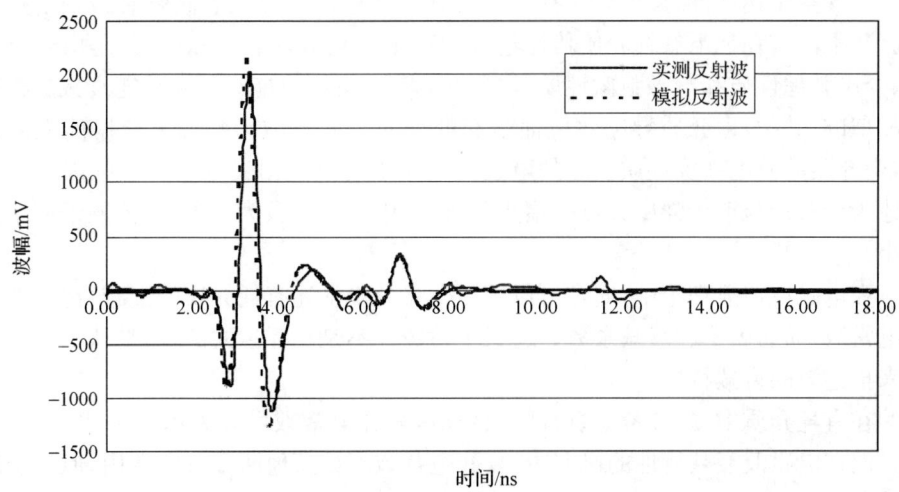

图 3.22 三层路面结构雷达反射波模拟结果与实测反射波的对比

3) 结果分析

(1) 由图 3.21 和图 3.22 可以看出,对于多层体系,由正演模型计算得到的模拟信号同样很好地反映了实测信号各方面的特征,从而验证了本章建立的探地雷达电磁波正演模型对多层结构体系的合理性。

(2) 由于考虑了介电常数虚部对电磁波传播的影响,所以不论是对单层体系还是对多层体系,模拟反射波与实际反射波的拟合效果都比较理想。但同时也发现模拟信号和实测信号两者并不是完全吻合在一起。原因在于当输入正演模型参数时,事先并不知道各结构层材料准确的介电常数值,只是根据经验对它们的实部和虚部分别作出假设。本书第 5 章将建立层状体系介电特性反演分析的系统识别方法,通过调整各层介电常数的实部和虚部,以使模拟反射波与实测反射波的偏差达到最小,使二者的拟合更加精确。

3.3 介电常数对探地雷达反射信号的影响[4,5]

3.3.1 探地雷达电磁波在有耗介质中的传播特性

在探地雷达入射波已知的情况下,结构模型的基本参数(包括介质介电常数的实部和虚部以及结构层的层数和厚度),将直接决定模拟雷达波反射信号的特征。在这些参数中,层数可作为已知量输入。由于在雷达电磁波传播过程中,介电常数实部和层厚之间存在一定的函数关系,因此决定雷达电磁波模拟合成信号特征的最主要的参数其实就是介质介电常数的实部和虚部。

同探空雷达不同,探地雷达在地下有耗介质中传播存在着高频衰减。雷达高频脉冲电磁波在地下有耗介质传播过程中产生的衰减现象,一般认为是由于电导率、介电弛豫性质和电磁弛豫性质等多种因素引起的;电能衰减和磁能衰减的机理是相似的,其中,由介质导电效应而引起的介质层间衰减影响最大。据前人的研究,由介质的介电弛豫性质引起的电磁波衰减中的电能损失量中的松弛因子可以描述为位移量与电场强度矢量的褶积关系,其中介电常数为复数,并依赖于频率的大小。

在电磁波传播理论中,通常可以用三个参数来描述有耗介质的衰减行为,即复介电常数、品质因子和衰减系数。这三个参数并不是相互独立的,而是从不同的角度来描述波的衰减特性。

在有耗介质中,如果考虑衰减频散效应,复介电常数可以表示为和式(3.3)一样。但在电磁波衰减特性的研究中,复介电常数不如其他两个参数常用,但对于研究单色频率电磁波传播理论,复介电常数应用则较多。显然对于一个频率采集到的信息,分析的是单色频率下的电磁波的传播,所以这里要考虑复介电常数实部和虚部对雷达电磁波回波信号的影响。

3.3.2 单层体系中介电常数对探地雷达反射信号的影响分析

3.3.1 节讨论了探地雷达电磁波在有耗介质中的传播特性,指出介电常数的实部和虚部是影响雷达回波信号的主要因素,通常虚部表示介质的衰减。但究竟实部和虚部对雷达信号影响如何,下面基于雷达电磁波正演模拟技术研究介电常数实部和虚部对雷达反射信号的影响。

1. 结构模型及探地雷达电磁波总反射模型

采用 3.2.3 节实例一所示的结构模型,探地雷达电磁波传播的总反射模型如图 3.12 所示。

2. 介电常数实部对雷达反射信号的影响

采用 Rodar V 频率为 1GHz 的雷达入射波。为了考察介质介电常数实部对雷达反射波的影响,这里将该混凝土板介电常数的虚部固定为 $\varepsilon''=-2.0$,然后变化其介电常数的实部 ε',使其在 10.0 基础上分别发生 1%、5%、10%、20%的增加或减少,这样就得到一组 9 个介电常数的实部值,它们分别为 8.0、9.0、9.5、9.9、10.0、10.1、10.5、11.0、12.0。

将以上 9 组参数分别输入到图 3.6 所示的探地雷达波正演模拟程序中,得到 9 条雷达电磁波反射曲线,如图 3.23 所示。

从图 3.23 可看出,当雷达入射波、结构层厚度以及其介电常数虚部 ε'' 不变的

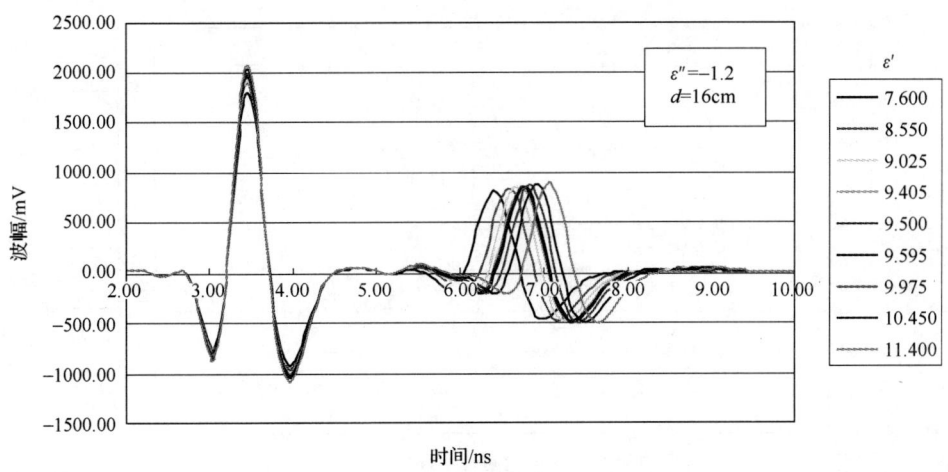

图 3.23　单层体系中介电常数实部对雷达反射信号的影响

情况下,介质介电常数实部 ε' 的变化对雷达反射信号的影响如下:

(1) ε' 的变化引起电磁波在介质中传播时间的变化,即引起雷达反射波时延 Δt 的变化。时延 Δt 随着 ε' 的增大而增大,随着 ε' 的减小而减小。这是由于根据式(3.28),ε' 的增大会导致电磁波在介质中传播速度的降低,当介质厚度不变时,从而引起时延 Δt 的增加。

(2) ε' 的变化使雷达反射波波幅发生改变。ε' 的增大或减小引起表面反射波幅和第二界面反射波幅的同时增大或减小。根据式(3.23),电磁波在不同介质界面上反射波幅的大小取决于两种介质材料介电常数实部的差别,这种差别越大,反射波幅也越大,反之,则越小。由于空气的介电常数为1,ε' 的增大或减小显然会造成空气和混凝土板之间介电常数差别的增大或减小,从而使得反射波幅随着 ε' 的增大而增大,随着 ε' 的减小而减小。

3. 介电常数虚部对雷达反射信号的影响

同样采用 RodarV 频率为 1GHz 的雷达入射波。为了考察介质介电常数虚部对雷达反射波的影响,将该混凝土板介电常数的实部 ε' 固定为某一值,假设 ε'=10.0,然后变化其介电常数的虚部 ε'',令其在 -2.0 基础上分别发生1%、5%、10%、20%的增加或减少,得到9个介电常数虚部值,分别为 -1.6、-1.8、-1.9、-1.98、-2.0、-2.02、-2.1、-2.2、-2.4。这里,再考虑一种 ε''=0 的特殊情况,相当于雷达电磁波没有衰减。

将以上10组参数分别输入到图3.6所示的雷达波正演模型中,得到10条雷达反射波曲线,如图3.24所示。

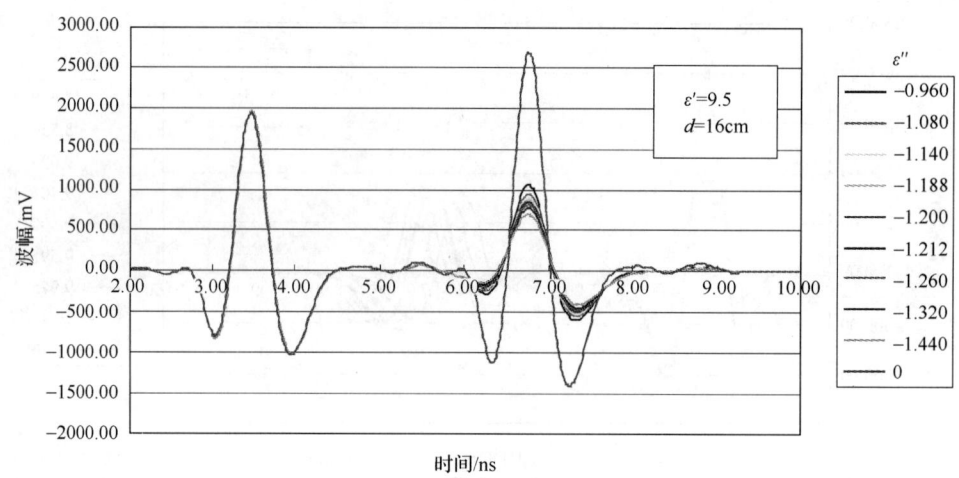

图 3.24 单层体系中介电常数虚部对雷达反射信号的影响

图 3.24 显示,当雷达入射波、结构层厚度以及其介电常数实部 ε' 不变的情况下,介质介电常数虚部 ε'' 的变化对雷达反射信号有以下影响:

(1) ε'' 的变化直接导致第二个界面(混凝土板和金属板的交界面)上雷达反射波幅的变化,该波幅随着 ε'' 的增大而减小,随着 ε'' 的减小而增大。这是因为 ε'' 代表了电导率对电磁波在介质中传播特性的影响,ε'' 越大,意味着介质对电磁波的吸收能力越强,电磁波能量在介质中的损耗也越强,到达介质底界面的能量也就越低,当该界面上下两种材料介电常数实部的差别一定时,则在该界面上的反射能量也越低,反射波幅也就越小。

(2) 当 $\varepsilon'' = 0$ 时,相当于电磁波在无耗介质中传播,这时雷达入射波的能量经空气与混凝土板界面折射的能量将全部到达第二个界面,金属板介电常数的实部远大于混凝土板介电常数的实部,因此使得该情况下的反射波幅最大,且超过了入射波在板表面的反射波幅。

(3) 当介质介电常数的虚部较高时,采用忽略 ε'' 的正演模型将会使模拟反射信号严重偏离实际情况。因此,这时在雷达电磁波正演模型中应该考虑 ε'' 的影响,忽略虚部将给分析结果带来明显的误差。

3.3.3 多层体系中介电常数对探地雷达反射信号的影响分析

上节讨论了在探地雷达入射波已知的情况下介质介电常数实部和虚部对探地雷达电磁波回波信号的影响。可见,决定雷达电磁波模拟反射信号特征最主要的结构参数其实就是介质介电常数的实部和虚部。它们的变化对雷达反射波的模拟信号产生影响,实部主要影响回波信号的时延,而虚部则主要影响回波信号的波幅。本节以实际的沥青路面结构为例,将其层数和厚度固定不变,来分别研究介电常数实部和虚部变化对雷达反射信号的影响。

1. 结构模型及探地雷达电磁波总反射模型

已知一实际三层路面结构,面层为 19.8cm 厚沥青混凝土,基层为 19.4cm 厚半刚性材料,路基假定为半无限体。该结构模型及雷达电磁波传播的总反射模型如图 3.25 所示。拟合过程中假设面层介电常数实部为 7.71,虚部为 -0.35;基层实部为 12.74,虚部为 -2.78;路基实部为 13.5,虚部为 -0.56。

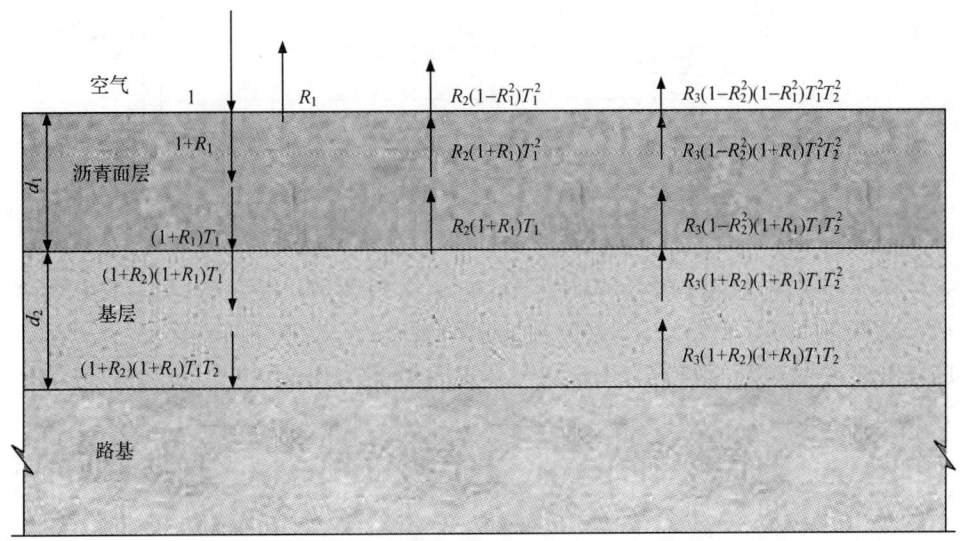

图 3.25 三层半刚性基层沥青路面探地雷达波总反射模型

2. 介电常数实部对雷达反射信号的影响

1) 面层介电常数实部对探地雷达反射信号的影响

采用 RodarV 频率为 1GHz 的雷达入射波。为了考察介质介电常数实部对雷达反射波的影响,这里暂将该沥青面层介电常数的虚部固定为 $\varepsilon''=-0.35$,然后变化其介电常数的实部 ε',使其在 7.71 基础上分别发生 1%、5%、10%、20%的增加或减少,这样就得到一组 9 个介电常数的实部值,它们分别为 6.168、6.939、7.325、7.633、7.71、7.787、8.096、8.481、9.252。

将以上 9 组参数分别输入到图 3.6 所示的雷达波正演模型中,得到 9 条雷达反射波曲线,如图 3.26 所示。

2) 基层介电常数实部对雷达反射信号的影响

采用 RodarV 频率为 1GHz 的雷达入射波。为了考察介质介电常数实部对雷

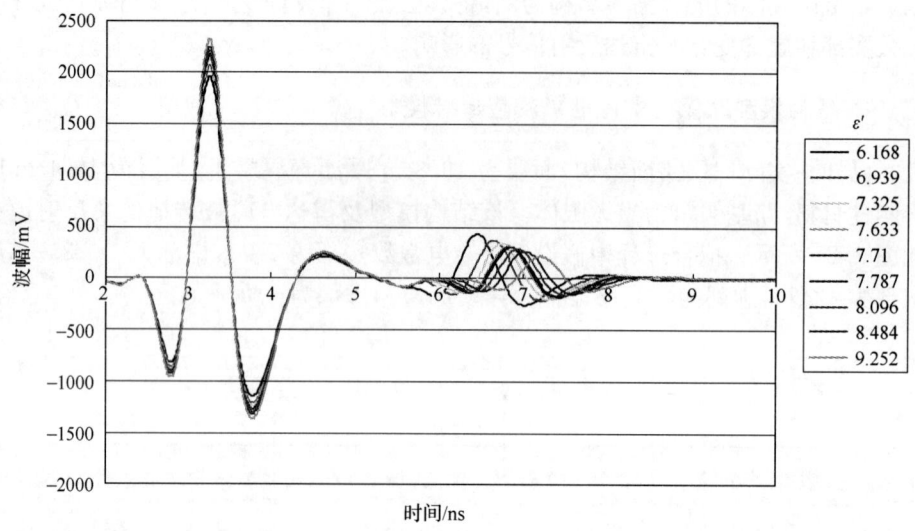

图 3.26 面层介电常数实部对雷达反射信号的影响

达反射波的影响,这里暂将该半刚性基层介电常数的虚部固定为 $\varepsilon''=-2.78$,然后变化其介电常数的实部 ε',使其在 12.74 基础上分别发生 1%、5%、10%、20%的增加或减少,这样就得到一组 9 个介电常数的实部值,它们分别为 10.192、11.466、12.103、12.615、12.74、12.867、13.377、14.014、15.288。

将以上 9 组参数分别输入到图 3.6 所示的雷达波正演模型中,得到 9 条雷达反射波曲线,如图 3.27 所示。

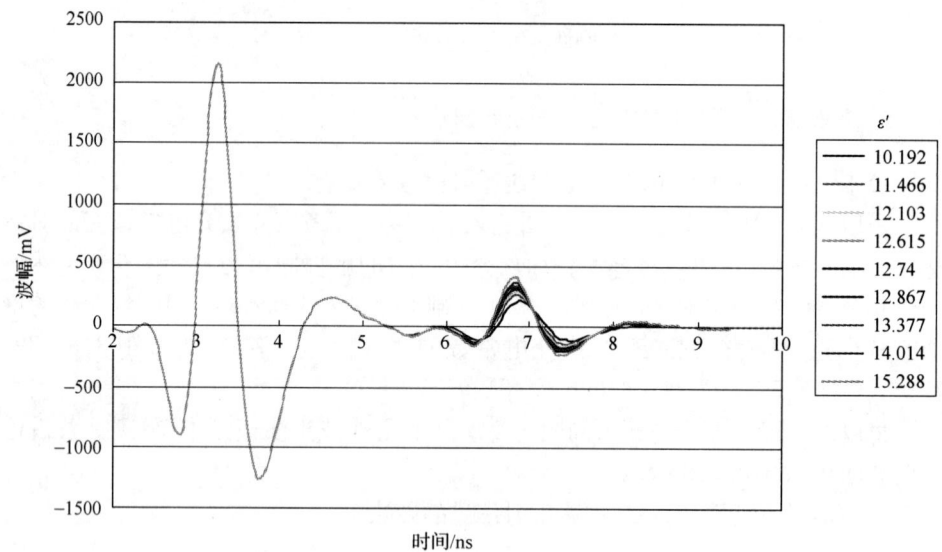

图 3.27 基层介电常数实部对雷达反射信号的影响

3) 面层和基层介电常数实部同时变化对雷达反射信号的影响

采用RodarⅤ频率为1GHz的雷达入射波。为了考察面层和基层介电常数实部对雷达反射波的影响，这里暂将该沥青面层和半刚性基层介电常数的虚部分别固定为$\varepsilon''=-0.35$和$\varepsilon''=-2.78$，然后变化其沥青面层介电常数的实部$\varepsilon'=7.71$。和半刚性基层介电常数的实部$\varepsilon'=12.74$，使其在各自的基础上分别发生1%、5%、10%、20%的增加或减少，这样就得到9组介电常数的实部值，它们分别为 6.168、10.192；6.939、11.466；7.325、12.103；7.633、12.615；7.71、12.74；7.787、12.867；8.096、13.377；8.481、14.014；9.252、15.288。

将以上9组参数分别输入到图3.6所示的雷达波正演模型中，得到9条雷达反射波曲线，如图3.28所示。

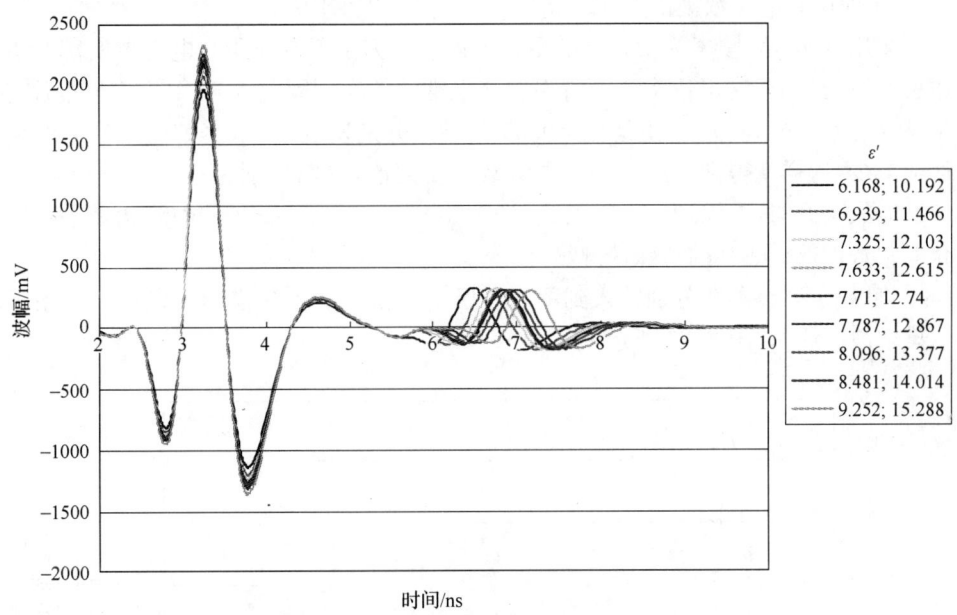

图3.28 面层和基层介电常数实部同时变化对雷达反射信号的影响

从图3.26～图3.28可看出，当雷达入射波、结构层厚度以及其介电常数虚部ε''不变的情况下，介质介电常数实部ε'的变化对雷达反射信号的影响如下：

(1) ε'的变化引起电磁波在介质中传播时间的变化，即引起雷达反射波时延Δt的变化。可以看出，时延Δt随着ε'的增大而增大，随着ε'的减小而减小。根据式(3.28)，ε'的增大会导致电磁波在介质中传播速度的降低，当结构层厚度不变时，从而引起时延Δt的增加。

(2) ε'的变化使雷达反射波波幅发生改变。ε'的改变能够引起不同介质界面反射波幅相应地发生变化。面层介电常数实部变化与面层和基层介电常数实部同时变化引起波幅在第一界面上随 ε′ 的增大而增大;在第二界面上则有所不同,面层 ε′ 变化使得波幅随 ε′ 的增大而减小,而面层和基层 ε′ 同时变化的波幅几乎没有变化。

(3) 面层介电常数实部变化与面层和基层介电常数实部同时变化对雷达信号反射影响基本一致,主要是引起雷达反射波时延 Δt 的变化;因为不同介质介电常数实部的差别,引起的介质界面上的反射波幅变化不一。基层介电常数实部变化导致第二个界面(沥青面层和半刚性基层的界面)上雷达反射波幅的变化,该波幅随着 ε′ 的增大而增大,随着 ε′ 的减小而减小。

3. 介电常数虚部对雷达反射信号的影响

1) 面层介电常数虚部变化对雷达反射信号的影响

采用 RodarV 频率为 1GHz 的雷达入射波。为了考察介质介电常数实部对雷达反射波的影响,这里暂将该沥青面层介电常数的实部固定为 ε′ = 7.71,然后变化其介电常数的虚部 ε″,使其在 −0.35 基础上分别发生 1%、5%、10%、20% 的增加或减少,这样就得到一组 9 个介电常数的实部值,它们分别为 −0.28、−0.315、−0.333、−0.347、−0.35、−0.354、−0.368、−0.385、−0.42。这里,再考虑面层介电常数虚部 ε″=0 的特殊情况。

将以上 10 组参数分别输入到图 3.6 所示的雷达波正演模型中,得到 10 条雷达反射波曲线,如图 3.29 所示。

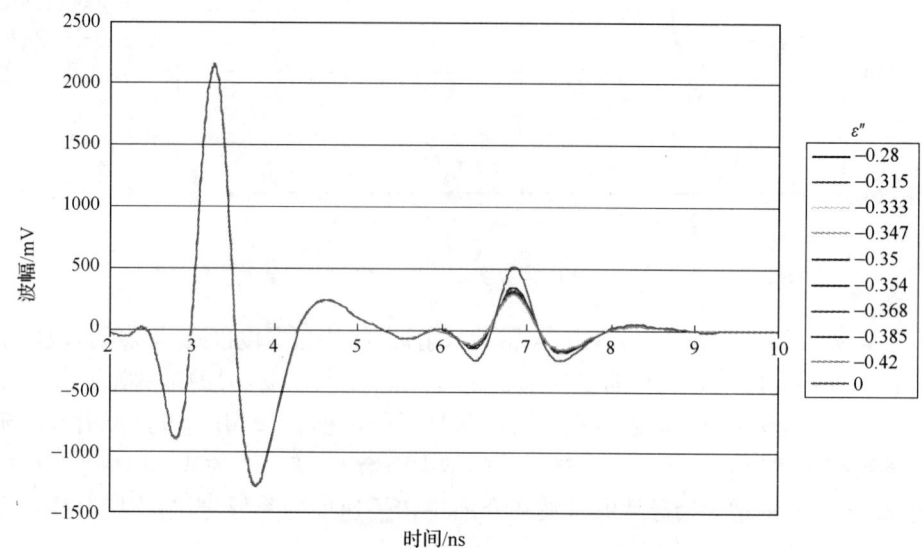

图 3.29　面层介电常数虚部对雷达反射信号的影响

2) 基层介电常数虚部变化对雷达反射信号的影响

采用 RodarV 频率为 1GHz 的雷达入射波。为了考察介质介电常数虚部对雷达反射波的影响,这里暂将该半刚性基层介电常数的实部固定为 $\varepsilon'=12.74$,然后变化其介电常数的虚部 ε'',使其在 -2.78 基础上分别发生 1%、5%、10%、20% 的增加或减少,这样就得到一组 9 个介电常数的实部值,它们分别为 -2.224、-2.502、-2.641、-2.752、-2.78、-2.808、-2.919、-3.058、-3.336。这里,再考虑基层介电常数虚部 $\varepsilon''=0$ 的特殊情况。

将以上 10 组参数分别输入到图 3.6 所示的雷达波正演模型中,得到 10 条雷达反射波曲线,如图 3.30 所示。

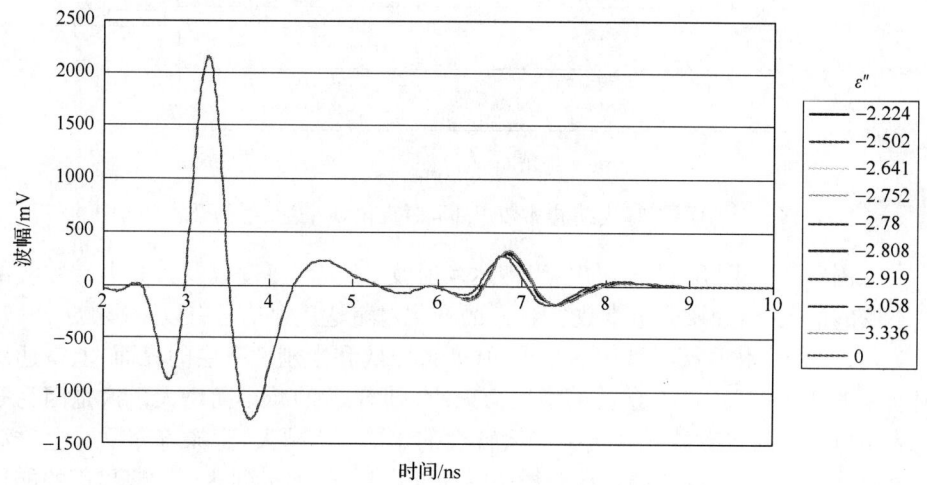

图 3.30　基层介电常数虚部对雷达反射信号的影响

3) 面层和基层介电常数虚部同时变化对雷达反射信号的影响

采用 RodarV 频率为 1GHz 雷达入射波。为了考察面层和基层介电常数虚部对雷达反射波的影响,这里暂将该沥青面层和半刚性基层的介电常数的实部固定为 $\varepsilon'=7.71$ 和 $\varepsilon'=12.74$,然后变化其沥青面层介电常数的虚部 $\varepsilon''=-0.35$ 和半刚性基层介电常数的虚部 $\varepsilon''=-2.78$ 使其在各自的分别发生 1%、5%、10%、20% 的增加或减少,这样就得到 9 组介电常数的虚部值,它们分别为 -0.28、-2.224;-0.315、-2.502;-0.333、-2.641;-0.347、-2.752;-0.35、-2.78;-0.354、-2.808;-0.368、-2.919;-0.385、-3.058;-0.42、-3.336。这里,再考虑沥青面层和半刚性基层介电常数虚部都等于 0 的特殊情况。

将以上 10 组参数分别输入到图 3.6 所示的雷达波正演模型中,得到 10 条雷达反射波曲线,如图 3.31 所示。

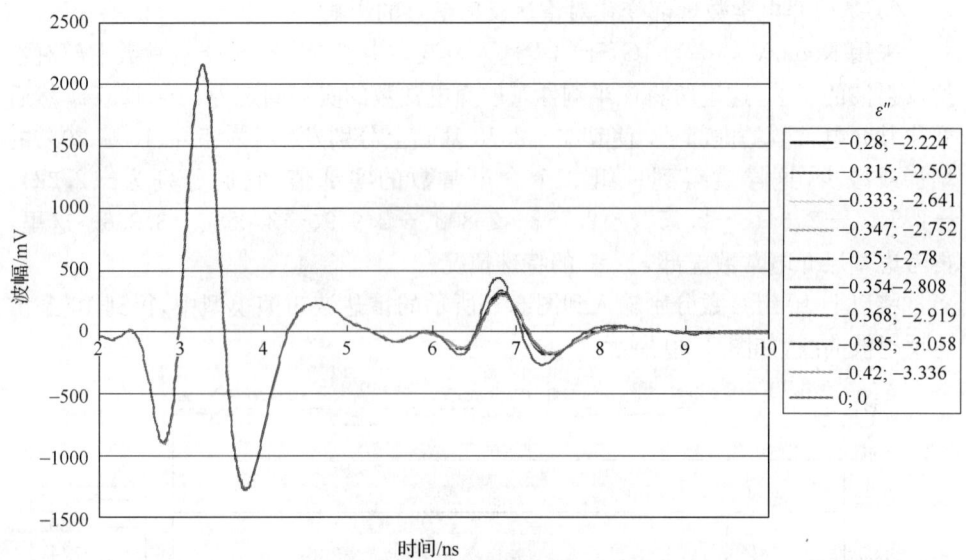

图 3.31　面层和基层介电常数虚部同时变化对雷达反射信号的影响

从图 3.29～图 3.31 可看出,当雷达入射波、结构层厚度以及其介电常数实部 ε' 不变的情况下,介质介电常数虚部 ε'' 的变化对雷达反射信号有以下影响:

(1) ε'' 的变化直接导致第二个界面(沥青面层和半刚性基层的界面)上雷达反射波幅的变化,该波幅随着 ε'' 的增大而减小,随着 ε'' 的减小而增大。这是因为 ε'' 代表了电导率对电磁波在介质中传播特性的影响,ε'' 越大,意味着介质对电磁波的吸收能力越强,电磁波能量在介质中的损耗也越强,那么到达介质底界面的能量也就越低。这里虚部的变化对雷达波反射信号影响比较小,在±20%的变化范围内反射信号几乎保持一致。

(2) 当 $\varepsilon''=0$ 时,相当于电磁波在无耗介质中传播,这时由于考虑了土基介电常数的虚部,拟合的反射信号波幅改变不是很明显。而且由图看出,虚部变化对反射信号影响比较小。但把虚部按 0 考虑,即不考虑介电常数的虚部时,对反射信号影响还是比较大的。所以当介质介电常数虚部较高时,应该在正演模型中考虑虚部的影响。

(3) 面层介电常数虚部变化与面层和基层介电常数虚部同时变化对雷达信号反射影响基本一致,即 ε'' 的变化直接导致第二个界面上雷达反射波幅的变化。基层介电常数虚部 $\varepsilon''=0$,对雷达反射波幅影响较小。

参 考 文 献

[1]　毕德显. 电磁场理论[M]. 北京:电子工业出版社,1985

[2] 王蔷,李国定,龚克. 电磁场理论基础[M]. 北京:清华大学出版社,2001
[3] 李大心. 探地雷达方法与应用[M]. 北京:地质出版社,1994
[4] 张蓓. 路面结构层介电特性及其厚度反演分析的系统识别方法——路面雷达关键技术研究[D]. 重庆:重庆大学,2003
[5] 钟燕辉. 层状体系介电特性反演及其工程应用[D]. 大连:大连理工大学,2006

第4章　层状非均匀介质探地雷达电磁波正演模拟

4.1　非均匀材料介电特性试验[1]

第3章基于层状均匀介质雷达电磁波传播理论,建立了层状均匀介质探地雷达电磁波的正演模型。实际工程中的建筑材料大都是由不同成分组成的混合物,复合材料的介电特性具有明显的不均匀性。利用探地雷达获得的反射波波形进行数据分析,测试数据已经反映了材料非均匀性的影响。由于通常进行数据分析时往往只用到了雷达反射波波峰的信息,使得解释结果仅仅反映了反射界面(即结构层间界面)附近的材料特性。因此,由于材料非均匀造成的所谓"噪声",在均匀介质理论中可能被忽略甚至被滤掉,由此造成解释结果存在一定的误差。目前一些研究成果主要考虑采用解析函数的入射波,从理论上验证了材料介电特性的非均匀性对雷达回波的影响[2~5]。应用实际雷达波形,将含有因非均匀介电特性造成的"噪声"回波用于介电特性反分析方面的研究成果十分匮乏。

本节首先从实际材料介电常数试验说明其非均匀性的客观存在,然后通过具体实例说明均匀介质假定造成探地雷达厚度计算的误差。

4.1.1　材料介电常数非均匀性试验验证

1. 试验1

在室内浇注 90cm×90cm×15.55cm 的混凝土板,在板表面选取 7 排 7 列共 49 个测试点,如图 4.1 所示。利用介电常数测试仪测试每个点的介电常数,测试结果如表 4.1 所示。

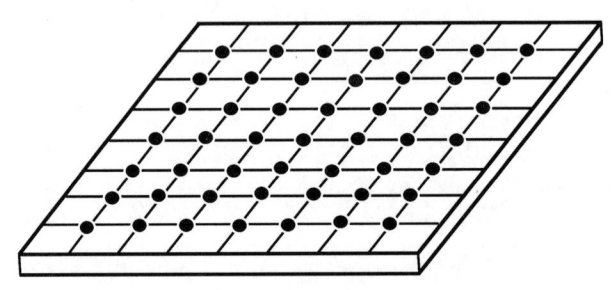

图 4.1　介电常数测点布置

第 4 章 层状非均匀介质探地雷达电磁波正演模拟

表 4.1 混凝土板介电常数测试结果

混凝土板介电常数测试结果						
6.23	7.33	6.68	7.16	6.67	6.01	5.87
6.46	7.34	6.66	7.3	6.88	6.93	6.31
6.76	7.65	6.52	7.24	6.17	6.81	6.97
6.71	6.23	7.61	7.04	7.26	7.31	6.16
6.64	6.46	7.41	6.56	6.49	7.02	6.72
6.39	6.6	6.8	6.22	6.32	5.89	6.69
6.57	6.36	7.07	6.4	6.98	6.67	6.71
平均值:6.72						

2. 试验 2

在某高速公路的改性沥青混凝土的中面层,对 30cm×40cm 的区域用介电常数仪 3 排 3 列均匀测试 9 个点,12 个区域的测试结果如表 4.2 所示。

表 4.2 沥青混凝土不同区域介电常数测试结果

测试区域	介电常数测试值			平均值	测试区域	介电常数测试值			平均值
1	5.68	5.27	5.51	5.63	7	6.82	7.03	7.80	7.15
	5.76	5.39	5.18			7.23	6.9	7.13	
	6.07	5.63	6.17			6.92	7.6	6.94	
2	6.22	6.18	6.46	6.09	8	7.06	6.93	6.54	7.13
	5.94	5.70	5.72			6.28	7.28	7.21	
	5.9	6.57	6.16			7.72	7.11	8.00	
3	6.33	6.5	6.29	6.44	9	7.26	7.16	6.5	7.07
	6.34	6.66	6.23			7.48	7.48	5.96	
	6.42	6.7	6.46			6.99	6.98	7.80	
4	5.72	5.93	5.68	5.79	10	6.9	6.13	6.48	6.54
	5.69	5.56	6.00			6.88	6.76	5.77	
	5.72	5.9	5.94			6.81	6.47	6.70	
5	5.64	5.56	6.4	6.04	11	7.30	7.03	7.37	6.93
	5.94	5.99	6.39			6.10	6.88	6.25	
	5.93	6.16	6.37			7.74	7.15	6.58	
6	5.84	5.88	5.03	6.02	12	7.30	6.12	6.03	6.66
	6.11	6.29	6.32			7.27	6.64	6.85	
	6.27	6.20	6.24			7.00	6.18	6.56	

3. 试验3

如图4.2所示,对某在建高速公路路基的介电常数进行测试。在30cm×40cm区域用介电常数仪横竖5排均匀测试25个点,6个区域的测试结果如表4.3所示。

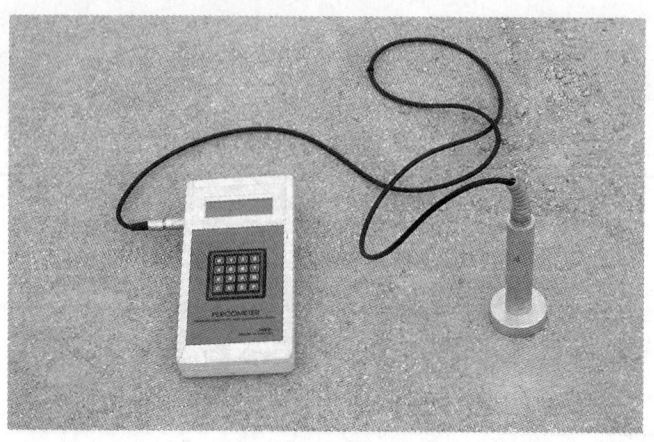

图4.2 路基介电常数测试

表4.3 不同区域的路基介电常数测试结果

测区	介电常数测试值					平均值	测区	介电常数测试值					平均值
1	6.3	8.0	7.5	7.1	8.4	7.2	4	6.7	6.1	6.4	7.0	7.3	7.1
	6.6	6.8	7.4	6.1	7.4			6.7	7.3	7.7	7.4	7.4	
	5.6	6.6	7.8	8.8	6.7			7.2	6.2	6.0	7.9	7.0	
	7.4	7.8	7.6	8.4	6.1			6.6	6.9	8.5	6.4	7.5	
	6.5	7.4	7.2	7.0	6.3			6.5	6.5	6.8	8.0	8.9	
2	6.5	6.7	6.8	6.5	6.4	6.9	5	7.6	6.5	5.7	6.3	6.2	6.6
	7.8	7.1	5.9	6.6	6.9			6.7	5.8	6.6	6.0	7.0	
	7.7	7.4	6.8	6.8	5.9			6.8	7.8	6.2	6.2	6.5	
	6.7	6.5	7.5	6.7	5.9			6.4	6.7	6.3	6.7	7.7	
	6.9	8.8	5.6	8.4	6.6			7.3	6.5	8.1	6.0	6.2	
3	6.2	6.5	5.7	5.9	6.1	6.6	6	8.7	5.0	6.0	6.7	7.5	6.5
	5.6	6.2	6.3	5.8	6.0			5.5	6.2	8.2	6.4	8.2	
	6.9	7.5	7.2	5.8	7.0			5.6	7.5	6.2	6.2	6.2	
	7.7	7.4	5.5	7.5	6.4			6.0	5.5	6.2	7.5	6.3	
	8.2	6.5	5.1	7.4	6.7			6.9	6.7	5.5	6.6	5.5	

从上述试验测试数据来看,工程材料的非均匀性是客观存在的,即便是很小面积范围内介电常数变化也较大。

4.1.2 非均匀介电常数对探地雷达信号解释精度的影响

当电磁波穿过非均匀介质时,由于材料颗粒表面引起电磁波的散射和绕射使得电磁波的传播特性发生畸变,甚至造成反射信号的背景"噪声",从而导致信号解释的错误。另一方面,由于传播介质的非均匀性使得电磁波的传播时程发生改变。对于路面探地雷达来说,当出现层状非均匀介质时,传播时程将不同于均匀介质,并最终可能导致路面结构层厚度解释出现较大误差。

例如,在上述试验1中,将混凝土板下面垫一相同大小的金属板,利用探地雷达进行厚度检测,得到如图4.3所示的反射波形。其表面反射波波幅为1979mV,双向时程为3.1526ns,入射波波幅为4496.17mV,利用反射波波幅可算得介电常数为6.83,进而推出其厚度为18.09cm。

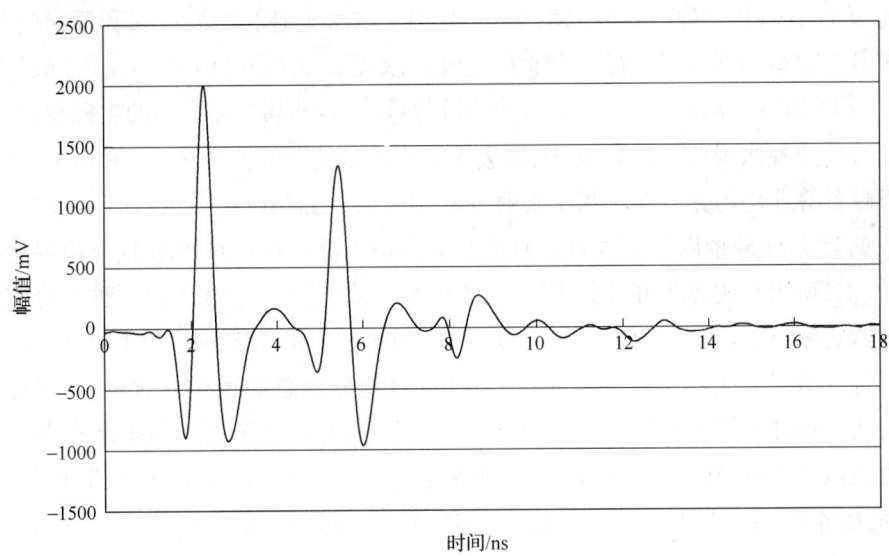

图 4.3 混凝土试验板的雷达反射信号

反过来,如果已知混凝土板的厚度和电磁波在其中传播的时程差,就能够反求出介电常数。上例中利用该方法求出混凝土板的"等效介电常数"为9.24。

对比可以发现,利用介电常数仪在混凝土板表面测得的介电常数平均值为6.71,与通过探地雷达反射波波幅计算的介电常数很接近。但是利用该方法得到的介电常数,再进一步推求出混凝土板厚度为18.01,厚度相对误差达到13.66%。引起厚度分析误差的原因主要是由于介电常数仪和探地雷达测得的介电常数均为混凝土板上表面介电常数的综合平均值,而实际上沿竖向的介电常数是不均匀的,表面介电常数不能代表整个板的介电常数,从而导致厚度计算出现大的误差。

通过已知厚度反推出混凝土板的"等效介电常数"为 9.24,与表面介电常数的测试值 6.83(介电常数仪测得的平均值为 6.71)差距较大。因此,探地雷达测得的是空气与板这个分界面上板的介电常数,它不能代表整个混凝土板的介电常数。

4.2 层状介质探地雷达电磁波正演模拟的时域有限差分方法[1]

4.2.1 时域有限差分法

时域有限差分法是计算电磁学的重要数值方法之一。1966 年,Yee 在他发表的著名论文 *Numerical solution of initial boundary value problems involving Maxwell's equation in isotropic media*[6] 中,基于 Yee 网格的空间离散方式,首先提出了 Maxwell 方程的差分离散形式,并用于求解电磁脉冲的传播和反射问题,这种新的时域分析方法后来被称为时域有限差分法(finite difference time domain,FDTD)。Taylor 等[7]于 1969 年用 FDTD 分析非均匀介质体的电磁散射,提出用吸收边界来吸收外向行波,吸收边界采用的是简单插值方法。Taflove 等[8]用 FDTD 计算非均匀介质在正弦波入射时的时谐场(稳态)电磁散射,讨论了时谐场情况的近-远场外推以及数值稳定性条件。Mur[9]提出在计算区域截断边界处的一阶和二阶吸收边界条件及其 FDTD 的离散形式。这是 FDTD 的一种十分有效的吸收边界条件,并且获得广泛应用。Umashankar 和 Taflove[10]用 FDTD 计算目标雷达散射截面(RCS),提出将 FDTD 区域划分成总场区和散射场区,并提出连接边界条件是散射计算中入射波设置的一种简便有效方法。Kasher 和 Yee[11]提出亚网格技术,Mei 等[12]提出共行网格技术。Yee 等[13]提出了三维 FDTD 时域近-远场外推方法,Lubbers 等[14]提出二维 FDTD 时域近-远场外推方法。Lubbers 和 Hunsberger 等[15]研究了色散介质在 FDTD 中的处理方法。Berenger[16~18]提出将 Maxwell 方程扩展为场分裂形式,并构成完全匹配层(PML),这是一种全新的吸收条件。

近些年来,FDTD 方法取得的新进展主要表现在以下几方面[19]:①吸收边界条件的应用和不断改善。②总场区和散射场区的划分。③回路积分法和变形网格。④亚网格技术。⑤广义正交曲线坐标系中的差分格式和非正交变形网格。⑥适于色散介质的差分形式。

1. Maxwell 方程及其时域有限差分法形式

Maxwell 方程组是支配宏观电磁现象的一组基本方程,该方程组既可以写成微分形式,又可写成积分形式。FDTD 方法是由微分方程形式的 Maxwell 旋度方程出发进行差分离散。各向同性介质的 Maxwell 旋度方程为

$$\nabla \times H = \frac{\partial D}{\partial t} + J \tag{4.1}$$

$$\nabla \times E = -\frac{\partial B}{\partial t} - J_m \tag{4.2}$$

式中,E 表示电场强度(V/m);D 表示电通量密度(C/m^2);H 表示磁场强度(A/m);B 表示磁通量密度(Wb/m^2);J 表示电流密度(A/m^2);J_m 表示磁通量密度(V/m^2)。

各向同性线性介质中的本构关系为

$$D = \varepsilon E, B = \mu H, J = \sigma E, J_m = \sigma_m H \tag{4.3}$$

式中,ε 表示介质介电系数(F/m);μ 表示磁导率(H/m);σ 表示电导率(S/m);σ_m 为磁导率(Ω/m)。σ 和 σ_m 分别为介质的电损耗和磁损耗。真空中,$\sigma = 0$,$\sigma_m = 0$,$\varepsilon = \varepsilon_0 = 8.85 \times 10^{-12} F/m$,$\mu = \mu_0 = 4\pi \times 10^{-7} H/m$。在直角坐标中,式(4.2)及式(4.3)写为

$$\left. \begin{array}{l} \dfrac{\partial H_z}{\partial y} - \dfrac{\partial H_y}{\partial z} = \varepsilon \dfrac{\partial E_x}{\partial t} + \sigma E \\[6pt] \dfrac{\partial H_x}{\partial z} - \dfrac{\partial H_z}{\partial x} = \varepsilon \dfrac{\partial E_y}{\partial t} + \sigma E_y \\[6pt] \dfrac{\partial H_y}{\partial x} - \dfrac{\partial H_x}{\partial y} = \varepsilon \dfrac{\partial E_z}{\partial t} + \sigma E_z \end{array} \right\} \tag{4.4}$$

$$\left. \begin{array}{l} \dfrac{\partial E_z}{\partial y} - \dfrac{\partial E_y}{\partial z} = -\mu \dfrac{\partial H_x}{\partial t} - \sigma_m H_x \\[6pt] \dfrac{\partial E_x}{\partial z} - \dfrac{\partial E_z}{\partial x} = -\mu \dfrac{\partial H_y}{\partial t} - \sigma_m H_y \\[6pt] \dfrac{\partial E_y}{\partial x} - \dfrac{\partial E_x}{\partial y} = -\mu \dfrac{\partial H_z}{\partial t} - \sigma_m H_z \end{array} \right\} \tag{4.5}$$

在直角坐标体系下,令 $f(x,y,z,t)$ 代表 E 或 H 在直角坐标系中的某一分量,在时间和空间域中的离散取以下符号表示:

$$f(x,y,z,t) = f(i\Delta x, j\Delta y, k\Delta z, n\Delta t) = f^n(i,j,k) \tag{4.6}$$

对 $f(x,y,z,t)$ 关于时间和空间的一阶偏导数取中心差分近似,即

$$\left.\begin{array}{l}\dfrac{\partial f(x,y,z,t)}{\partial x}\Big|_{x=i\Delta x}\approx\dfrac{f^n\left(i+\dfrac{1}{2},j,k\right)-f^n\left(i-\dfrac{1}{2},j,k\right)}{\Delta x}\\[2mm]\dfrac{\partial f(x,y,z,t)}{\partial y}\Big|_{y=j\Delta y}\approx\dfrac{f^n\left(i,j+\dfrac{1}{2},k\right)-f^n\left(i,j-\dfrac{1}{2},k\right)}{\Delta y}\\[2mm]\dfrac{\partial f(x,y,z,t)}{\partial z}\Big|_{z=k\Delta z}\approx\dfrac{f^n\left(i,j,k+\dfrac{1}{2}\right)-f^n\left(i,j,k-\dfrac{1}{2}\right)}{\Delta z}\\[2mm]\dfrac{\partial f(x,y,z,t)}{\partial t}\Big|_{t=n\Delta t}\approx\dfrac{f^{n+1/2}(i,j,k)-f^{n-1/2}(i,j,k)}{\Delta t}\end{array}\right\} \quad (4.7)$$

在 FDTD 离散中电场和磁场各节点的空间排布如图 4.4 所示,这就是著名的 Yee 网格元胞。由图 4.4 可见,每个磁场分量由四个电场分量环绕;同样,每个电场分量由四个磁场分量环绕。这种电磁场分量的空间取样方式不仅符合法拉第电磁感应定律和安培环路定律的自然结构,而且这种电磁场各分量的空间相对位置也适合 Maxwell 方程的差分计算,能够恰当的描述电磁场的传播特性。此外,电场和磁场在时间顺序上的交替抽样,抽样时间间隔彼此相差半个时间步,使 Maxwell 旋度方程离散以后构成显式差分方程,从而可以在时间上迭代求解,而不需要进行矩阵求逆运算。FDTD 方法是由微分方程形式的 Maxwell 旋度方程出发进行差分离散。以 E_x 分量为例,其差分公式为

$$E_x^{n+1}(i+1/2,j,k) = \dfrac{2\varepsilon-\sigma\Delta t}{2\varepsilon+\sigma\Delta t}E_x^n(i+1/2,j,k) + \dfrac{2\Delta t}{2\varepsilon+\sigma\Delta t}$$
$$\times \left[\dfrac{H_z^{n+1/2}(i+1/2,j+1/2,k)-H_z^{n+1/2}(i+1/2,j-1/2,k)}{\Delta y}\right.$$
$$\left.-\dfrac{H_y^{n+1/2}(i+1/2,j,k+1/2)-H_y^{n+1/2}(i+1/2,j,k-1/2)}{\Delta x}\right] \quad (4.8)$$

其中假设:

$$E_x^{n+1/2}(i+1/2,j,k)=\dfrac{E_x^{n+1}(i+n+1/2,j,k)+E_x^n(i+n+1/2,j,k)}{2}$$

对其他场分量,处理方式完全一致。由各场分量的差分公式可以看出,每个网格上的电(磁)场分量新的迭代值仅仅依赖于该节点前一段时间步的值及其四周邻近节点的电(磁)场分量前半个时间步的值。这一关系构成了 FDTD 方法的基本迭代步骤。

2. 时域有限差分法解的稳定性和数值色散问题

FDTD 方法实际上是以一组有限差分方程来代替 Maxwell 旋度方程,即以差分方程组的解来代替原来电磁场偏微分方程组的解。只有离散后差分方程组的解是收敛和稳定的,这种代替才有意义。所谓收敛性是指当离散间隔趋于零时,差分

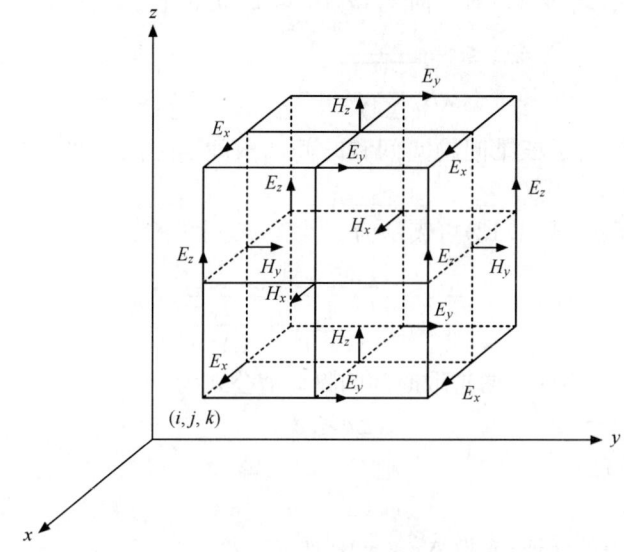

图 4.4 Yee 氏网格

方程的解在空间任意一点和任意时刻都趋于原方程的解。所谓稳定性是指差分方程的数值解与原方程的严格解之间的误差为有限可控的。此外,用差分法对 Maxwell 方程进行数值计算将引起波的色散,即在 FDTD 网格中波的传播速度将随波长而改变。这种色散将导致非物理原因引起的脉冲波形畸变[20],为了满足保证差分方程组的解能够更近似原方程的严格解,必须对时间和空间离散间隔作出限制。

1) 数值稳定性对时间离散间隔的要求——Courant 稳定性条件

仍以 $f(x,y,z,t)$ 代表 E 或 H 在直角坐标系中的某一分量,从 Maxwell 方程可导出任意直角分量均满足齐次波动方程:

$$\frac{\partial^2 f}{\partial x^2} + \frac{\partial^2 f}{\partial y^2} + \frac{\partial^2 f}{\partial z^2} + \frac{\omega^2}{c^2} f = 0 \tag{4.9}$$

考虑平面波的解,即

$$f(x,y,z,t) = f_0 \exp[-j(k_x x + k_y y + k_z z - \omega t)] \tag{4.10}$$

将式(4.10)代入式(4.9),并对式(4.9)各二阶导数项进行有限差分近似,最后波动方程(4.9)经过离散后可以改写成

$$\left(\frac{c\Delta t}{2}\right)^2 \left[\frac{\sin^2\left(\frac{k_x \Delta x}{2}\right)}{\left(\frac{\Delta x}{2}\right)^2} + \frac{\sin^2\left(\frac{k_y \Delta y}{2}\right)}{\left(\frac{\Delta y}{2}\right)^2} + \frac{\sin^2\left(\frac{k_z \Delta z}{2}\right)}{\left(\frac{\Delta z}{2}\right)^2}\right] = \left(\frac{\omega \Delta t}{2}\right)^2 \leqslant 1 \tag{4.11}$$

式中,$c = 1/\sqrt{\varepsilon\mu}$ 为介质中的光速。

等式(4.11)给出了波动方程离散后平面波式(4.10)中波矢量与频率之间应满

足的色散关系式,式(4.11)对任何 k_x, k_y, k_z 均成立的充分条件为

$$c\Delta t \leqslant \frac{1}{\sqrt{\frac{1}{(\Delta x)^2} + \frac{1}{(\Delta y)^2} + \frac{1}{(\Delta z)^2}}} \tag{4.12}$$

式(4.12)给出了三维问题空间和时间离散间隔之间应当满足的关系,又称 Courant 稳定条件。

对于二维问题,式(4.12)可表示为

$$c\Delta t \leqslant \frac{1}{\sqrt{\frac{1}{(\Delta x)^2} + \frac{1}{(\Delta y)^2}}} \tag{4.13}$$

在进行实际计算时通常选取时间间隔取值公式为

$$c\Delta t \leqslant \delta/2 \tag{4.14}$$

对于一维问题:

$$c\Delta t \leqslant \delta \tag{4.15}$$

式中,c 为介质中的光速;δ 为 Δx、Δy 中取较小者。

2) 数值色散对空间离散时间间隔的要求

为了概念明确,考虑一维情形下波动方程。由式(4.9)得

$$\frac{\partial^2 f}{\partial x^2} + \frac{\omega^2}{c^2} f = 0 \tag{4.16}$$

对于平面波:

$$f(x,t) = f_0 \exp[-j(k_x x - \omega t)] \tag{4.17}$$

将式(4.17)代入式(4.16)得

$$\left(-k^2 + \frac{\omega^2}{c^2}\right) f = 0 \tag{4.18}$$

即

$$k = \frac{\omega}{c} \tag{4.19}$$

另一方面,从式(4.18)可得波的相速为

$$v_\phi = \frac{\omega}{k} \tag{4.20}$$

对于无耗介质,设 ε 和 μ 与频率无关,由式(4.19)和式(4.20),平面波相速 $v_\phi = 1/\sqrt{\mu\varepsilon}$ 与频率无关,即无色散。

同样将式(4.17)代入式(4.16),并对式(4.16)各二阶导数项进行有限差分近似,可得

$$\frac{\sin^2\left(\frac{k\Delta x}{2}\right)}{\left(\frac{\Delta x}{2}\right)^2} - \frac{\omega^2}{c^2} = 0 \tag{4.21}$$

可以看到，差分近似后 k 与 ω 之间已经不再是式(4.20)所示的那种简单线性关系式。式(4.21)所示 k 与 ω 的非线性关系导致相速与频率有关，因而出现色散，称之为数值色散。显然，这种色散与离散间隔 Δx 有关，若 $k\Delta x/2 \approx 0$，根据正弦的近似式，即当 $\xi \to 0$ 时，$\sin\xi \approx \xi$，式(4.21)就与式(4.20)等价了。

至此，可以看出即使介质本身是无色散的，对于波动方程作差分近似，即离散处理也将导致波的色散。这种现象将对时域数值计算带来误差。根据正弦函数的近似：当 $\xi \leqslant \pi/12$（即 15°角）时，$\sin\xi \approx \xi$，于是要求：

$$\frac{k\Delta x}{2} \leqslant \frac{\pi}{12} \qquad (4.22)$$

满足式(4.23)时差分近似带来的色散将非常小。又由于 $k = 2\pi/\lambda$，λ 为无色散介质中的波长，于是代入式(4.22)得

$$\Delta x \leqslant \frac{\lambda}{12} \qquad (4.23)$$

对于二维问题 Δx、Δy 和三维问题 Δx、Δy、Δz 的选择可以与式(4.23)相同。

3. 时域有限差分法的激励源选择与设置

用时域有限差分法模拟电磁波在规定的计算空间传输，需选择合适的入射波形式以及用适当方法将其加入到 FDTD 迭代中。

从源的时变特性来看，激励源的选择共分为两类：一类是随时间周期变化的时谐场源，另一类是对时间呈脉冲函数形式的波源。从频谱特性来看，可以是的固定周期的连续波源，亦可以是占有较宽频的宽带波源。从空间分布来看，有面源、线源、点源等，典型的面源有平面波源。在研究柱面波问题的时候，也常采用线源。

在 FDTD 计算中，激励源的设置必须反映场的分布，而且能够覆盖所关心的频段。常见的激励源设置主要有以下几种：

(1) 1966 年 Yee 提出的数值模拟激励源模型[21]。Yee 的方法是在空间网格中每一个电场和磁场矢量所在位置上作为初始条件插入入射波。利用这种方法，所有网格上入射波的所有电场和磁场分量的初值被预先给定。选取每一个初始分量的符号及振幅以给出所希望的波极化和传播方向。该方法作为初始条件给出，赋值复杂，而且由于 FDTD 计算时电场和磁场在时间上相差半个时间步的延迟，电场和磁场不能同时赋初值，误差较大。

(2) 1975 年 Taflove 建立了硬激励源(hard source)[23]。该激励源实现方法十分简单。只需要在所要施加的点(面，体积)处另电场值等于所需激励的值 $E(t)$ 即可。然而，硬激励强制源的电场等于源的值，这使该处电场的值和应用 Yee 迭代公式根据周围磁场求出的数值不同，它在源点产生一个非物理的反射波。同时在计算区域的回波通过激励源时，因为硬激励没有考虑回波叠加，因此会产生较强的

非物理反射,这个反射波将再一次进入计算区域而影响结果的真实性。1982年,Taflove在应用FDTD研究散射问题时,提出了一种新的激励源模型[23]。该激励源采用的方法是将入射场和散射场(回波)分开,如下所示:

$$\begin{cases} E_{\text{total}} = E_{\text{inc}} + E_{\text{scatter}} \\ H_{\text{total}} = H_{\text{inc}} + H_{\text{scatter}} \end{cases} \quad (4.24)$$

当回波通过激励源时不会产生象硬激励一样的非物理反射。这种相对于硬激励的设置被称为软激励源(soft source),它可以方便地求得目标体的散射场,得到雷达散射截面,被广泛地应用在目标体散射特性的FDTD计算中。

(3) 电场性激励源(resistive source)[24]。该激励将源等效为一个电压为V_s的理想电压源和一个集总参数电阻R_s的串联,这种激励源适用于10GHz以下或更低的频段,主要用来计算微波电路。

(4) 1996年Zhao等提出了软激励源模型[25]。它只需要在激励源上应用Yee迭代算法公式计算电场时将相应电场叠加所要激励的值$E(t)$。在激励区的Yee的迭代公式为

$$E_z^{n+1}(k) = E_z^n(k) - \frac{\Delta t}{\varepsilon} \frac{H_z^{n+1/2}(k+1/2) - H_z^{n+1/2}(k-1/2)}{\Delta x}$$
$$- \frac{\Delta t}{\varepsilon} \frac{H_y^{n+1/2}(k+1/2) - H_y^{n+1/2}(k-1/2)}{\Delta y} + E_z^i(k) \quad (4.25)$$

由于软激励源与Yee算法的电场叠加,采用这种激励源计算能正确模拟计算区域中的场分布,并且激励源的位置离边界可以较小,节省了计算时间和储存空间,现已被广泛应用于FDTD计算中。

4. 时域有限差分法的吸收边界条件

由时域有限差分的基本原理可知,这种算法的一个重要的特点是,在需要模拟计算电磁的全部区域建立Yee氏网格计算空间。对于像辐射、散射等这类开放问题,所需要的网格空间成为无限大。在实际计算当中总是在某处把网格空间截断,使之成为有限的。以自由空间中的散射问题为例,电磁场分布于全空间。为了用FDTD模拟计算这一散射过程,只能截断空间有限区域进行分析,如图4.5所示。计算模拟只限于阶段边界以内区域,这就相当于以有限空间实验室内的散射实验来模拟自由空间中的散射过程。这时,只有在实验室墙壁上附以吸波材料,使波在此界面无反射,形成微波暗室。相应地,在计算中给介质边界处所设置的吸收边界条件就起着截断边界处吸收入射波的作用。

如果在边界上强行截断,在网格截断处就会出现非物理的电磁波的反射,这将严重影响计算精度。必须设法消除这种反射现象。另一方面,中心差商形式的时域有限差分方程由于需要截断边界外场的信息用于边界网格点上场的计算,故也

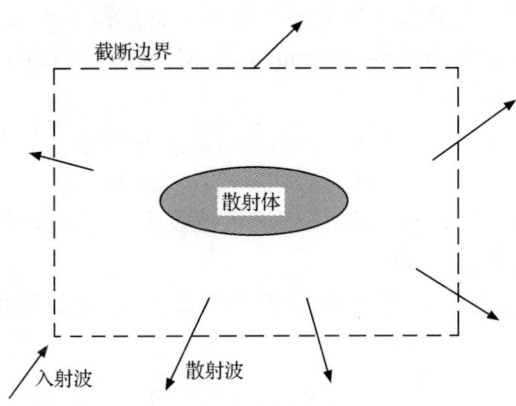

图 4.5 自由空间散射体截断边界示意图

需要适合于截断边界网格点计算的算法。

目前,构造吸收边界条件主要有两种方法。一种是在边界上引入吸收材料,电磁波在无反射地进入吸收材料后被衰减掉,如完全匹配层[16~18](perfectly matched layer,PML)。PML 在很大的入射角吸收效果较好,但是这种方法构造复杂、内存需求较大;另一种是从外行波方程出发构造透射边界条件,如 Mur 边界条件[9]、色散边界条件、Zhao 和 Litva 的透射边界条件[25]、Liao 等的透射边界条件[26]及由周方彦[24]由 Z 变换域导出的透射边界条件等。这种类型的透射边界具有构造简单,且需要的计算内存和时间不多,基本上不额外消耗内存等特点,因而得到广泛应用。这里对 Mur 吸收边界条件作以简要介绍。

在截断边界附近通常没有激励源,对于三维自由空间,电磁场的任一分量满足波动方程[以 $f(x,y,z,t)$ 代表 E 或 H 在直角坐标系中的某一分量]:

$$\left[\frac{\partial^2}{\partial x^2} + \frac{\partial^2}{\partial y^2} + \frac{\partial^2}{\partial z^2} - \frac{1}{c^2}\frac{\partial^2}{\partial t^2}\right] f(x,y,z,t) = 0 \tag{4.26}$$

若定义一微分算子:

$$L = \frac{\partial^2}{\partial x^2} + \frac{\partial^2}{\partial y^2} + \frac{\partial^2}{\partial z^2} - \frac{1}{c^2}\frac{\partial^2}{\partial t^2} \tag{4.27}$$

则有

$$Lf(x,y,z,t) = 0 \tag{4.28}$$

对 L 作因式分解:

$$L = \left(\frac{\partial}{\partial x} + \frac{1}{c}\frac{\partial}{\partial t}\sqrt{1-S_{yz}^2}\right)\left(\frac{\partial}{\partial x} - \frac{1}{c}\frac{\partial}{\partial t}\sqrt{1-S_{yz}^2}\right) = L_x^+ L_x^- \tag{4.29}$$

其中

$$S_{yz}^2 = \left(c\frac{\partial}{\partial y}\bigg/\frac{\partial}{\partial t}\right)^2 + \left(c\frac{\partial}{\partial z}\bigg/\frac{\partial}{\partial t}\right)^2 \tag{4.30}$$

对于 y 轴和 z 轴,L 可作相应分解。设 $x=x_{\min}$ 和 $x=x_{\max}$ 为 FDTD 计算空间在 x 方向上的两个截断边界,Engquist 和 Majda 也已证明[27],对于平面波解 $f(x,y,z,t)$ 有:

$$L_x^+ f(x,y,z,t)\big|_{x=x_{\max}} = 0 \qquad (4.31)$$

$$L_x^- f(x,y,z,t)\big|_{x=x_{\min}} = 0 \qquad (4.32)$$

即以任意角度投向截断边界的平面波将被吸收。这种以单向波方程得到的吸收边界条件称作理想边界条件。

为使式(4.31)、式(4.32)在实际计算中得以实现,对算子中的根式作 Taylor 展开:

$$\sqrt{1-S_{yz}^2} \approx 1 - \frac{1}{2}S_{yz}^2 \qquad (4.33)$$

若取式(4.33)的一阶近似,得

$$\begin{cases} \left(\dfrac{\partial}{\partial x} - \dfrac{1}{c}\dfrac{\partial}{\partial t}\right)f\bigg|_{x=x_{\min}} = 0 \\[2mm] \left(\dfrac{\partial}{\partial x} + \dfrac{1}{c}\dfrac{\partial}{\partial t}\right)f\bigg|_{x=x_{\max}} = 0 \end{cases} \qquad (4.34)$$

若取式(4.33)的二阶近似,得

$$\begin{cases} \left[\dfrac{1}{c}\dfrac{\partial^2}{\partial x \partial t} - \dfrac{1}{c^2}\dfrac{\partial^2}{\partial t^2} + \dfrac{1}{2}\left(\dfrac{\partial^2}{\partial y^2} + \dfrac{\partial^2}{\partial z^2}\right)\right]f\bigg|_{x=x_{\min}} = 0 \\[3mm] \left[\dfrac{1}{c}\dfrac{\partial^2}{\partial x \partial t} + \dfrac{1}{c^2}\dfrac{\partial^2}{\partial t^2} - \dfrac{1}{2}\left(\dfrac{\partial^2}{\partial y^2} + \dfrac{\partial^2}{\partial z^2}\right)\right]f\bigg|_{x=x_{\max}} = 0 \end{cases} \qquad (4.35)$$

式(4.34)和式(4.35)分别称作 Mur 三维问题的一阶和二阶吸收边界条件[26]。

一维问题中的 Mur 一阶边界条件和式(4.34)一致,而二维问题中的 Mur 二阶边界条件为

$$\begin{cases} \left[\dfrac{1}{c}\dfrac{\partial^2}{\partial x \partial t} - \dfrac{1}{c^2}\dfrac{\partial^2}{\partial t^2} + \dfrac{1}{2}\dfrac{\partial^2}{\partial y^2}\right]f\bigg|_{x=x_{\min}} = 0 \\[3mm] \left[\dfrac{1}{c}\dfrac{\partial^2}{\partial x \partial t} + \dfrac{1}{c^2}\dfrac{\partial^2}{\partial t^2} - \dfrac{1}{2}\dfrac{\partial^2}{\partial y^2}\right]f\bigg|_{x=x_{\max}} = 0 \end{cases} \qquad (4.36)$$

Mur 吸收边界条件在截断边界处有反射波的存在,且反射波幅度随着入射波方向与截断边界法向矢量间夹角的增大而增大,二阶 Mur 吸收边界条件能较好地满足通常所要求的计算精度[27]。

4.2.2 层状介质探地雷达电磁波正演模拟

1. 二维层状介质探地雷达电磁波正演模拟

在结构模型构建时,通常假定入射角为零,不考虑磁导率的影响。对于一边为

自由空间,一边为有耗多层介质半无限大空间的反射问题,一般按二维问题求解。

1) 二维 FDTD 模型及 Maxwell 差分方程

为了实现 FDTD 模拟探地雷达电磁波在层状体系中的传播,必须首先建立分析模型。对于二维情况,在直角坐标体系下采用 Yee 氏网格对探地雷达的实际传播空间进行剖分。建立的分析模型如图 4.6(a)所示,二维 Yee 氏 yell 元胞如图 4.6(b)所示。选取一个有限区域为 $0 \leqslant x \leqslant x_1, 0 \leqslant y \leqslant y_1$。

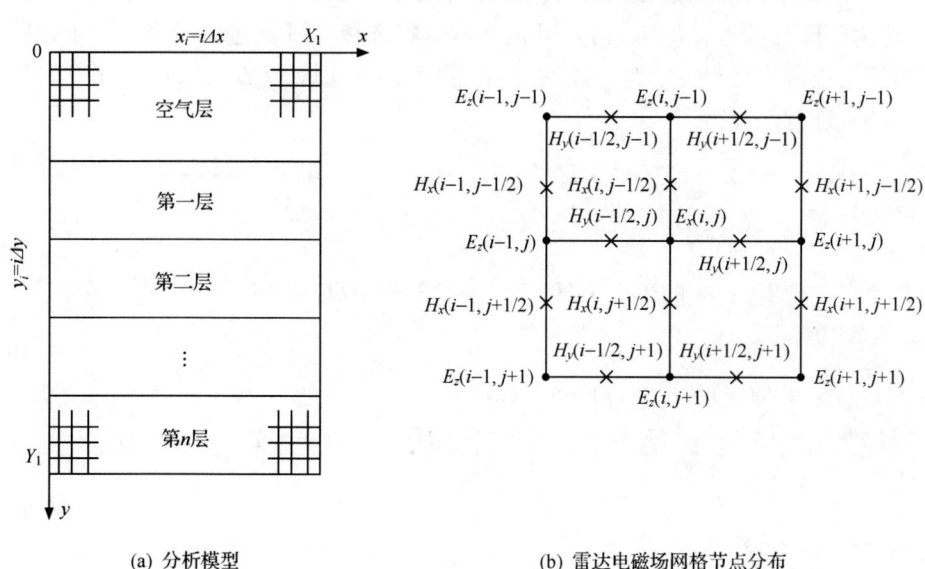

(a) 分析模型　　　　　　　　(b) 雷达电磁场网格节点分布

图 4.6　分析模型与雷达电磁场的网格节点分布

对于式(4.1)及式(4.2)中的有耗介质中无源区域的 Maxwell 方程二维问题,设所有物理量均与 z 坐标无关,即 $\frac{\partial}{\partial z}=0$,假设 $\sigma_m=0$。于是由式(4.1)及式(4.2)式可得

$$\left.\begin{aligned}\frac{\partial H_z}{\partial y} &= \varepsilon \frac{\partial E_x}{\partial t}+\sigma E_x \\ -\frac{\partial H_z}{\partial x} &= \varepsilon \frac{\partial E_y}{\partial t}+\sigma E_y \\ \frac{\partial E_y}{\partial x}-\frac{\partial E_x}{\partial y} &= -\mu \frac{\partial H_z}{\partial t}\end{aligned}\right\} \text{TE 波} \qquad (4.37)$$

$$\left.\begin{array}{c}\dfrac{\partial E_z}{\partial y}=-\mu\dfrac{\partial H_x}{\partial t}\\[2mm]-\dfrac{\partial E_z}{\partial x}=\mu\dfrac{\partial H_y}{\partial t}\\[2mm]\dfrac{\partial H_y}{\partial x}-\dfrac{\partial H_x}{\partial y}=\varepsilon\dfrac{\partial E_z}{\partial t}+\sigma E_z\end{array}\right\}\text{TM 波} \tag{4.38}$$

显然,二维情况下电磁场的直角分量可划分为独立的两组,即 E_x、E_y、H_z 为一组,称为 TE 波,H_x、H_y、E_z 为 TM 波。本章将选择 TM 波进行研究。由于道路、堤防等工程常用材料一般为非磁性材料,假定 $\Delta x=\Delta y=\Delta s$,$\mu(m)=1.0$,对方程(4.38)进行差分得

$$H_x^{n+1/2}(i,j+1/2)=CP(m)\cdot H_x^{n-1/2}(i,j+1/2)-CQ(m)\dfrac{E_z^n(i,j+1)-E_z^n(i,j)}{\Delta y} \tag{4.39}$$

$$H_y^{n+1/2}(i+1/2,j)=CP(m)\cdot H_y^{n-1/2}(i+1/2,j)-CQ(m)\dfrac{E_z^n(i+1,j)-E_z^n(i,j)}{\Delta x} \tag{4.40}$$

$$E_z^{n+1}(i,j)=CA(m)\cdot E_z^n(i,j)+CB(m)$$
$$\times\left[\dfrac{H_y^{n+1/2}(i+1/2,j)-H_y^{n+1/2}(i-1/2,j)}{\Delta x}-\dfrac{H_x^{n+1/2}(i,j+1/2)-H_x^{n+1/2}(i,j-1/2)}{\Delta y}\right] \tag{4.41}$$

其中

$$CA(m)=\dfrac{1-\dfrac{\sigma(m)\Delta t}{2\varepsilon(m)}}{1+\dfrac{\sigma(m)\Delta t}{2\varepsilon(m)}},CB(m)=\dfrac{\dfrac{\Delta t}{\varepsilon(m)}}{1+\dfrac{\sigma(m)\Delta t}{2\varepsilon(m)}},CP(m)=1,CQ(m)=\dfrac{\Delta t}{\mu(m)} \tag{4.42}$$

2) Mur 二阶近似吸收边界条件 FDTD 差分形式

对于二维电磁场问题,Mur 指出二阶近似吸收边界条件可降低为只含 E、H 分量的一阶导数,从而使数值计算式简化。从图 4.6(a)可以看出,该模型中二维矩形计算区域需要设置四个边界条件,即:$x=0$,$x=x_1$,$y=0$,$y=y_1$。

对于 TM 波,令式(4.36)中的第一个方程式中的 $f=E_z$(其中令 $x=x_{\min}=0$,即 $x=0$ 左边界),将式(4.8)代入式(4.36)中的第一个方程式,并且对时间 t 积分,同时设初始时刻场为 0,得

$$\left[\dfrac{\partial E_z}{\partial x}-\dfrac{1}{c}\dfrac{\partial E_z}{\partial t}-\dfrac{c\mu}{2}\dfrac{\partial H_x}{\partial y}\right]_{x=0}=0\quad(x=0) \tag{4.43}$$

同理,对于 $x=x_1$ 右边边界只需对式(4.36)中的第二个方程式做相应处理,而对于 $y=0$,$y=y_1$ 顶边及底边边界条件差分形式可按同样的原理处理。

这样其他三边的积分表达式为

$$\left[\frac{\partial E_z}{\partial x} + \frac{1}{c}\frac{\partial E_z}{\partial t} + \frac{c\mu}{2}\frac{\partial H_x}{\partial y}\right]_{x=x_1} = 0 \quad (x=x_1) \tag{4.44}$$

$$\left[\frac{\partial E_z}{\partial x} - \frac{1}{c}\frac{\partial E_z}{\partial t} + \frac{c\mu}{2}\frac{\partial H_y}{\partial x}\right]_{y=0} = 0 \quad (y=0) \tag{4.45}$$

$$\left[\frac{\partial E_z}{\partial x} + \frac{1}{c}\frac{\partial E_z}{\partial t} - \frac{c\mu}{2}\frac{\partial H_y}{\partial y}\right]_{y=y_1} = 0 \quad (y=y_1) \tag{4.46}$$

对式(4.43)~式(4.46),采用 FDTD 差分,进一步可得二维 FDTD 的左侧、右侧、顶边、底边截断边界四边的吸收边界条件(其中 m 为水平网格总数,n 为竖向网格总数,c 为电磁波在该点处的传播速度):

$$E_z^{n+1}(0,j) = E_z^{n+1}(1,j) + \frac{c\Delta t - \Delta s}{c\Delta t + \Delta s}[E_z^{n+1}(1,j) - E_z^n(0,j)]$$
$$- \frac{c^2\mu\Delta t}{2(c\Delta t + \Delta s)}[H_x^{n+1/2}(0,j) - H_x^{n+1/2}(0,j-1) + H_x^{n+1/2}(1,j) - H_x^{n+1/2}(1,j-1)] \tag{4.47}$$

$$E_z^{n+1}(m,j) = E_z^{n+1}(m-1,j) + \frac{c\Delta t - \Delta s}{c\Delta t + \Delta s}[E_z^{n+1}(m-1,j) - E_z^n(m,j)]$$
$$- \frac{c^2\mu\Delta t}{2(c\Delta t + \Delta s)}[H_x^{n+1/2}(m,j) - H_x^{n+1/2}(m,j-1) + H_x^{n+1/2}(m-1,j) - H_x^{n+1/2}(m-1,j-1)] \tag{4.48}$$

$$E_z^{n+1}(i,0) = E_z^{n+1}(i,1) + \frac{c\Delta t - \Delta s}{c\Delta t + \Delta s}[E_z^{n+1}(i,1) - E_z^n(i,0)]$$
$$- \frac{c^2\mu\Delta t}{2(c\Delta t + \Delta s)}[H_x^{n+1/2}(i,1) - H_x^{n+1/2}(i-1,1) + H_x^{n+1/2}(i,0) - H_x^{n+1/2}(i-1,0)] \tag{4.49}$$

$$E_z^{n+1}(i,n) = E_z^{n+1}(i,n-1) + \frac{c\Delta t - \Delta s}{c\Delta t + \Delta s}[E_z^{n+1}(i,n-1) - E_z^n(i,n)]$$
$$- \frac{c^2\mu\Delta t}{2(c\Delta t + \Delta s)}[H_x^{n+1/2}(i,n) - H_x^{n+1/2}(i-1,n) + H_x^{n+1/2}(i,n-1) - H_x^{n+1/2}(i-1,n-1)] \tag{4.50}$$

对于矩形边界的计算空间而言,四个角点上网格点 $(0,0)$,$(x_1,0)$,$(0,y_1)$,(x_1,y_1) 的场值是不能用上面各边边界导出的那种差分格式进行计算的,需要进行特殊处理。下边导出适用于角点的吸收边界条件离散式,先选取左下角 $(0,y_1)$ 为例分析,如图 4.7 所示(图中 δ 为单元网格间的距离)。

首先,相对于原坐标系 $x0y$ 旋转 $45°$ 建立新的坐标系 $\xi0\eta$。设角点处的截断边界与 η 轴平行。于是,对式(4.34)中的第一方程式,用 E_z 代替 f,得到 Mur 一阶近似吸收边界条件在 $\xi0\eta$ 系中的表达式为

$$\frac{\partial E_z}{\partial \xi} - \frac{1}{c}\frac{\partial E_z}{\partial t} = 0 \tag{4.51}$$

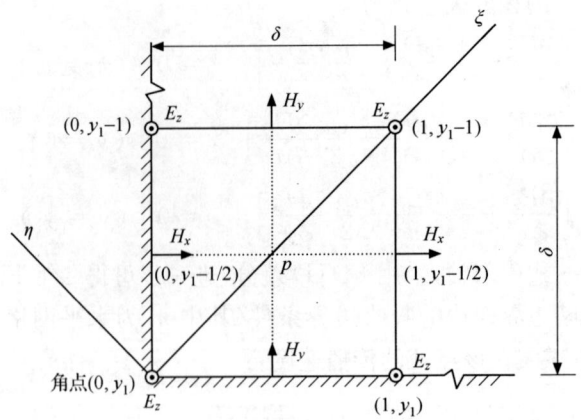

图 4.7 位于矩形域左下边的角点

在元胞中心 p 点处和 $t=(n+1/2)\Delta t$ 时刻离散,有

$$\left.\begin{array}{l}\left.\dfrac{\partial E_z}{\partial \xi}\right|_p^{n+1/2}=\dfrac{E_z^{n+1/2}(1,y_1-1)-E_z^{n+1/2}(0,y_1)}{\sqrt{2}\delta}\\[2mm]\left.\dfrac{\partial E_z}{\partial t}\right|_p^{n+1/2}=\dfrac{E_z^{n+1}(p)-E_z^n(p)}{\Delta t}\end{array}\right\} \quad (4.52)$$

注意元胞中心点 p 到角点的距离为 $\sqrt{2}\delta$。再利用线性插值:

$$\left.\begin{array}{l}E_z^n(p)=\dfrac{E_z^n(0,y_1)+E_z^n(1,y_1-1)}{2}\\[2mm]E_z^{n+1/2}(0,y_1)=\dfrac{E_z^{n+1}(0,y_1)+E_z^n(0,y_1)}{2}\end{array}\right\} \quad (4.53)$$

将式(4.52)、式(4.53)代入式(4.51),整理可得到角点的吸收边界条件为

$$E_z^{n+1}(0,y_1)=E_z^n(1,y_1-1)+\dfrac{c\Delta t-\sqrt{2}\delta}{c\Delta t+\sqrt{2}\delta}[E_z^{n+1}(1,y_1-1)-E_z^n(0,y_1)] \quad (0,y_1) \quad (4.54)$$

$$E_z^{n+1}(0,0)=E_z^n(1,1)+\dfrac{c\Delta t-\sqrt{2}\delta}{c\Delta t+\sqrt{2}\delta}[E_z^{n+1}(1,1)-E_z^n(0,0)] \quad (0,0) \quad (4.55)$$

$$E_z^{n+1}(x_1,0)=E_z^n(x_1-1,1)+\dfrac{c\Delta t-\sqrt{2}\delta}{c\Delta t+\sqrt{2}\delta}[E_z^{n+1}(x_1-1,1)-E_z^n(x_1,0)] \quad (x_1,0) \quad (4.56)$$

$$E_z^{n+1}(x_1,y_1)=E_z^n(x_1-1,y_1-1)\\+\dfrac{c\Delta t-\sqrt{2}\delta}{c\Delta t+\sqrt{2}\delta}[E_z^{n+1}(x_1-1,y_1-1)-E_z^n(x_1,y_1)] \quad (0,y_1) \quad (4.57)$$

3) 雷达入射波波形的获取及数值差分

采用第3章所述方法,利用金属板反射减去末端反射得到雷达入射波,并按计算需要,将其差分成不同时间步长,如图4.8所示。

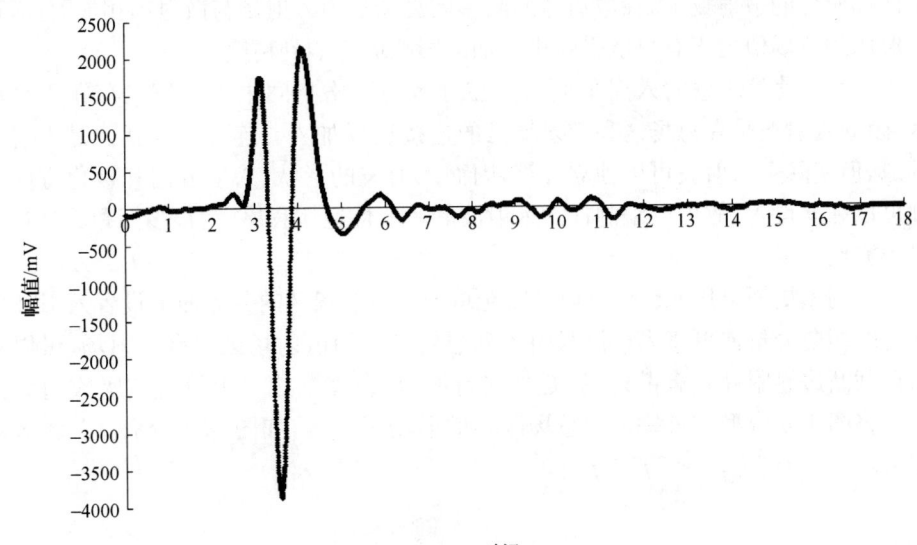

图 4.8 差分后的雷达入射波

4) 总场散射场边界条件和平面入射波源的设置

在3.1.1节探地雷达电磁波在层状介质中的传播里曾经作过这样的假设:探地雷达发射波为平面波,且发射波与结构表面垂直。因此探地雷达电磁波在层状介质中的传播可作为一个散射问题,平面波电磁散射问题中的空间场可以写成入射场和散射场之和,即

$$E = E_i + E_s; \quad H = H_i + H_s \qquad (4.58)$$

用 FDTD 计算散射问题通常将计算区域划分为总场区和散射场区,这为用时域有限差分法解决很多电磁场的计算问题带来方便,大体可归结为以下几点[28]:

(1) 不仅在散射场直接提供近区散射场的丰富信息,而且由它们出发可求出散射体的远场区散射特性。

(2) 使散射体的设置变得比较简单。因为散射体设置在总场区内,在该区内 Maxwell 方程的差分格式用来计算总场,使得介质不连续面上的切向场连续条件自动得到满足,因而不需要附加边界条件。所以,不管散射体的几何形状和组成如何复杂,它在计算网格空间中的模拟都比较容易,即只需把散射体占据的空间的参数用相应的介质参数赋值即完成了设置工作。

(3) 分区计算可以增大动态范围。在分区计算的时域有限差分法中总场区各处的总场是按时间步推移计算的,即使在散射体的阴影区当总场很小时也是如此。而在直接计算散射场的方法中,在每一时间步计算出入射波在各网格点的值再加到计算所得的散射场上,在散射体的阴影区总场是由入射场与散射场相加而成,这样形成的总场值由于有可能受噪声叠加的影响而影响到精度。

(4) 可设置任意的入射平面波。在分区的网格空间中入射波只存在于总场区,因此入射波是在总场区和散射场的连接边界加入。连接边界就像是入射波的源,但实际上入射波可以独立计算,因而入射波的形状、入射方向和极化方向等都可以独立设置,故可以编制任意入射波的一般性通用程序,为很多问题的计算提供了方便。

应用惠更斯(Huygens)原理可以在总场-散射场区的分界面上设置入射波电磁场的切向分量便可将入射波只引入到总场区。而散射场区只有散射场,可以看出在截断边界附件只有散射场,是外向行波,符合截断边界上设置的吸收边界条件。将图 4.6 模型作进一步的总场区和散射场区分区,如图 4.9 所示。总场区范围为:$i_0 \leqslant i \leqslant i_a, j_0 \leqslant j \leqslant j_b$。

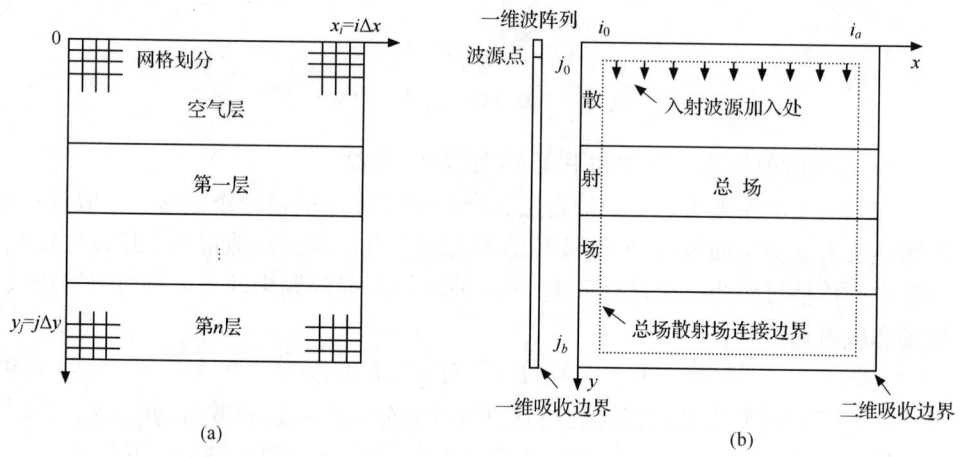

图 4.9 总场-散射场划分

在 FDTD 计算的过程中,无论在总场区或散射场区内部,计算的差分公式仍如式(4.39)、式(4.40)和式(4.41)。需要特殊处理的是总场-散射场边界处场的计算式,如图 4.10 所示。E_z 在为总场边界上属于总场区,距离总场边界 1/2 个网格处为总场外外边界,其上磁场分量 H_x,H_y 属于散射场区。

现以 $y = j_0 \Delta y$ 总场为例,如图 4.11 所示,参照式(4.39)~式(4.41),注意到:① 计算 $H_y^{n+1/2}(i+1/2, j_0)$ 时涉及的 E_z 节点均为总场,因此计算公式不变。

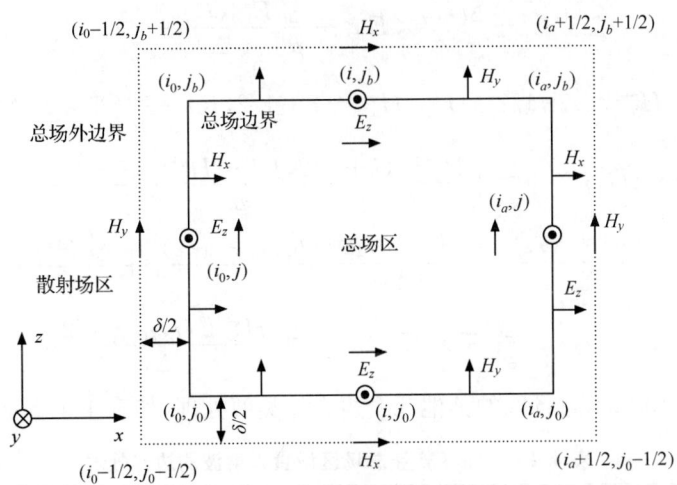

图 4.10 二维总场-散射场边界

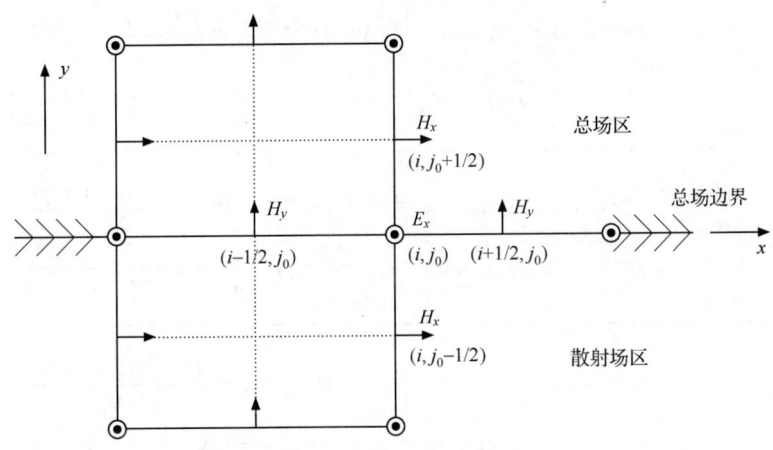

图 4.11 $y = j_0 \Delta y$ 总场边界附件元胞

② $H_x^{n+1/2}(i, j_0 - 1/2)$ 属散射场，但计算时涉及的两个 E_z 节点分别为总场及散射场，应在总场节点扣除入射波值。③ $E_z^{n+1/2}(i, j_0)$ 属于总场，计算时涉及的两个 H_z 节点分别为总场及散射场，应在散射场节点加上入射值，另外两个 H_y 节点属总场。所有 FDTD 公式需修改如下：

$$H_x^{n+1/2}(i, j_0 - 1/2) = H_x^{n-1/2}(i, j_0 - 1/2) - \frac{\Delta t}{\mu} \left[\frac{E_z^n(i, j_0) - E_z^n(i, j_0 - 1)}{\Delta y} \right]$$

$$+ \frac{\Delta t}{\mu} \frac{E_{z,i}^n(i, j_0)}{\Delta y} = H_x^{n-1/2}(i, j_0 - 1/2)$$

$$-\frac{\Delta t}{\mu}[\nabla \times E]_x^n + \frac{\Delta t}{\mu} \frac{E_{z,i}^n(i,j_0)}{\Delta y} \qquad (4.59)$$

$$H_y^{n+1/2}(i+1/2,j_0) = H_y^{n-1/2}(i+1/2,j_0) + \frac{\Delta t}{\mu}[\nabla \times E]_y^n \qquad (4.60)$$

$$E_z^{n+1}(i,j_0) = E_z^n(i,j_0) + \frac{\Delta t}{\varepsilon}\left[\frac{H_y^{n+1/2}(i+1/2,j_0) - H_y^{n+1/2}(i-1/2,j_0)}{\Delta x}\right.$$

$$\left.- \frac{H_x^{n+1/2}(i,j_0+1/2) - H_x^{n+1/2}(i,j_0+1/2)}{\Delta y}\right] + \frac{\Delta t}{\varepsilon} \frac{H_{x,i}^{n+1/2}(i,j_0-1/2)}{\Delta y}$$

$$= E_z^n(i,j_0) + \frac{\Delta t}{\varepsilon}[\nabla \times H]_z^{n+1/2} + \frac{\Delta t}{\varepsilon} \frac{H_{x,i}^{n+1/2}(i,j_0-1/2)}{\Delta y} \qquad (4.61)$$

对图 4.10 所示总场区的其他几个边界作类似处理,如表 4.4 所示。

表 4.4　二维 TM 波总场区设置入射波的边界处理

总场边界	总场区域边界上切向场 FDTD 公式
$i_0 \Delta x$	$E_z^{n+1}(i_0,j) = E_z^n(i_0,j) + \frac{\Delta t}{\varepsilon}[\nabla \times H]_z^{n+1/2} - \frac{\Delta t}{\varepsilon}\frac{H_{y,i}^{n+1/2}(i_0-1/2,j)}{\Delta x}$ $H_y^{n+1/2}(i_0-1/2,j) = H_y^{n-1/2}(i_0-1/2,j) - \frac{\Delta t}{\mu}[\nabla \times E]_y^n - \frac{\Delta t}{\mu}\frac{E_{z,i}^n(i_0,j)}{\Delta x}$
$i_a \Delta x$	$E_z^{n+1}(i_a,j) = E_z^n(i_a,j) + \frac{\Delta t}{\varepsilon}[\nabla \times H]_z^{n+1/2} + \frac{\Delta t}{\varepsilon}\frac{H_{y,i}^{n+1/2}(i_a+1/2,j)}{\Delta x}$ $H_y^{n+1/2}(i_a+1/2,j) = H_y^{n-1/2}(i_a+1/2,j) - \frac{\Delta t}{\mu}[\nabla \times E]_y^n + \frac{\Delta t}{\mu}\frac{E_{z,i}^n(i_a,j)}{\Delta x}$
$j_0 \Delta y$	$E_z^{n+1}(i,j_0) = E_z^n(i,j_0) + \frac{\Delta t}{\varepsilon}[\nabla \times H]_z^{n+1/2} + \frac{\Delta t}{\varepsilon}\frac{H_{x,i}^{n+1/2}(i,j_0-1/2)}{\Delta y}$ $H_x^{n+1/2}(i,j_0-1/2) = H_x^{n-1/2}(i,j_0-1/2) - \frac{\Delta t}{\mu}[\nabla \times E]_x^n + \frac{\Delta t}{\mu}\frac{E^{nz,i}(i,j_0)}{\Delta y}$
$j_b \Delta y$	$E_z^{n+1}(i,j_b) = E_z^n(i,j_b) + \frac{\Delta t}{\varepsilon}[\nabla \times H]_z^{n+1/2} - \frac{\Delta t}{\varepsilon}\frac{H_{x,i}^{n+1/2}(i,j_b+1/2)}{\Delta y}$ $H_x^{n+1/2}(i,j_b+1/2) = H_x^{n-1/2}(i,j_b-1/2) - \frac{\Delta t}{\mu}[\nabla \times E]_x^n - \frac{\Delta t}{\mu}\frac{E_{z,i}^n(i,j_b)}{\Delta y}$

总场-散射场四个角点也可按照总场-散射场边界条件作同样的处理,处理结果如表 4.5 所示。

表 4.5 二维 TM 波总场区角点处理

总场边界的角点	总场区域边界角点上切向场 FDTD 公式
(i_0, j_0)	$E_z^{n+1}(i_0, j_0) = E_z^n(i_0, j_0) + \frac{\Delta t}{\varepsilon}[\nabla \times H]_z^{n+1/2} - \frac{\Delta t}{\varepsilon} \frac{H_{y,i}^{n+1/2}(i_0 - 1/2, j_0)}{\Delta x}$ $+ \frac{\Delta t}{\varepsilon} \frac{H_{x,i}^{n+1/2}(i_0, j_0 - 1/2)}{\Delta y}$
(i_0, j_b)	$E_z^{n+1}(i_0, j_b) = E_z^n(i_0, j_b) + \frac{\Delta t}{\varepsilon}[\nabla \times H]_z^{n+1/2} - \frac{\Delta t}{\varepsilon} \frac{H_{y,i}^{n+1/2}(i_0 - 1/2, j_b)}{\Delta x}$ $- \frac{\Delta t}{\varepsilon} \frac{H_{x,i}^{n+1/2}(i_0, j_b + 1/2)}{\Delta y}$
(i_a, j_0)	$E_z^{n+1}(i_a, j_0) = E_z^n(i_a, j_0) + \frac{\Delta t}{\varepsilon}[\nabla \times H]_z^{n+1/2} + \frac{\Delta t}{\varepsilon} \frac{H_{y,i}^{n+1/2}(i_a + 1/2, j_0)}{\Delta x}$ $+ \frac{\Delta t}{\varepsilon} \frac{H_{x,i}^{n+1/2}(i_a, j_0 - 1/2)}{\Delta y}$
(i_a, j_b)	$E_z^{n+1}(i_a, j_b) = E_z^n(i_a, j_b) + \frac{\Delta t}{\varepsilon}[\nabla \times H]_z^{n+1/2} + \frac{\Delta t}{\varepsilon} \frac{H_{y,i}^{n+1/2}(i_a + 1/2, j_b)}{\Delta x}$ $- \frac{\Delta t}{\varepsilon} \frac{H_{x,i}^{n+1/2}(i_a, j_b + 1/2)}{\Delta y}$

网格空间划分为总场区和散射场，两区交界面上及其邻域的电磁场必须由连接条件进行计算，这些条件中包括交界面上及其邻域的入射电磁场。从另一方面看，入射平面电磁场正是通过连接条件引入到总场区的。

在 FDTD 的差分离散时，为了减小散射场区入射波的泄漏，将一维 FDTD 随时间逐步推进地在总场区引进入射波。一维 FDTD 差分推导将在下节给予详细叙述，本节先直接给出 FDTD 其差分形式。如图 4.12 所示，按照 4.2.2 节所述方法获取入射波波形，并将入射波沿方向的逐步推进即一维 FDTD 差分公式(4.62)和式(4.63)及一维吸收边界条件(4.64)计算(两公式中的系数和二维一致，v 为电磁波在该点处的传播速度)，得到 y' 方向上一系列样点上的入射波电场 $E_z^n(p)$，$p = 1, 2, \cdots$(一维平面波源的加入将在后面一维模型中介绍)，所采用的离散间隔 Δt、$\Delta y'$ 与二维 FDTD 所取间隔相同。另外，二维总场区边界上的 $E_z^n(i, j)$ 节点位置 (x, y) 投影到平面波入射方向 y' 轴如式(4.65)，上述 y' 值可能并不对应于一维 FDTD 的样本点位置，于是可采用线性插值公式得到二维总场边界上节点 (i, j) 的入射波如式(4.66)。

$$H_x^{n+1/2}(i+1/2, j) = CP(m) \cdot H_x^{n-1/2}(i+1/2, j) - CQ(m) \frac{E_z^n(i+1, j) - E_z^n(i, j)}{\Delta y} \tag{4.62}$$

$$E_z^{n+1}(i, j) = CA(m) \cdot E_z^n(i, j) + CB(m) \left[\frac{H_x^{n+1/2}(i+1/2, j) - H_x^{n+1/2}(i-1/2, j)}{\Delta y} \right] \tag{4.63}$$

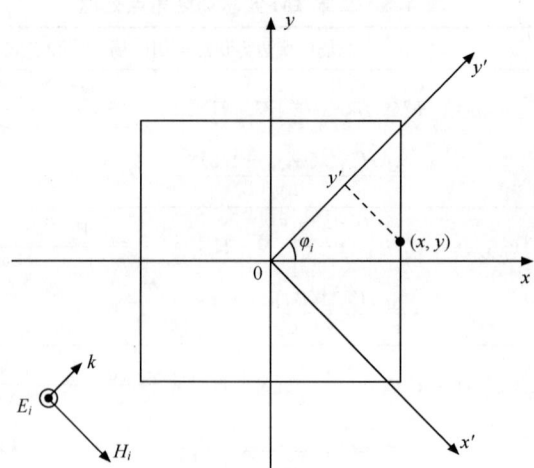

图 4.12 总场边界点在 (x,y) 平面波入射方向的投影

$$E_z^{n+1}(0) = E_z^{n+1}(1) + \frac{\nu\Delta t - \Delta y'}{\nu\Delta t + \Delta y'}[E_z^{n+1}(1) - E_z^n(0)] \quad (y' = 0)$$

$$E_z^{n+1}(n) = E_z^{n+1}(n-1) + \frac{\nu\Delta t - \Delta y'}{\nu\Delta t + \Delta y'}[E_z^{n+1}(n-1) - E_z^n(n)] \quad (y' = n)$$

$$\tag{4.64}$$

$$y' = x\cos\varphi_i + y\sin\varphi_i = i\Delta x\cos\varphi_i + j\Delta y\sin\varphi_i \tag{4.65}$$

$$E_{z,i}^n(i,j) = (1-\omega)E_i^n(p) + \omega(1-\omega)E_i^n(p+1) \quad (0 < w < 1) \tag{4.66}$$

由于入射电场和磁场在 $x'y'z'$ 系中分量为

$$\begin{bmatrix} E'_x \\ E'_y \\ E'_z \end{bmatrix} = \begin{bmatrix} 0 \\ 0 \\ E_i \end{bmatrix}; \quad \begin{bmatrix} H'_x \\ H'_y \\ H'_z \end{bmatrix} = \begin{bmatrix} E_i/Z_0 \\ 0 \\ 0 \end{bmatrix} \tag{4.67}$$

所以 xyz 坐标系中：

$$\left.\begin{aligned} E_z &= E'_z = E_i \\ H_x &= \sin\varphi_i H'_x = \frac{\sin\varphi_i E_i}{Z_0} \\ H_y &= -\cos\varphi_i H'_x = \frac{-\cos\varphi_i E_i}{Z_0} \end{aligned}\right\} \tag{4.68}$$

在图 4.9 总场-散射场模型划分中,很显然入射波所沿的方向角 φ_i 为 90°,将 φ_i 代入式(4.68)便可得到相应的一维逐步推进电磁场,再将得到的一维逐步推进电磁场代入表 4.4 及表 4.5 便可得到全部的总场-散射场边界条件及平面入射波的加入。

5) 数值验算

为了从理论上验证该模型及模拟计算程序的正确性,采用均匀介质路面结构体系进行 FDTD 计算结果与理论分析的验算。

路面基本参数为:$\Delta s = 2.5 \times 10^{-3}$m,$\Delta t = 5 \times 10^{-12}$s;空气层厚度为 21.25cm,面层厚度为 19.0cm,基层厚度为 21.0cm,底基层厚度为 50.0cm;对应的空气层、面层、基层及底基层的介电常数实部分别为 1.0、5.0、12.0、18.0,虚部分别为 0.000、0.001、0.002、0.003;总的水平尺寸为 40cm。其中网格分布为 $I=0,2,3,\cdots,160$;$J=0,1,2,\cdots,445$,网格数为 160×445,基本模型可以参照图 4.6。采用图 4.13 所示的实际雷达平面入射波(中心频率为 1GHz),总场散射场的边界条件取:$5\leqslant i\leqslant155,5\leqslant j\leqslant440$,雷达接收点放在 $j=5$ 线的中点上。得到的模拟结果如图 4.14 所示。

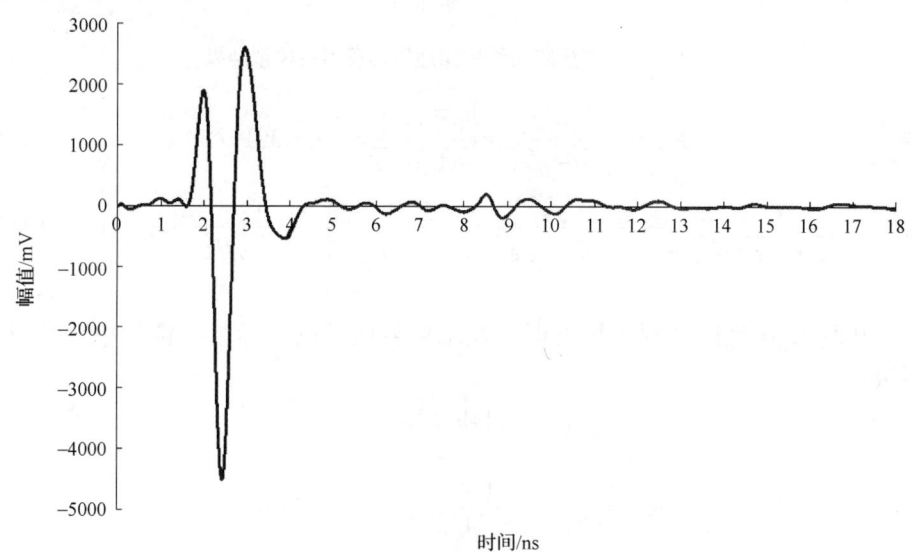

图 4.13 探地雷达入射波

由式(3.23)可以分别计算出面层及基层界面处的理论雷达电磁波反射系数。对于面层和基层材料来说,由于电导率分别为 0.001、0.002,$\dfrac{\sigma}{\omega\varepsilon}\ll1$,可以忽略电导率的影响。另外,当电磁波从路表入射到路面,再在路表进行接收时,电磁波经历多次折射和反射。例如面层与基层之间的反射波,经历了空气与路表界面的折射、面层与基层界面的反射、路面与空气界面的折射,最后进入到空气中被接收。假设发射波为单位能量,理论上表面反射和面层与基层界面反射的反射系数分别为

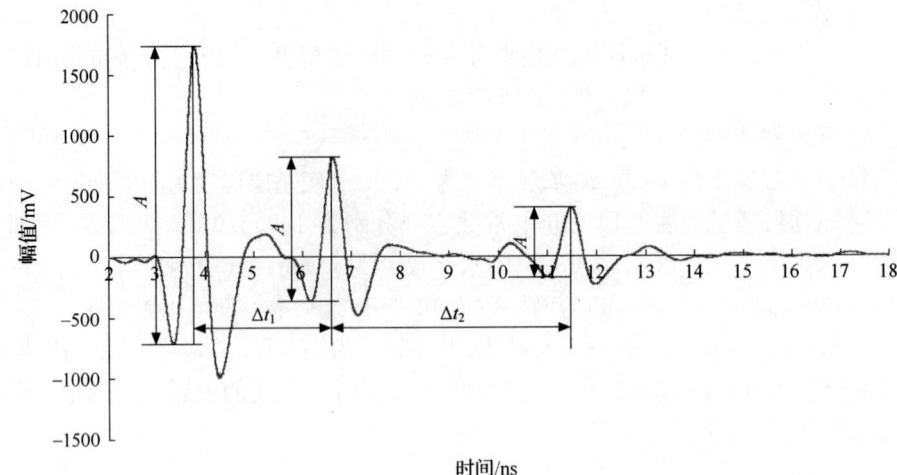

图 4.14　三层路面结构探地雷达反射波模拟结果

$$R_{1t} = \frac{\sqrt{1} - \sqrt{\varepsilon_1}}{\sqrt{1} + \sqrt{\varepsilon_1}} = \frac{\sqrt{1} - \sqrt{5}}{\sqrt{1} + \sqrt{5}} = -0.38197 \quad (4.69)$$

$$R_{2t} = \frac{2\sqrt{\varepsilon_1}}{\sqrt{1} + \sqrt{\varepsilon_1}} \frac{\sqrt{\varepsilon_1} - \sqrt{\varepsilon_2}}{\sqrt{\varepsilon_1} + \sqrt{\varepsilon_2}} \frac{\sqrt{\varepsilon_1}}{\sqrt{1} + \sqrt{\varepsilon_1}} = \frac{2\sqrt{5}}{\sqrt{1} + \sqrt{5}} \frac{\sqrt{5} - \sqrt{12}}{\sqrt{5} + \sqrt{12}} \frac{\sqrt{5}}{\sqrt{1} + \sqrt{5}} = -0.18401$$

$$(4.70)$$

从图 4.14 可以分别计算出面层及基层界面处的实际模拟雷达电磁波反射系数：

$$R_1 = \frac{A_1}{A_m} = \frac{2449.219}{-6412.33} = -0.38196 \quad (4.71)$$

$$R_2 = \frac{A_2}{A_m} = \frac{1180.459}{-6412.33} = -0.18409 \quad (4.72)$$

在图 4.14 中，A_1 为面层界面处反射波幅；A_2 为基层界面处反射波幅；A_3 为底基层界面处反射波幅；A_m 为入射波波幅。

可以看出，理论计算出的面层及基层界面处的雷达电磁波反射系数与实际模拟计算出的面层及基层界面处的雷达电磁波反射系数结果吻合较好。

另外，对理论计算与实际模拟的雷达电磁波在各路面结构层中的传播时程进行再次验证。理论时程计算：

$$\Delta t_{1t} = \frac{2h_1}{(c/\sqrt{\varepsilon_1})} = \frac{2 \times 19}{(2.996/\sqrt{5}) \times 10} = 2.8362 \quad (4.73)$$

$$\Delta t_{2t} = \frac{2h_2}{(c/\sqrt{\varepsilon_2})} = \frac{2 \times 19}{(2.996/\sqrt{12}) \times 10} = 4.8562 \quad (4.74)$$

式中，c 为光速。

从图 4.14 可以计算出实际模拟时程：
$$\Delta t_1 = 6.635 - 3.795 = 2.8400; \Delta t_2 = 11.495 - 6.635 = 4.8600 \quad (4.75)$$
从时程验算角度来看，理论与模拟计算时程同样比较吻合，由此可见模拟结果正确。

2. 一维层状介质电磁波正演模拟

1) Maxwell 方程的一维 FDTD

在一维直线坐标体系中采用 Yee 氏网格对探地雷达的实际传播空间进行剖分,建立的分析模型如图 4.15(a)所示,一维 Yee 氏 yell 元胞如图 4.15(b)所示。选取一个有限区域为 $0 \leqslant y \leqslant y_1$。

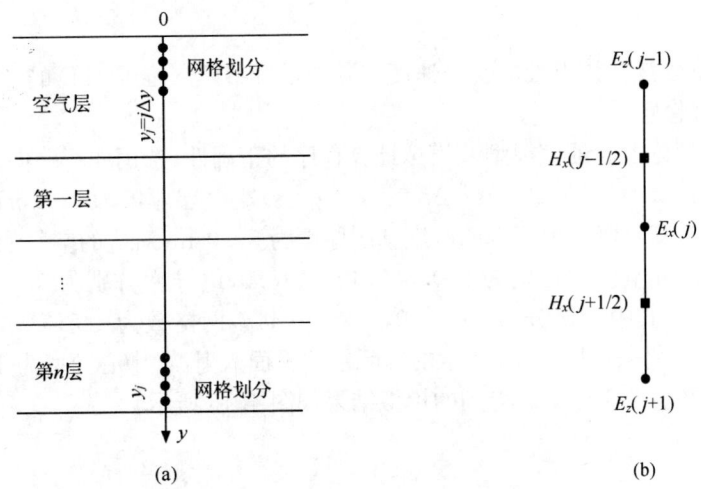

图 4.15 分析模型(a)与雷达电磁场的网格节点分布(b)

对于式(4.1)及式(4.2)中的耗散介质中无源区域的 Maxwell 方程一维问题,设电磁波沿 y 方向传播,介质参数和场量均与 x,z 无关,$\partial/\partial x = 0, \partial/\partial z = 0$。Maxwell 方程为

$$-\frac{\partial H_x}{\partial y} = \varepsilon \frac{\partial E_z}{\partial t} + \sigma E_z \quad (4.76)$$

$$\frac{\partial E_z}{\partial y} = -\mu \frac{\partial H_x}{\partial t} \quad (4.77)$$

式(4.76)和式(4.77)的 FDTD 离散公式为

$$E_z^{n+1}(j) = \frac{1 - \frac{\sigma(m)\Delta t}{2\varepsilon(m)}}{1 + \frac{\sigma(m)\Delta t}{2\varepsilon(m)}} E_z^n(j) - \frac{\frac{\Delta t}{\varepsilon(m)}}{1 + \frac{\sigma(m)\Delta t}{2\varepsilon(m)}} \frac{H_x^{n+1/2}(j+1/2) - H_x^{n+1/2}(j-1/2)}{\Delta y}$$

$$(4.78)$$

$$H_x^{n+1/2}(j+1/2) = H_x^{n-1/2}(j+1/2) - \frac{\Delta t}{\mu(m)} \frac{E_z^n(j+1) - E_z^n(j)}{\Delta y} \quad (4.79)$$

2) Mur 一阶近似吸收边界条件 FDTD 差分形式

从图 4.15(a) 可以看出,该模型中线段计算区域需要设置两个边界条件,即: $y=0, y=y_1$。令 Mur 一阶近似公式(4.34)中的 $f=E_z$,参照二维情况 $x=0$ 左边边界 FDTD 差分推导方式,可以分别得出 $y=0$、$y=y_1$ 点处的边界条件。其 Mur 一阶近似吸收边界 FDTD 差分形式如下:

$$E_z^{n+1}(0) = E_z^n(1) + \frac{v\Delta t - \Delta y}{v\Delta t + \Delta y}[E_z^{n+1}(1) - E_z^n(0)] \quad (y=0) \quad (4.80)$$

$$E_z^{n+1}(y_1) = E_z^n(y_1-1) + \frac{v\Delta t - \Delta y}{v\Delta t + \Delta y}[E_z^{n+1}(y_1-1) - E_z^n(y_1)] \quad (y=y_1) \quad (4.81)$$

式中,v 为电磁波在该点处的传播速度。其他设置参照二维 FDTD 的计算即可

3) 数值验算

为了从理论上验证该模型及模拟计算程序的正确性,选用如下路面结构体系:基本参数为:$\Delta s = 2.5 \times 10^{-3}$m,$\Delta t = 5 \times 10^{-12}$s;空气层厚度为 21.25cm,面层厚度为 19.0cm,基层厚度为 21.0cm,底基层厚度为 50.0cm;对应的空气层、面层、基层及底基层的介电常数分别为 1.0、5.0、12.0、18.0,电导率分别为 0.000、0.001、0.002、0.003。其中网格分布为 $j=0,1,2,\cdots,445$,网格数为 445,基本模型可以参照图 4.15。仍采用图 4.13 所示的实际雷达平面入射波(中心频率为 1GHz),雷达接收点放在 $j=5$ 点上。得到的模拟结果如图 4.16 所示。

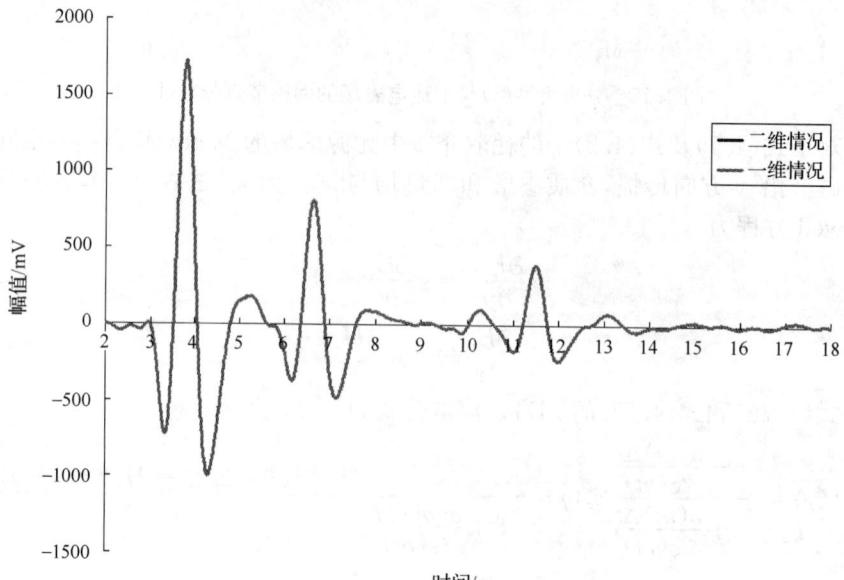

图 4.16 一维与二维正演模拟结果对比

从图 4.16 可以看出,该模型一维模拟与二维模拟结果吻合,模拟结果正确。由此可见,当路面结构体系各层为均匀介质时,探地雷达的平面电磁波传播模拟可以简化为一维问题求解。

3. 工程实例分析

1) 实例一

某新修高速公路,面层材料为沥青混凝土,基层材料为水泥稳定碎石层。在实际模拟中以实际钻芯厚度为准。

假设路面结构为层状均匀体系,建立如图 4.17 所示的路面结构体系中探地雷达电磁波 1D-FDTD 模型。基本参数为:$\Delta s = 2.5 \times 10^{-3}$ m,$\Delta t = 5 \times 10^{-12}$ s;路面结构层厚度及对应各结构层介电常数的实部和虚部如表 4.6 所示。采用图 4.13 所示的实际雷达平面入射波(中心频率为 1GHz)。将以上各测试点基本参数输入模型中并进行模拟,然后将得到的各测试钻芯点的雷达电磁波模拟波形与实测波形进行比对,得到如图 4.18 和图 4.19 所示的对比图。

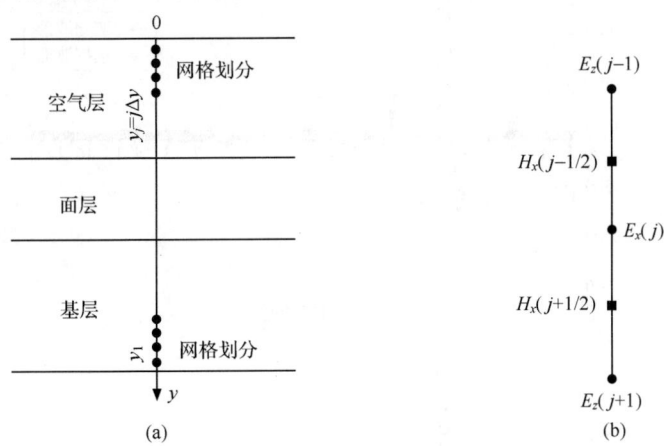

图 4.17 实际模型(a)与雷达电磁场的网格结点分布(b)

表 4.6 各测试点面层和基层的厚度、介电常数及电导率

类别	点号	桩号	面层厚度/cm	基层厚度/cm	面层介电实部常数	基层介电实部常数	面层介电常数虚部	基层介电常数虚部
面层较薄点	1#	SK9+994.7	7.7	33.0	7.2	10.5	0.02	0.03
	2#	SK19+499.2	7.8	35.8	7.8	11.0	0.01	0.03
	3#	SK16+994.1	7.9	36.0	7.0	11.6	0.01	0.03
	4#	SK23+806.8	7.9	35.7	7.5	9.6	0.01	0.03
	5#	SK25+053.0	8.0	34.5	7.4	9.8	0.01	0.03
	6#	SK30+062.1	8.0	34.2	7.2	9.3	0.01	0.03
	7#	SK31+595.3	8.0	33.3	7.9	10.4	0.01	0.03
	8#	SK36+440.0	8.0	35.0	8.1	12.9	0.01	0.03
面层较厚点	1#	SK22+993.5	14.9	34.7	6.9	10.0	0.01	0.03
	2#	SK38+952.4	12.4	34.6	8.4	14.7	0.01	0.03

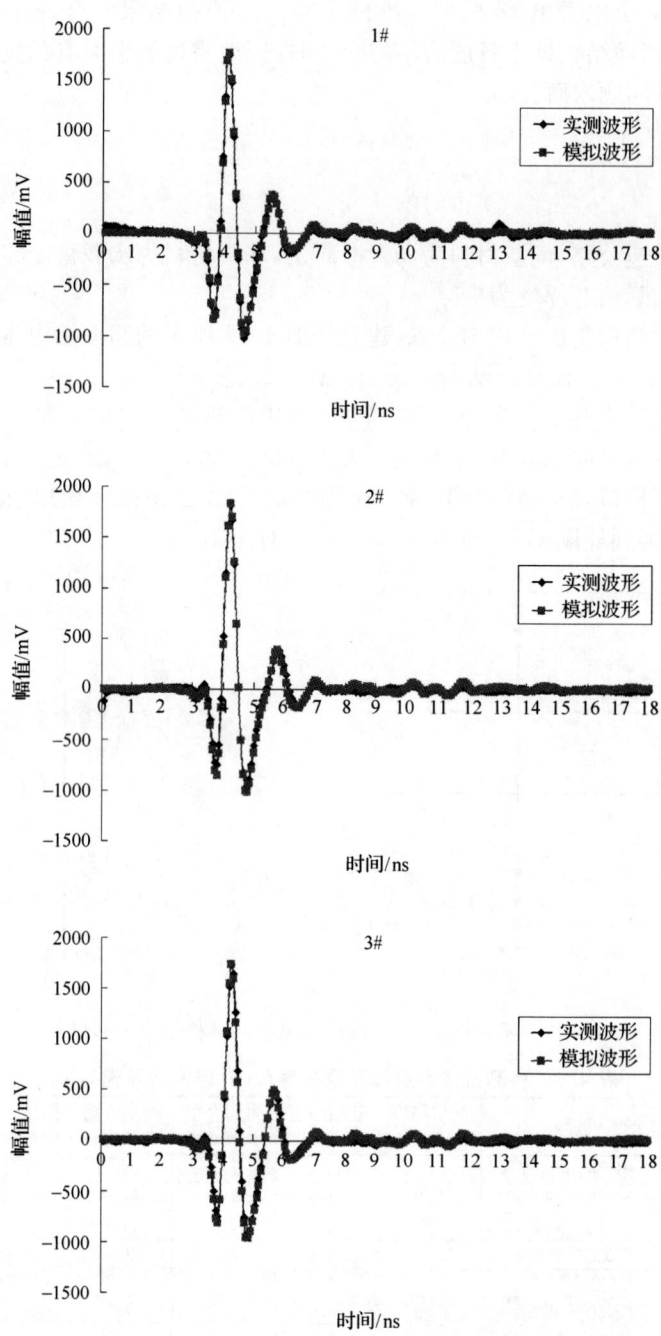

图 4.18 面层较薄各测试点雷达实测波形与模拟波形对比图

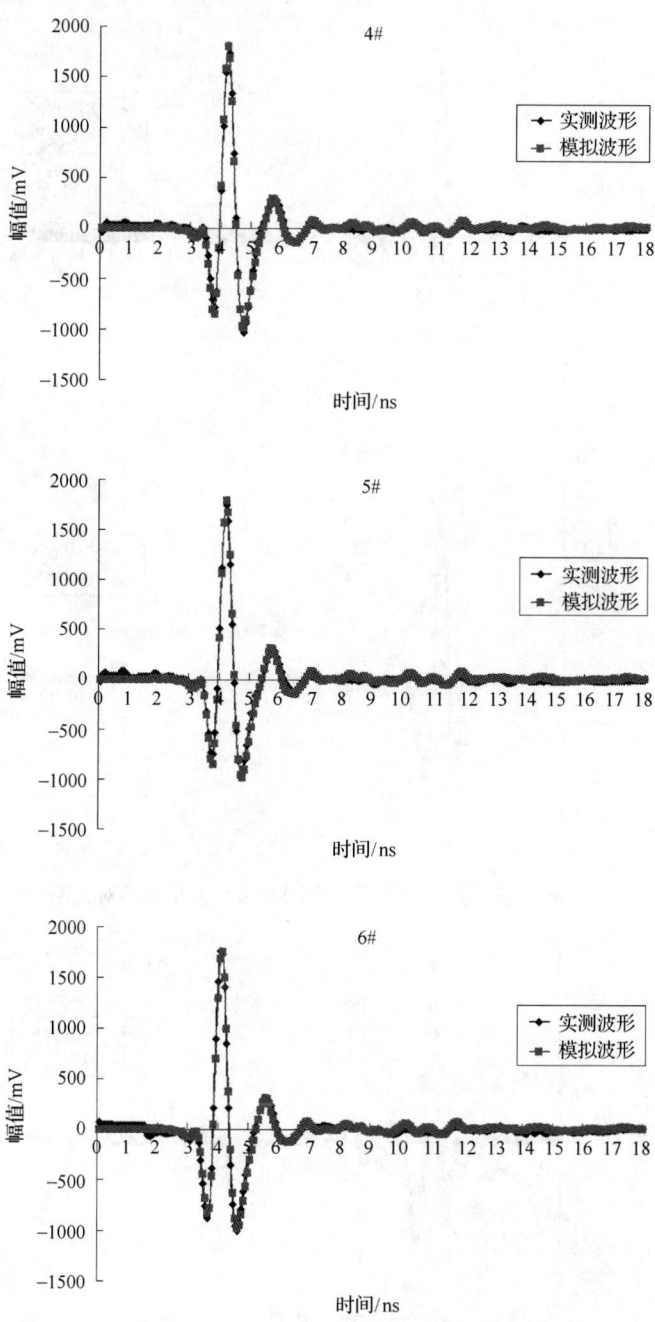

图 4.18 面层较薄各测试点雷达实测波形与模拟波形对比图（续）

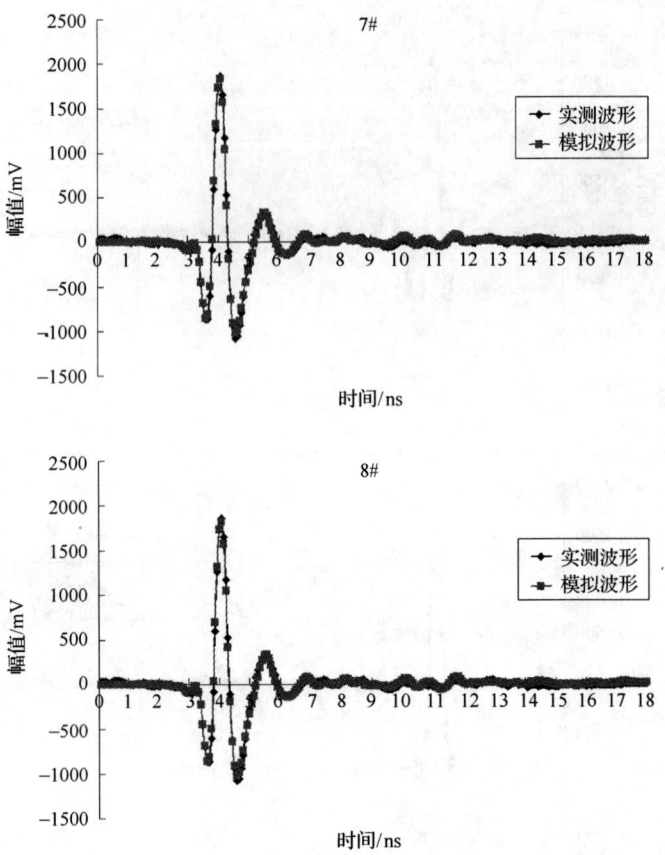

图 4.18　面层较薄各测试点雷达实测波形与模拟波形对比图(续)

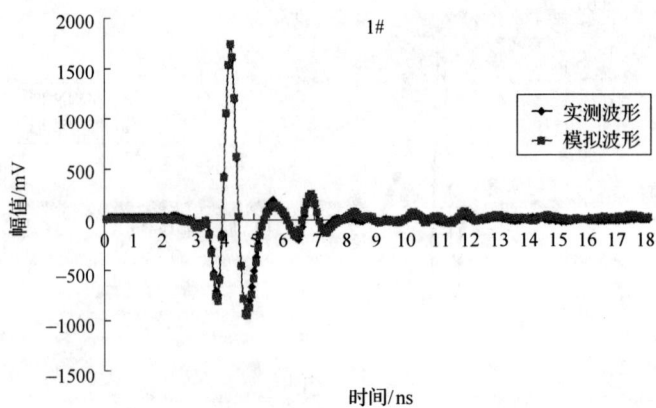

图 4.19　面层较厚各测试点雷达实测波形与模拟波形对比图

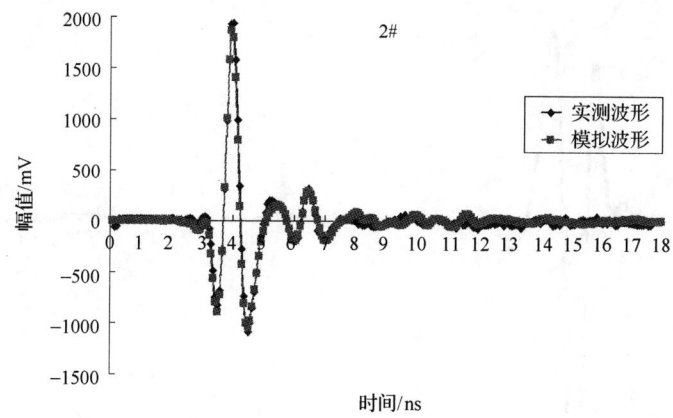

图 4.19 面层较厚各测试点雷达实测波形与模拟波形对比图(续)

从图 4.18 和图 4.19 可以看出：

(1) 模拟波形和实测波形比较吻合，反映了实测波形各方面的特征，从而验证了正演模型对实际路面结构的适用性。

(2) 模拟波形和实测波形两者并不是完全吻合在一起。原因在于当输入正演模型参数时，事先并不知道各结构层材料准确的介电常数与电导率数值，只是根据经验对它们分别作出假设。本书 3.3 节已就介电常数实部和虚部对雷达反射波的影响规律做了分析，可以看出，只要对介电常数的实部和虚部做出适当调整，就能调整模拟反射波的波幅和时延，达到使其尽可能地与实测波形拟合的目的。

2) 实例二

某半刚性基层沥青路面高速公路。面层为 20cm 厚沥青混凝土，基层为 20cm 厚水泥稳定碎石，底基层为 35cm 厚石灰土。

假定路面结构为层状均质体系，直接选用图 4.17 探地雷达电磁波 1D-FDTD 模型。基本参数为：$\Delta s = 2.5 \times 10^{-3}$ m，$\Delta t = 5 \times 10^{-12}$ s；路面各结构层钻芯厚度为：面层厚度为 20.6cm，基层厚度为 19.6cm，底基层厚度设置为 50.0cm；对应的空气层、面层、基层及底基层的介电常数实部分别为 6.7、10.0、12.2，虚部分别为 0.005、0.02、0.03。实际雷达平面入射波(中心频率为 1GHz)，如图 4.20 所示。将以上参数输入模型并进行模拟，并将得到的模拟波形与实测波形进行比对，对比结果如图 4.21 所示。

从图 4.21 同样可以看出：模拟波形和实测波形吻合较好，基本上反映了实测波形各方面的特征，即雷达电磁波在三层路面结构中反射信号应有三个主波峰：电磁波在空气与面层界面、面层与基层界面、基层与底基层三个反射波峰。该例再次验证了正演模型对实际路面多层结构的适用性。

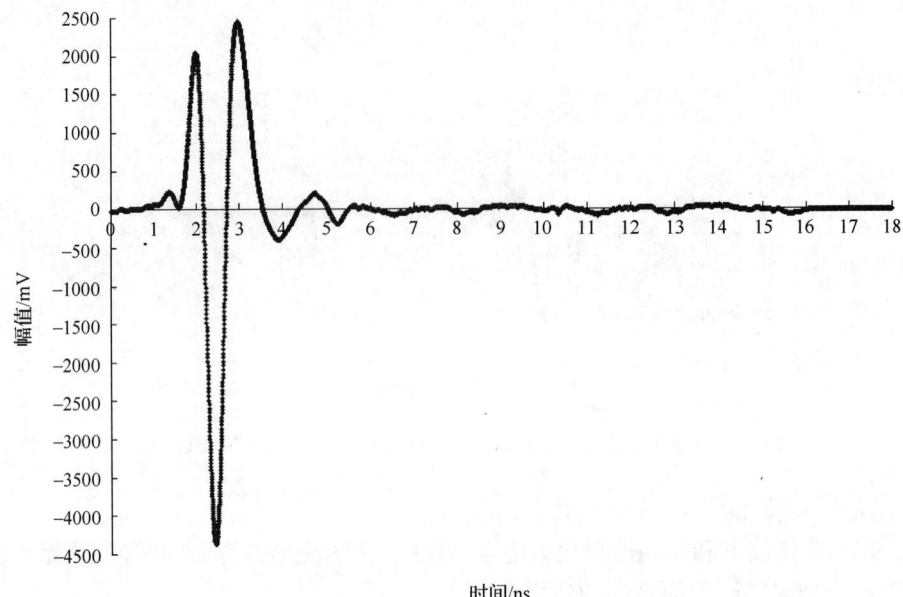

图 4.20　探地雷达入射波

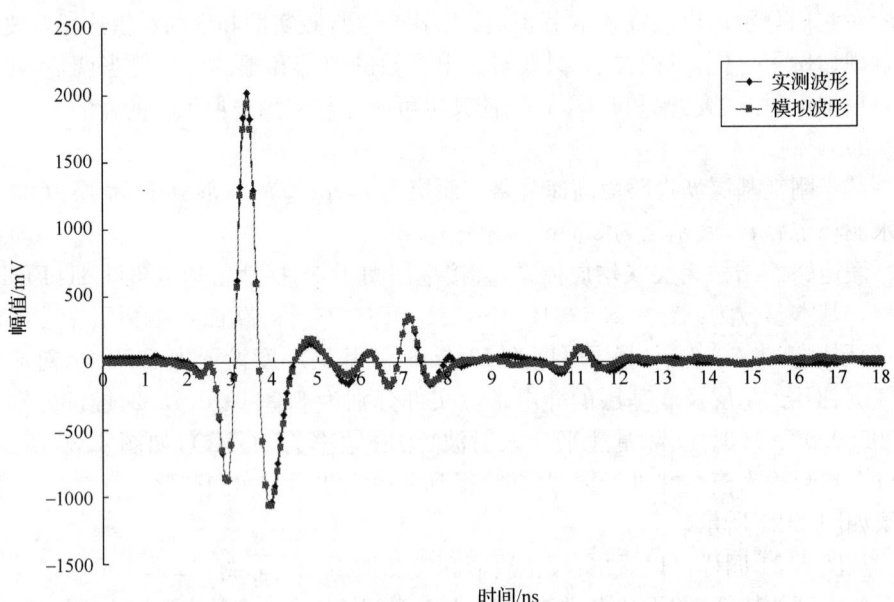

图 4.21　多层路面结构探地雷达实测波形与模拟波形对比图

4.3 非均质层状体系探地雷达电磁波正演模拟[1]

4.3.1 竖向非均质层状体系探地雷达电磁波正演模拟

对于竖向非均匀层状体系,可以将每层简化为多个均匀子层进行等效分析,即利用层内多个均匀子层表征该层的竖向非均匀性。采用均质层状体系时域有限差分计算方法,即可进行竖向非均质层状体系探地雷达电磁波传播正演模拟。对于路面结构,可以建立如图4.22所示的竖向非均匀层状体系计算模型。

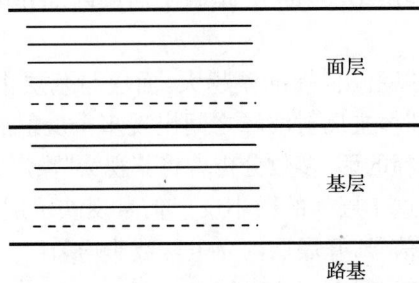

图4.22 竖向非均质层状体系等效计算模型

建立如图4.23所示的分析模型。其中假设路面面层材料的部分介电常数在竖直方向按正态分布,而同一水平方向线的介电常数数值一样。基本参数为:$\Delta s = 2.5 \times 10^{-3}$ m,$\Delta t = 5 \times 10^{-12}$ s;竖直方向尺寸中,空气层厚度为22.00cm,面层厚度为30.0cm,基层厚度为30.0cm,底基层厚度为50.0cm;对应的空气层、面层、基层及底基层的介电常数实部分别为1.0、6.0、12.0、18.0,虚部分别为0.00、0.01、0.02、0.03。采用图4.20所示的实际雷达平面入射波(中心频率为1GHz),总场散射场的边界条件取:$5 \leqslant i \leqslant 235, 5 \leqslant j \leqslant 523$,雷达接收点放在$j=5$线的中点上。

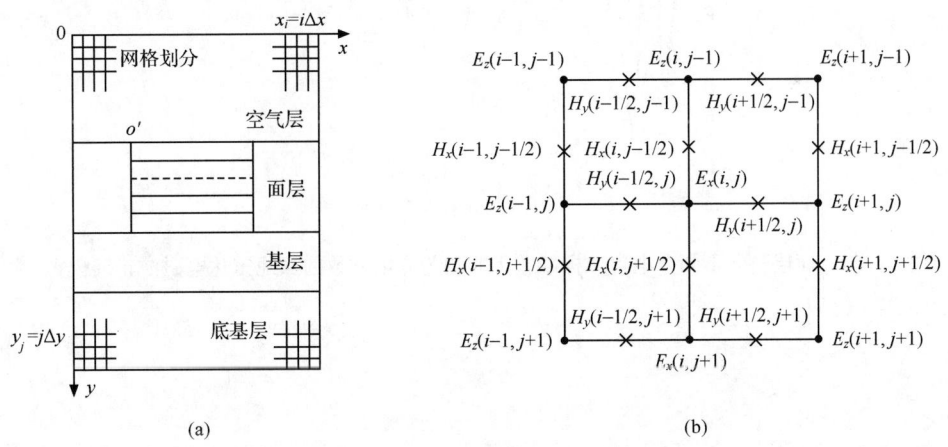

图4.23 分析模型(a)与雷达电磁场的网格结点分布(b)

假设面层介电常数竖向变化区域网格中的各个介电常数服从随机正态分布，其中变化区域的面层介电常数的均值与原先路面面层介电常数一致为6.0，而标准差分别取0.00、0.25、0.50、0.75、1.00。

对该模型进行二维FDTD计算，结果如图4.24所示。可以看出，当路面面层部分区域介电常数竖向按正态随机分布选取，其中均值不变，而让其中标准差变化时，底基层界面处的雷达反射波基本上没有变化。因为面层介电常数整体上没变，对底基层的雷达反射波基本上没有影响；面层与空气层界面交界的雷达反射波无明显改变；雷达整个反射波主要变化集中在面层与空气层界面处和面层与基层界面处的反射波之间，这些微小反射主要是源于面层内部介电常数竖向随机改变造成的。

从图4.24(f)还可以看出，标准差越大，面层与基层中间的反射波变化越明显。当标准差达到1.0时，主反射波峰之间出现多个反射波。如果按照层状均匀理论对雷达数据进行解释的话，多数分析者将其视为"噪声"而不加分析，甚至将其进行滤波处理。实际上这小层间的微小反射信号反映了层内部介电特性的变化，充分利用层内微小反射信号，开展层内介电常数非均匀性分析，不仅能够实现结构层厚度检测，而且根据结构层内部介电特性的竖向分布，能够实现结构层压实度、含水量等其他物理量的二维检测分析。

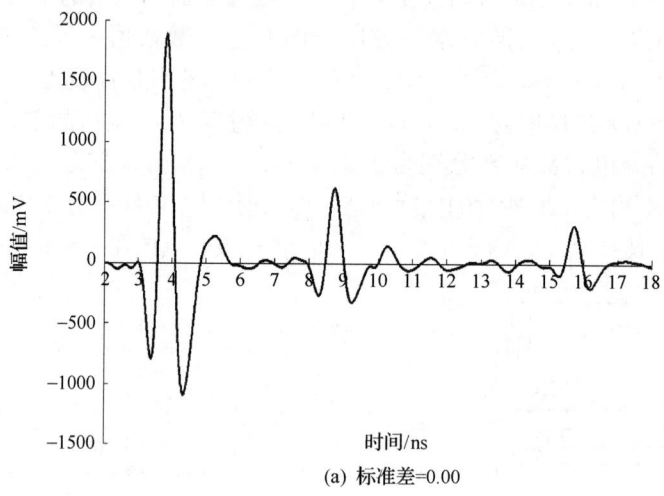

(a) 标准差=0.00

图4.24 面层竖向不同介电常数标准差下非均匀介电常数的探地雷达电磁波正演模拟

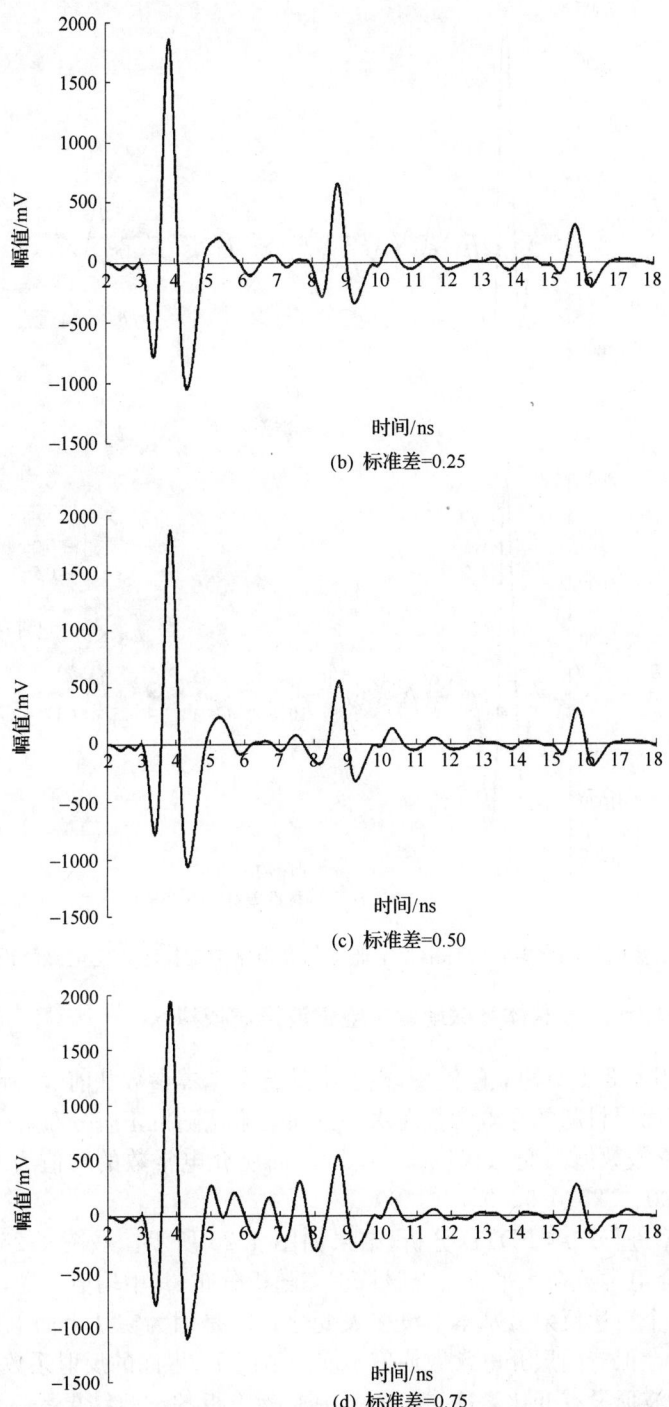

图 4.24 面层竖向不同介电常数标准差下非均匀介电常数的探地雷达电磁波正演模拟(续)

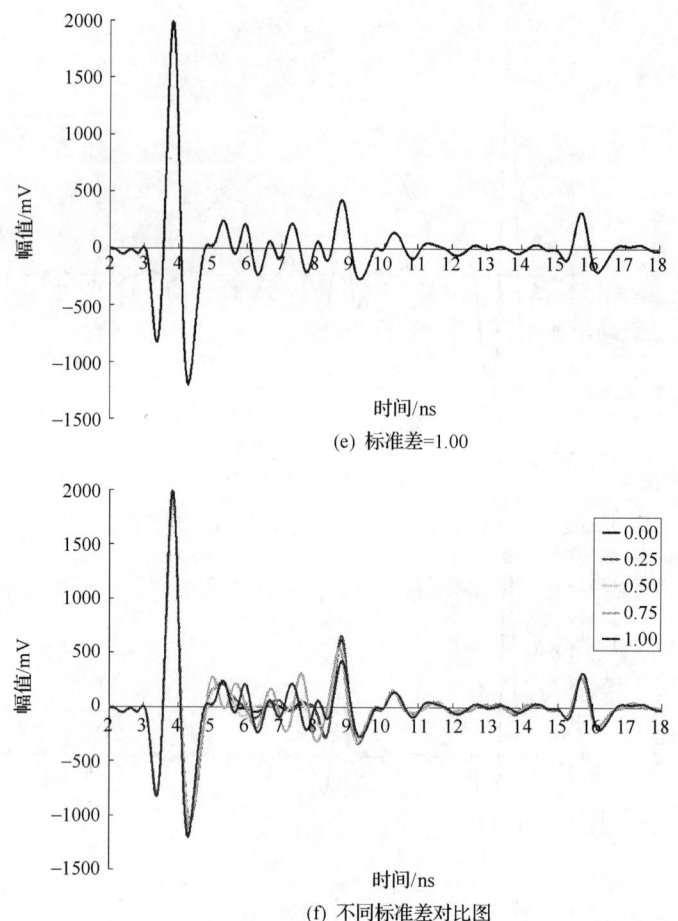

图 4.24 面层竖向不同介电常数标准差下非均匀介电常数的探地雷达电磁波正演模拟(续)

4.3.2 水平非均质层状体系探地雷达电磁波正演模拟

仍然采用 4.3.1 节建立的模型,模型中的各个基本参数和前节一致,不同处在于:假设路面面层材料的介电常数在水平方向上服从随机正态分布,而同一竖直方向上的介电常数数值不变,如图 4.25 所示。面层介电常数的均值为 6.0,而标准差分别取 0.00、0.25、0.50、0.75、1.00。

对该模型进行二维 FDTD 分析,结果如图 4.26 所示。从图 4.26 可以看出,当路面面层介电常数在水平方向上服从正态随机分布,其中均值不变,而让其标准差变化时,整个雷达反射波基本上没多大变化。这是因为雷达平面电磁波在竖直方向上传播,在保持面层介电常数均值不变的情况下,界面的反射系数几乎没有改变,导致反射波形没有变化。这与 4.1 节中混凝土板的试验结果是一致的。即虽然界面材料的水平面内介电常数存在一定的离散变化,但是当平均值接近时,由探地雷达波幅得到的介电常数与介电常数测试仪得到的平均值是接近的。因此,对于平面电磁波来说,层状体系水平方向的非均匀性对反射波的影响不大,而竖向非均匀性对反射波的影响较大。

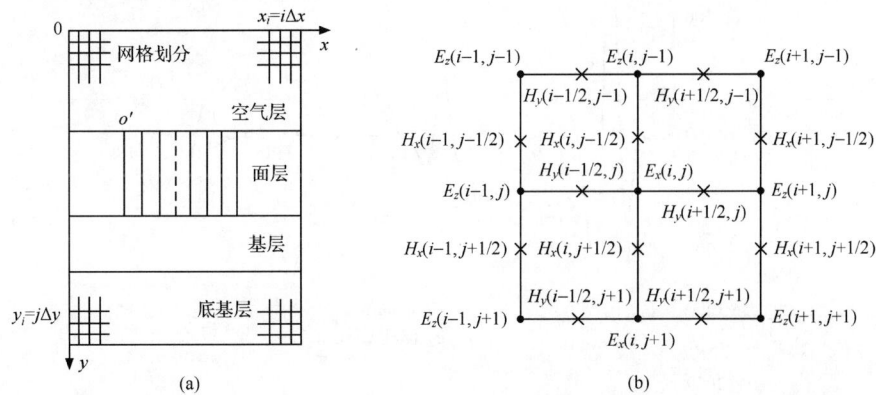

图 4.25　面层水平不同介电常数标准差下非均匀介电常数的探地雷达电磁波正演模拟

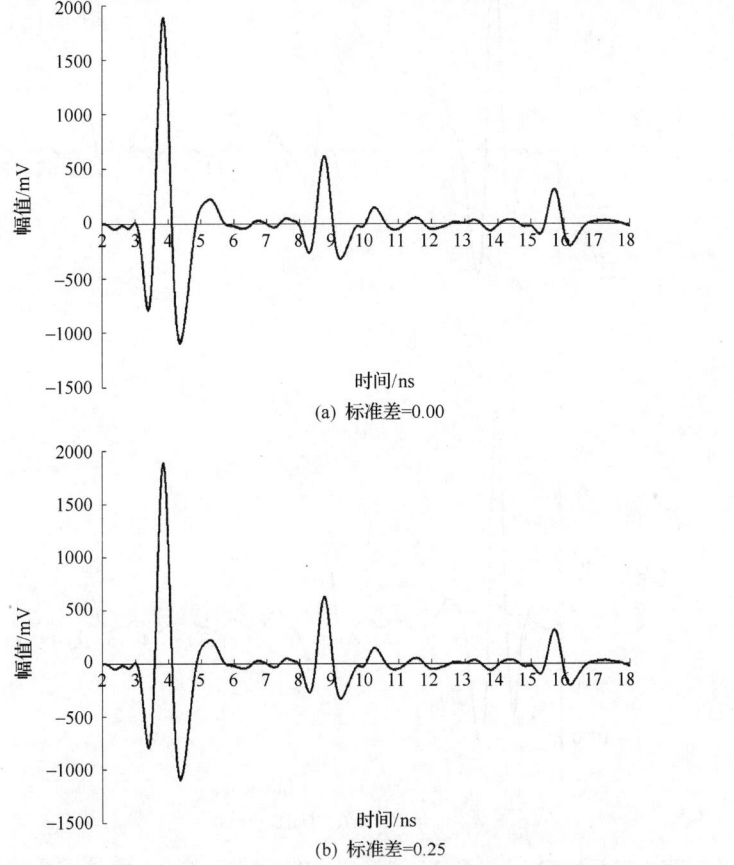

图 4.26　面层水平方向不同介电常数标准差下非均匀介电常数的探地雷达电磁波正演模拟

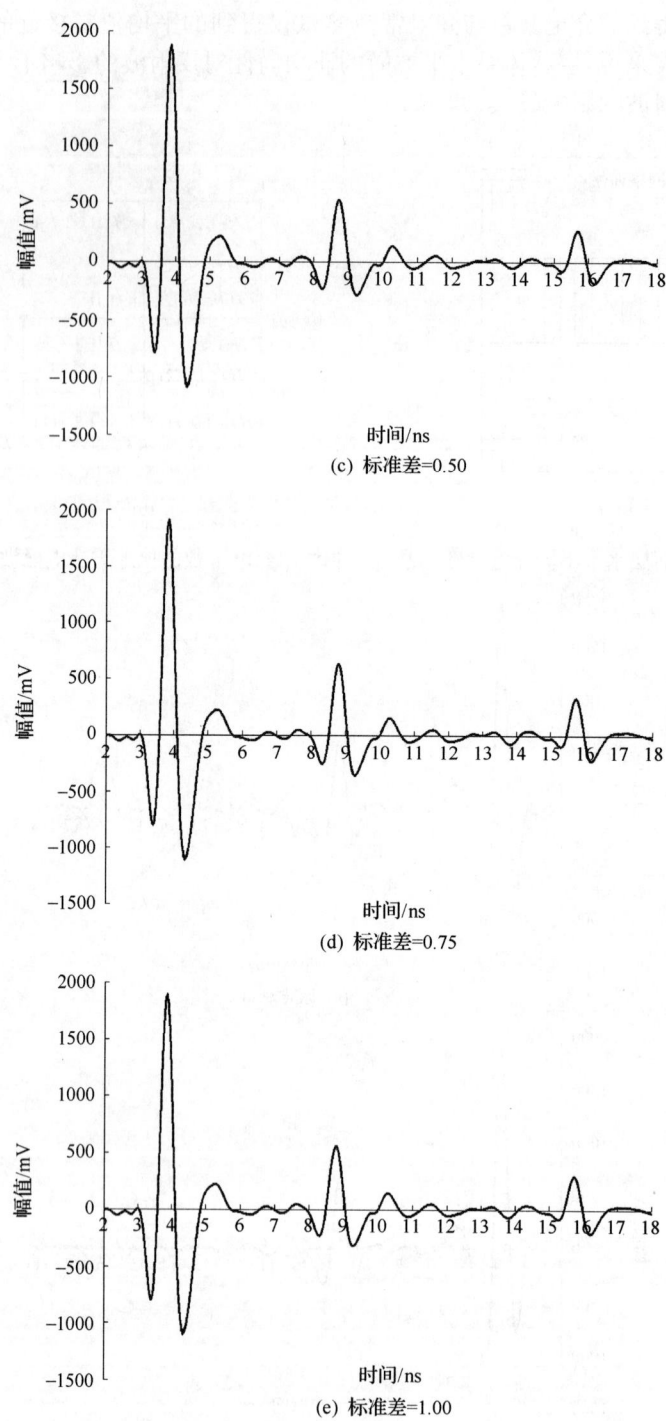

图 4.26 面层水平方向不同介电常数标准差下非均匀介电常数的探地雷达电磁波正演模拟(续)

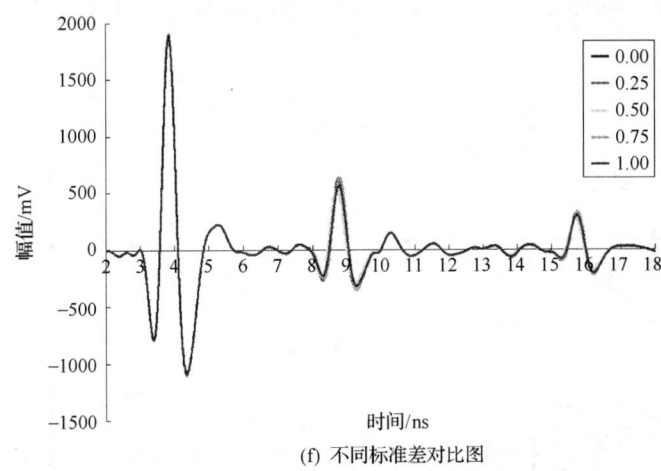

(f) 不同标准差对比图

图 4.26　面层水平方向不同介电常数标准差下非均匀介电常数的探地雷达电磁波正演模拟(续)

通过以上分析可以看出，当面层材料竖向介电常数不变，而水平方向介电常数成一定规则的随机变化时，雷达反射波波形变化不大。也就是说竖向非均匀变化导致雷达反射波变化剧烈，而水平非均匀变化对反射波影响不大。因此，利用探地雷达进行结构层材料非均匀性考察时，可以将其简化成竖向一维问题来分析。

4.3.3　工程实例对比分析

采用图 4.27 所示模型进行正演模拟。模型基本参数为：网格尺寸及时间步长为 $\Delta y = 2.5 \times 10^{-3}$ m，$\Delta t = 5 \times 10^{-12}$ s；空气层及基层厚度分别固定为 16.25cm、30cm，面层厚度按实际情况选取；空气介电常数选取为 1.0，面层与基层的介电常数按照实际情况选取，同时面层内部的介电常数分随机和均匀两种情况选取；空气层、面层、基层介电常数虚部分别固定为 0.000、0.001、0.01；雷达入射波按照实测结果选取。以某半刚性基层沥青路面高速公路两测试点为实例，两点实际面层钻芯厚度分别为 16.7cm、15.8cm，面层介电常数分别按随机和均匀两种情况选取。下面对两测试点的以上两种情况分别进行雷达电磁波一维 FDTD 模拟并与实测的雷达反射波波形进行对比。

(1) 两测试点沥青面层材料的介电常数均匀选取。由于面层分两层摊铺，对应的沥青面层上、下层的介电常数及基层的介电常数选取结果如表 4.7 所示。其中第一个测试点上面层厚度为 8cm，下面层厚度为 8.7cm；第二个测试点上面层厚度为 8cm，下面层厚度为 7.8cm。现场得到的实际雷达平面入射波（中心频率为 1GHz）如图 4.28 所示。将两测试点基本参数输入模型并进行模拟，得到面层介电常数均匀选取时两测试点的模拟波形与实测波形对比如图 4.29(a)、图 4.30(a) 所示。

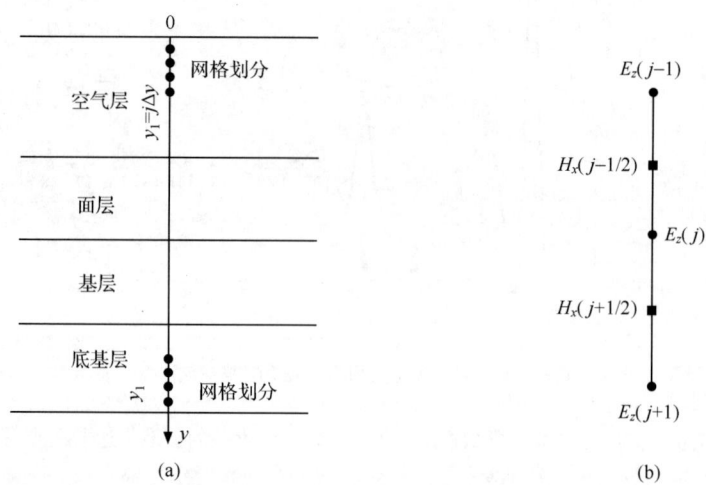

图 4.27　实际路面结构分析模型

表 4.7　两测试点面层介电常数取值

第一芯样点沥青面层的随机介电常数模型						第二芯样点沥青面层的随机介电常数模型					
序号	数值	序号	数值	序号	数值	序号	数值	序号	数值	序号	数值
1	5.9	12	7	23	6.2	1	5.9	12	6	23	8
2	5.6	13	6.4	24	5.9	2	5.3	13	7.7	24	6.1
3	5.7	14	5.3	25	7.6	3	7.6	14	5.3	25	5.1
4	7.3	15	8	26	6.1	4	5.5	15	7.1	26	6.9
5	5.8	16	7.2	27	6.7	5	5.3	16	5.6	27	6
6	5.1	17	6.4	28	6.3	6	7.1	17	7.8	28	7.1
7	7.3	18	7.7	29	5.1	7	5.7	18	6.8	29	8.2
8	7	19	8.2	30	5.2	8	4.4	19	6.4	30	6.4
9	6.2	20	6	31	6.7	9	7.3	20	6.6	31	7.2
10	7.7	21	6.4	32	6.8	10	6.8	21	5.2	32	4.8
11	7.3	22	8.4	33	5.6	11	7.5	22	7		7.3
第一芯样点沥青面层的均匀介电常数模型						第二芯样点沥青面层的均匀介电常数模型					
上面层		下面层		基层		上面层		下面层		基层	
5.9		7.2		9		5.9		6		6.9	

第 4 章　层状非均匀介质探地雷达电磁波正演模拟

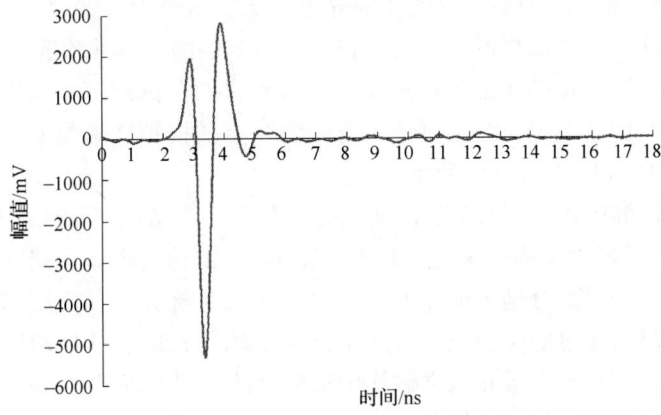

图 4.28　探地雷达入射波

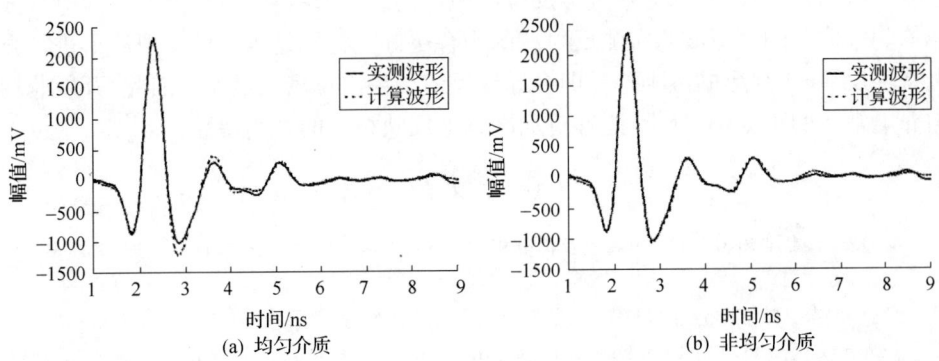

图 4.29　第一芯样点面层介电常数均匀及随机选取下雷达反射波与实测波的对比

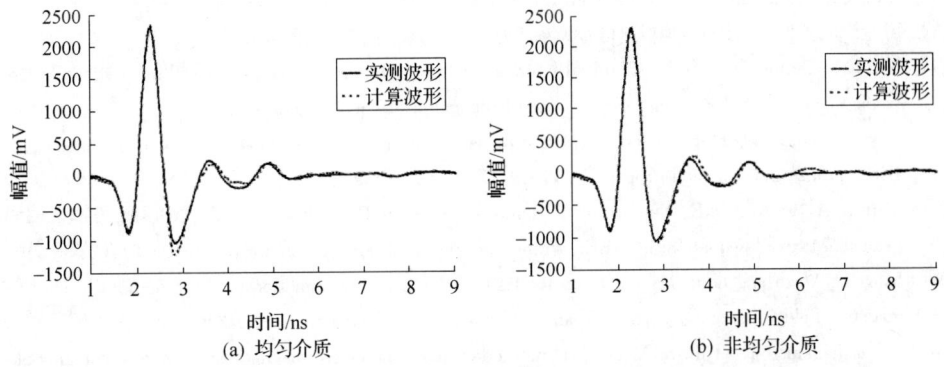

图 4.30　第二芯样点面层介电常数均匀及随机选取下雷达反射波与实测波的对比

(2) 两测试点沥青面层材料的竖向介电常数随机选取。选取的结果如表4.7所示(表中的序号为从面层的第一个网格开始),基层的介电常数选取和上面一样,同样采用图4.28所示的实际雷达平面入射波。将两测试点基本参数输入模型并进行模拟,得到面层介电常数随机选取时两测试点的模拟波形与实际采集波形对比如图4.29(b)和图4.30(b)所示。

从图4.29和图4.30可以看出:无论是面层介电常数随机选取还是均匀选取,得到的模拟波形都能反映实测波形的主要特征,即雷达电磁波在路面结构中的反射信号有两个主波峰,分别为电磁波在空气与面层交接界面和面层与基层交接界面两个反射波峰;通过面层介电常数随机选取及均匀选取时的模拟波与实测波的对比可以看出:相对于面层介电常数均匀选取时的模拟波,面层介电常数随机选取时的模拟波与实测波形吻合得更好。

通过路面面层材料介电参数均匀和非均匀选取时雷达电磁波时域有限差分模拟可以看出:虽然二者都能够大体反应电磁波的反射形状和特点,但面层介电常数非均匀选取时的模拟波与实测反射波的吻合更好。特别是当利用模拟波形进行介电特性反演时,波形的微小差异即会导致反演结果出现较大误差。因此,开展非均匀介电常数的正、反演分析,能够更加准确地反映材料的真实特性。

参 考 文 献

[1] 蔡迎春. 层状非均匀介质介电特性反演分析——路面雷达应用技术研究[D]. 大连:大连理工大学,2008
[2] 詹毅. 复杂有耗色散地层的FDTD方法及在冲击探地雷达中的应用[D]. 西安:电子科技大学,2000
[3] Levent G,Ugur O. Simulations of ground-penetrating radars over lossy and heterogeneous grounds[J]. IEEE Transactions on Geoscience and Remote Sensing,2001,39(6):1190—1197
[4] Ennifer J,Holt B S. Finite difference time domain modeling of dispersion from heterogeneous ground properties in ground penetrating radar[D]. Ohio:Ohio Sates University,2004
[5] 方慧. 介质不均匀性与探地雷达信号关系研究[D]. 北京:中国地质大学(北京),2005
[6] Yee K S. Numerical solution of initial boundary value problems involving Maxwell's equations in isotropic media[J]. IEEE Trans Antennas and Propagation,1996,14(3):302—307
[7] Taylor C D,Lam D H,Shumpert T H. EM pulse scattering in time varying inhomogeneous media[J]. IEEE Trans Antennas and Propagation,1969,17(5):585—589
[8] Taflove A,Brodwin M E. Numerical solution of steady-state EM scattering problems using the time-dependent Maxwell's equation[J]. IEEE Trans Microwave Theory Technology,1975,23(8):623—630
[9] Mur G. Absorbing boundary condition for finite-difference approximation of the time-domain electromagnetic field equations[J]. IEEE Trans Electromagnetic Compaction,1981,23(4):377—382
[10] Umashankar K R,Taflove A. A novel method of analyzing electromagnetic scattering of complex objects[J]. IEEE Trans Electromagnetic Compaction,1982,24(4):397—405
[11] Kasher J C,Yee K S. A numerical example of a two dimensional scattering problem using a subgrid[J]. Applied Computational Electromagnetic Society Journal and Newsletter,1987,2(2):75—102

[12] Mei K K, Cangellaris A C, Angelakos D J. Conformal time domain finite difference methord[J]. Radio Science, 1984, 19(5): 1145—1147

[13] Yee K S, Ingham D, Shlager K. Time-domain extrapolation to the far field based on FDTD calculations[J]. IEEE Trans Antennas and Propagation, 1991, 39(3): 410—413

[14] Lubbers R J, Ryan D, Beggs J. A two-dimensional time-domain near-zone to far-zone transformation [J]. IEEE Trans Antennas and Propagation, 1992, 40(7): 848—851

[15] Luebbers R, Hunsberger F P, Kunz K S, A frequency-dependent finite-difference time-domain formulation for dispersive materials[J]. IEEE Trans Electromagnetic Compatibility, 1990, 32: 222—227

[16] Berenger J P. A perfectly matched layer for absorption of electromagnetic waves[J]. Journey of Computation and Physics, 1994, 114(2): 185—200

[17] Berenger J P. Three-dimensional perfectly matched layer for absorption of electromagnetic waves[J]. Journey of Computation and Physics, 1996, 127(2): 363—379

[18] Berenger J P. Perfectly matched layer for the FDTD solution of wave-structure interaction problem of electromagnetic waves[J]. IEEE Trans Antennas and Propagation, 1996, 44(1): 110—117

[19] 闫玉波. FDTD在工程瞬态电磁学中的应用[D]. 西安: 西安电子科技大学, 2000

[20] 任武. 时域全波分析算法(FDTD)及其对复杂形体结构的建模与分析研究[D]. 北京: 北京理工大学, 2003

[21] Yee K S. Numerical solution of initial boundary value problems involving Maxwell's equations in isotropic media[J]. IEEE Trans Antennas and Propagation, 1966, 14(5): 302—307

[22] Taflove A, Brodwin M E. Numerical solution of steady-state elecreomagnetic scattering problems using the time-dependent Maxwell's equations[J]. IEEE Trans Microwave Theory and Techniques, 1975, 23(8): 23—30

[23] Taflove A. A novel method to analyze electromagnetic scattering of complex objects[J]. IEEE Trans Electromagnetic Compatibility, 1982, 24(4): 397—405

[24] 周方彦. 时域有限差分法及其应用[D]. 北京: 北京航空航天大学, 2001

[25] Zhao A P, Antti V R. Application of a simple and efficient source excitation technique to the FDTD analysis of waveguide and microstrip circuit[J]. IEEE Trans Antennas Propagate, 1996, 44(9): 1535—1538

[26] Liao Z P, Wong H L, Yang B P, et al. A transmitting boundary for transient wave analysis[J]. Sicentia Sinica(Series A), 1984, 10(2): 1063—1076

[27] Engquist B, Majda A. Absorbing boundary condition for the numerical simulation of waves[J]. Math of Computations, 1977, 31(139): 629—651

[28] Fernando E, Maser K R. Development of a procedure for automated collection of flexible pavement layer thicknesses and materials[R]. Florida DOT, Tallahassee, 1991

第5章　层状体系介电特性反演分析的系统识别方法

5.1　系统识别反演方法的理论基础[1~4]

5.1.1　系统识别基本原理

系统识别的概念最早是在控制论中提出的，随后逐步推广应用到其他领域。系统识别问题，即指根据系统的输入和输出数据来识别系统特性参数的问题。对系统识别问题较为直观的描述是建立一个合理的数学模型来模拟实际未知系统，然后通过迭代过程修改模型参数使其与实际系统之间的误差在某种意义上达到最小。

在系统识别分析过程中，根据误差极小化的基本方法不同，可分为：

(1) 正向分析法。即系统输入数据已知，模型输入数据与之相同，通过调整模型参数，使模型输出与系统输出之间的误差达到最小。

(2) 逆向分析法。即系统输出已知，模型输出数据与之相同，调整模型参数，使模型输入与系统输入之间的误差达到最小。

(3) 综合分析法。综合分析法是正向分析法和逆向分析法的综合应用。

由于采用正向分析模型，比较很容易计算模型输出，并便于形成参数调整算法，因此，正向分析法比较常用。

系统识别正向分析法基本过程如图 5.1 所示。

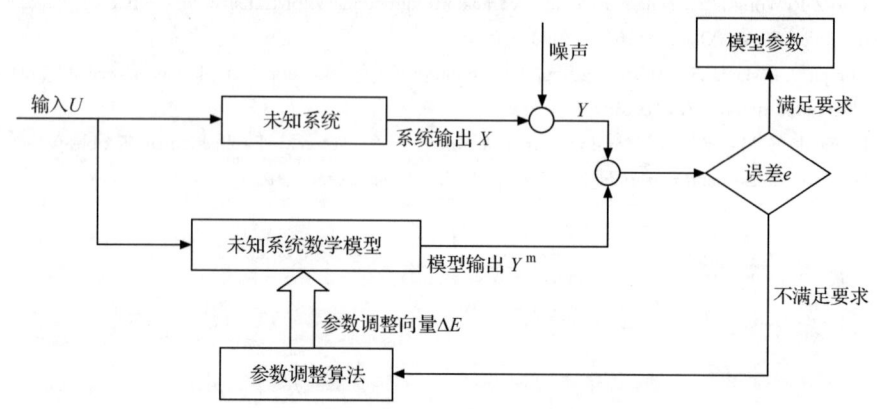

图 5.1　系统识别(正向分析)基本过程

可以看出,系统识别方法主要包括以下三个要素:
(1) 来源于未知系统的输出数据要测试准确。
(2) 建立合理的模型来模拟未知系统。
(3) 建立高效的参数调整算法。

5.1.2 反演方程的建立

1. 灵敏度分析方法

系统识别方法要求未知系统的输出数据要测试准确,所采用的模型合理,并且参数调整算法要高效,这样收敛才会准确而迅速。如果数据和模型可靠,那么系统识别的成功就直接取决于参数调整算法。

建立参数调整算法的途径有多种,灵敏度分析是其中比较有效的一种方法,其实质是通过输出对被调整参数的灵敏度求得参数的调整量。

设有一个系统具有 n 个参数,建立如下数学模型:

$$f = f(P_1, P_2, \cdots, P_n, x, t) \tag{5.1}$$

式中, f 为输出函数; $P_1, P_2, \cdots, P_n$ 为模型参数; x、t 为独立的空间和时间变量。对于任意函数 $f_k(P_1, P_2, \cdots, P_n, x_k, t_k)$ 进行泰勒级数展开,且只保留一阶级数项,则有

$$f_k(P + \Delta P) = f_k(P) + \nabla f_k \cdot \Delta P \tag{5.2}$$

设参数向量

$$P = [P_1, P_2, \cdots, P_n]^T$$

如果把 $f_k(P + \Delta P)$ 看作系统的实际输出,则两者之间的误差为

$$\begin{aligned} e_k &= f_k(P + \Delta P) - f_k(P) = f_k(P) + \nabla f_k \cdot \Delta P - f_k(P) = \nabla f_k \cdot \Delta P \\ &= \frac{\partial f_k}{\partial P_1} \Delta P_1 + \frac{\partial f_k}{\partial P_2} \Delta P_2 + \cdots + \frac{\partial f_k}{\partial P_n} \Delta P_n \end{aligned} \tag{5.3}$$

式中, e_k 代表在空间变量和时间变量值分别为 x_k 和 t_k 时实际系统输出与模型输出之间的误差量。考虑 $m(m \geq n)$ 个空间或时间值时误差,方程有

$$\left. \begin{aligned} e_1 &= \frac{\partial f_1}{\partial P_1} \Delta P_1 + \frac{\partial f_1}{\partial P_2} \Delta P_2 + \cdots + \frac{\partial f_1}{\partial P_n} \Delta P_n \\ e_2 &= \frac{\partial f_2}{\partial P_1} \Delta P_1 + \frac{\partial f_2}{\partial P_2} \Delta P_2 + \cdots + \frac{\partial f_2}{\partial P_n} \Delta P_n \\ &\vdots \\ e_m &= \frac{\partial f_m}{\partial P_1} \Delta P_1 + \frac{\partial f_m}{\partial P_2} \Delta P_2 + \cdots + \frac{\partial f_m}{\partial P_n} \Delta P_n \end{aligned} \right\} \tag{5.4}$$

将方程组(5.4)等号两边同时除以 f_k,使其无量纲化,得下列方程:

$$\left.\begin{aligned}\frac{e_1}{f_1} &= \frac{\partial f_1}{\partial P_1}\frac{P_1}{f_1}\frac{\Delta P_1}{P_1} + \frac{\partial f_1}{\partial P_2}\frac{P_2}{f_1}\frac{\Delta P_2}{P_2} + \cdots + \frac{\partial f_1}{\partial P_n}\frac{p_n}{f_1}\frac{\Delta P_n}{P_n} \\ \frac{e_2}{f_2} &= \frac{\partial f_2}{\partial P_1}\frac{P_1}{f_2}\frac{\Delta P_1}{P_1} + \frac{\partial f_2}{\partial P_2}\frac{P_2}{f_2}\frac{\Delta P_2}{P_2} + \cdots + \frac{\partial f_2}{\partial P_n}\frac{P_n}{f_2}\frac{\Delta P_n}{P_n} \\ &\vdots \\ \frac{e_m}{f_m} &= \frac{\partial f_m}{\partial P_1}\frac{\partial f_1}{f_m}\frac{\Delta P_1}{P_1} + \frac{\partial f_m}{\partial P_2}\frac{P_2}{f_m}\frac{\Delta P_2}{P_n} + \cdots + \frac{\partial f_m}{\partial P_n}\frac{P_n}{f_m}\frac{\Delta P_n}{P_n}\end{aligned}\right\} \quad (5.5)$$

如果记

$$r = \left[\frac{e_1}{f_1}, \frac{e_2}{f_2}, \cdots, \frac{e_m}{f_m}\right]^{\mathrm{T}}$$

$$F = [F_{ki}]$$

$$F_{ki} = \frac{\partial f_k}{\partial P_i} \cdot \frac{P_i}{f_k}, (k=1,2,\cdots,m; i=1,2,\cdots,n)$$

$$\alpha = \left[\frac{\Delta P_1}{P_1}, \quad \frac{\Delta P_2}{P_2}, \quad \cdots \quad \frac{\Delta P_n}{P_n}\right]^{\mathrm{T}}$$

则方程(5.5)可表示为

$$F\alpha = r \tag{5.6}$$

或

$$F^{\mathrm{T}}F\alpha = F^{\mathrm{T}}r \tag{5.7}$$

式中,r 为误差向量,它由实际系统输出和模型输出完全确定;F 为灵敏度矩阵,其元素 F_{ki} 反映了输出 f_k 对参数 P_i 的敏感性,如果 F_{ki} 的解析解不可得,可以通过变量摄动法得到其数值解;α 为参数调整向量。

求解方程(5.6)或方程(5.7)可得参数调整量 α,即可得到新的模型参数

$$P^{k+1} = P^k(1+\alpha) \tag{5.8}$$

式中,P^{k+1} 为第 $k+1$ 次迭代模型参数向量;P^k 为第 k 次迭代模型参数向量;α 为第 k 次迭代模型参数调整向量。

重复迭代过程直到达到控制精度要求为止。

2. 参数调整迭代收敛性检查

上述迭代运算是否满足控制精度的要求,也就是说模型参数是否还需要进行调整取决于迭代结果收敛性检查的标准。

收敛性检查常用的检查指标有以下几种:

(1) $\mathrm{ABS}(\%) = \frac{1}{n}\sum_{i=1}^{n}\left(\left|\frac{f_{ci}-f_{mi}}{f_{mi}}\right|\right)\times 100$。 (5.9)

ABS(average of absolute relative differences)表示相对误差绝对值的平均值;f_{ci} 表示第 i 个模型输出结果,即计算值;f_{mi} 表示第 i 个实际系统输出结果,即实测

值;n 为输出结果数。

(2) $\mathrm{RMS}(\%) = \left(\sqrt{\dfrac{1}{n} \sum\limits_{i=1}^{n} \left(\dfrac{f_{ci} - f_{mi}}{f_{mi}} \right)^2} \right) \times 100$。 (5.10)

RMS(root mean square error)表示均方误差,其他参数意义同上。

(3) $\mathrm{ARS}(\%) = \sum\limits_{i=1}^{n} \left(\left| \dfrac{f_{ci} - f_{mi}}{f_{mi}} \right| \right) \times 100 = n\mathrm{ABS}$。 (5.11)

ARS(sum of absolute relative differences)表示相对误差绝对值的和,其他参数意义同上。

(4) $\mathrm{PT} = \left(\left| \dfrac{P_i^{(k+1)} - P_i^{(k)}}{P_i^{(k)}} \right| \right) \times 100$。 (5.12)

PT(parameter tolerance)表示参数调整量,$P_i^{(k+1)}$ 表示第 $k+1$ 次迭代第 i 个模型参数,$P_i^{(k)}$ 表示第 k 次迭代第 i 个模型参数。

本章选用 PT 作为精度控制指标,即参数调整迭代收敛性检查的标准,其大小可根据需要进行设定。

5.1.3 反演方程的求解

灵敏度矩阵 F 并非都非常理想,如果有两个参数或多个参数对输出具有相似的影响,或者某个参数对输出的影响可忽略时,则灵敏度矩阵 F 就退变为病态矩阵。采用常规方法如 LU 分解法和高斯消去法求解病态方程,结果可能会非常不理想。因此需要寻求一种求解病态方程的有效方法。奇异值分解法(SVD)正是解决病态方程的一种最为有效的求解方法。

奇异值分解是一种具有优良性质的完全正交分解,其理论基础是:

定理:任何一个 $m \times n$ 阶矩阵 $A(m \geqslant n)$ 都可以分解为 $m \times n$ 阶正交矩阵 U,$n \times n$ 阶对角矩阵 W 和 $n \times n$ 阶正交矩阵 V 的转置 V^{T} 的乘积,即

$$A = U \cdot W \cdot V^{\mathrm{T}} \tag{5.13}$$

式中

$$U^{\mathrm{T}} U = V^{\mathrm{T}} V = E$$

$$W = \begin{bmatrix} w_1 & & & \\ & w_2 & & \\ & & \ddots & \\ & & & w_n \end{bmatrix} \quad w_1 \geqslant w_2 \geqslant \cdots \geqslant w_n \geqslant 0$$

其中,w_i 称为 A 的奇异值。表达式 $A = U \cdot W \cdot V^{\mathrm{T}}$ 便称为 A 的奇异值分解(SVD)式。这时,矩阵 A 的 F-范数(Frobenius 范数)和 2-范数分别为

$$\|A\|_F^2 = \sum_{i=1}^{n} w_i^2 \tag{5.14}$$

$$\|A\|_2 = w_1 \tag{5.15}$$

因此,矩阵的度量特征与矩阵的奇异值之间有密切联系,用奇异值可以简洁表示矩阵的 F-范数和 2-范数。F-范数等于所有奇异值平方和,2-范数等于最大的奇异值。

推论:设 $m \times n$ 阶矩阵 $A(m \geqslant n)$ 的奇异值分解已经由定理给出,并且有

$$w_1 \geqslant w_2 \geqslant \cdots \geqslant w_r > w_{r+1} = \cdots = w_n = 0$$

则矩阵 A 的秩为

$$\mathrm{rank}(A) = r$$

且

$$A = U \begin{bmatrix} W_r & 0 \\ 0 & 0 \end{bmatrix} V^\mathrm{T}$$

式中,$W_r = \mathrm{diag}(w_1, w_2, \cdots, w_r)$。

这时

$$\|A\|_F^2 = w_1^2 + w_2^2 + \cdots + w_r^2$$
$$\|A\|_2 = w_1$$

A 的广义逆 A^+ 可以表示为

$$A^+ = V \begin{bmatrix} W_r^{-1} & 0 \\ 0 & 0 \end{bmatrix} U^\mathrm{T}$$

式中,$W_r^{-1} = \mathrm{diag}(w_1^{-1}, w_2^{-1}, \cdots, w_r^{-1})$。

从上述推论中可以看出,奇异值分解最有价值的一面是能够在接近秩亏损的情况下,舍入误差和模糊的数据使秩的确定成为一个困难问题时,允许定量地考虑近似秩亏损的概念。

计算矩阵 A 的条件数如下:

$$\mathrm{Cond}_2(A) = \|A\|_2 \|A^{-1}\|_2 = w_{\max}/w_{\min} = w_1/w_r \tag{5.16}$$

矩阵 A 的条件数 $\mathrm{Cond}_2(A) = w_{\max}/w_{\min}$ 反映了矩阵的奇异性。当 $\mathrm{Cond}_2(A)$ 无穷大,即 $w_{\min} = 0$ 时,矩阵是奇异的,当 $\mathrm{Cond}_2(A)$ 较大但非无穷时,矩阵是病态矩阵。

奇异值分解理论不仅可以诊断方程是否病态,而且还可以通过消去最小奇异值给出方程的稳定解答。

奇异值分解的拢动性(稳定性):如果 A 和 $A+E$ 均属于 $R^{m \times n} (m \geqslant n)$,则对 $i = 1, 2, \cdots, n$,有

$$|w_k(A+E) - w_k(A)| \leqslant w_1(E) = \|E\|_2 \tag{5.17}$$

该特性说明当矩阵有拢动 E 时,奇异值变化不会超过 $\|E\|_2$。可见,奇异值分解法是求解线形方程组,特别是病态线形方程组的数值稳定方法[5,6]。

下面以两个典型的病态方程,说明奇异值分解算法的有效性。

例1 系数矩阵为 Hilbert 矩阵,$a_{i,j}=1.0/(i+j-1),(i,j=1,2,\cdots,n)$,当右边项分别取 $b_i=\sum_{j=1}^{n}a_{i,j}(i,j=1,2,\cdots,n)$ 和 $b_i=\sum_{j=1}^{n}a_{i,j}*j(i,j=1,2,\cdots,n)$ 时分别得到方程组 1 和方程组 2,同时用常规的 LU 分解算法和奇异值分解算法(SVD)进行求解,取 $n=15$ 时,其结果如表 5.1 所示。

表 5.1 Hilbert 系数矩阵的病态方程解法对比

未知数	方程组 1			方程组 2		
	真解	LU 分解法	SVD	真解	LU 分解法	SVD
$x1$	1.000	1.970208	1.000007	1.000	15.76927	0.999981
$x2$	1.000	−9.45091	0.999902	2.000	−156.828	2.000188
$x3$	1.000	52.00276	1.000617	3.000	776.6226	2.999147
$x4$	1.000	−147.306	0.99762	4.000	−2240.32	4.002317
$x5$	1.000	284.5413	1.006308	5.000	4283.281	4.995933
$x6$	1.000	−368.068	0.987842	6.000	−5539.87	6.00453
$x7$	1.000	323.6046	1.01758	7.000	4826.609	6.997491
$x8$	1.000	−169.809	0.980623	8.000	−2514.38	7.998952
$x9$	1.000	27.61331	1.016362	9.000	375.4183	9.003667
$x10$	1.000	36.01578	0.989466	10.000	545.8774	9.996084
$x11$	1.000	−30.2649	1.00509	11.000	−453.457	11.00255
$x12$	1.000	13.40973	0.99821	12.000	191.6107	11.9989
$x13$	1.000	−1.51148	1.000433	13.000	−21.5343	13.00031
$x14$	1.000	1.183576	0.999935	14.000	16.00266	13.99995
$x15$	1.000	1.008156	1.000004	15.000	15.19737	15.0000

例2 系数矩阵为 Pascal 矩阵,$a_{j,1}=a_{1,j}=1.00,(j=1,2,\cdots,n),a_{i,j}=a_{i-1,j}+a_{i,j-1},(i,j=1,2,\cdots,n)$,当右边项分别取 $b_i=\sum_{j=1}^{n}a_{i,j}(i,j=1,2,\cdots,n)$ 和 $b_i=\sum_{j=1}^{n}a_{i,j}*j(i,j=1,2,\cdots,n)$ 时分别得到方程组 1 和方程组 2,同时用常规的 LU 分解算法和奇异值分解算法(SVD)进行求解,取 $n=15$ 时,其结果如表 5.2 所示。

表 5.2 Pascal 系数矩阵的病态方程解法对比

未知数	方程组 1			方程组 2		
	真解	LU 分解法	SVD	真解	LU 分解法	SVD
$x1$	1.000	0.999547	1.000001	1.000	0.998469	0.999997
$x2$	1.000	1.014747	0.999976	2.000	2.023215	2.000131
$x3$	1.000	0.885536	1.000176	3.000	3.085054	2.998600
$x4$	1.000	1.334277	0.999587	4.000	2.698266	4.005483
$x5$	1.000	0.516221	1.000155	5.000	7.252556	4.992418
$x6$	1.000	1.816681	1.000333	6.000	11.01579	5.999049
$x7$	1.000	−0.16115	1.000095	7.000	−3.74125	7.005914
$x8$	1.000	−0.48697	0.999805	8.000	−9.87489	8.004357
$x9$	1.000	6.405955	0.999693	9.000	55.71896	8.998301
$x10$	1.000	−0.87822	0.999798	10.000	7.831652	9.994129
$x11$	1.000	−3.79377	1.000024	11.000	−44.2864	10.99518
$x12$	1.000	4.262899	1.000262	12.000	46.37403	12.0006
$x13$	1.000	1.733448	1.000335	13.000	21.88808	13.00628
$x14$	1.000	0.57269	1.000155	14.000	1.086674	14.00615
$x15$	1.000	0.778153	0.999604	15.000	17.93119	14.99341

5.1.4 算例分析

为了具体阐述系统识别方法的应用过程，下面以灵敏度矩阵"非病态"和"病态"两种情况分别进行说明。

1. 灵敏度矩阵"非病态"情况

未知系统：$\quad\quad\quad\quad y = 6t + 4t^2$

已知系统输入与输出：$t_1 = 5, \quad y_{1m} = 130 (= 6 \times 5 + 4 \times 5^2)$

$\quad\quad\quad\quad\quad\quad\quad\quad t_2 = 10, \quad y_{2m} = 460 (= 6 \times 10 + 4 \times 10^2)$

数学模型：$\quad\quad\quad\quad y = at + b^2 t^2$

系统参数 a, b 的反演过程如下：

(1) 设置参数初值：

$$a_0 = 5, b_0 = 5$$

(2) 第 1 次迭代：

① $a^{(0)} = a_0 = 5, b^{(0)} = b_0 = 5$。

② 计算模型输出：

$$y_{1c}^{(0)} = y\big|_{t=t_1, a=a^{(0)}, b=b^{(0)}} = 5 \times 5 + 5^2 \times 5^2 = 650$$

$$y_{2c}^{(0)} = y\big|_{t=t_2, a=a^{(0)}, b=b^{(0)}} = 5 \times 10 + 5^2 \times 10^2 = 2550$$

③ 建立灵敏度矩阵 $[F]$：

因为 $\dfrac{\partial y}{\partial a} = t, \dfrac{\partial y}{\partial b} = 2bt^2$，所以有

$$[F] = \begin{bmatrix} \dfrac{\partial y_1}{\partial a} & \dfrac{\partial y_1}{\partial b} \\ \dfrac{\partial y_2}{\partial a} & \dfrac{\partial y_2}{\partial b} \end{bmatrix}_{a=a^{(0)}, b=b^{(0)}} = \begin{bmatrix} 5 & 250 \\ 10 & 1000 \end{bmatrix}$$

④ 求误差向量：

$$e_1^{(0)} = y_{1m} - y_{1c}^{(0)} = 130 - 650 = -520$$

$$e_2^{(0)} = y_{2m} - y_{2c}^{(0)} = 460 - 2550 = -2090$$

⑤ 求解方程：

$$\begin{bmatrix} \dfrac{\partial y_1}{\partial a} & \dfrac{\partial y_1}{\partial b} \\ \dfrac{\partial y_2}{\partial a} & \dfrac{\partial y_2}{\partial b} \end{bmatrix} \begin{Bmatrix} \Delta a \\ \Delta b \end{Bmatrix} = \begin{Bmatrix} e_1^{(0)} \\ e_2^{(0)} \end{Bmatrix}$$

即

$$\begin{bmatrix} 5 & 250 \\ 10 & 1000 \end{bmatrix} \begin{Bmatrix} \Delta a \\ \Delta b \end{Bmatrix} = \begin{Bmatrix} -520 \\ -2090 \end{Bmatrix}$$

解得

$$\Delta a = 1, \quad \Delta b = -2.1$$

⑥ 调整参数 a、b 的值：

$$a^{(1)} = a^{(0)} + \Delta a = 5 + 1 = 6$$

$$b^{(1)} = b^{(0)} + \Delta b = 5 + (-2.1) = 2.9$$

所以

$$y^{(1)} = 6t + 2.9^2 t^2$$

判断是否要重建灵敏度矩阵，如果不重建，则只需计算误差向量，开始第 2 次迭代。

(3) 第 2 次迭代（不重建灵敏度矩阵）：

① 计算模型输出：

$$y_{1c}^{(1)} = y\big|_{t=t_1, a=a^{(1)}, b=b^{(1)}} = 6 \times 5 + 2.9^2 \times 5^2 = 240.25$$

$$y_{2c}^{(1)} = y\big|_{t=t_2, a=a^{(1)}, b=b^{(1)}} = 6 \times 10 + 2.9^2 \times 10^2 = 901$$

② 误差向量：
$$e_1^{(1)} = y_{1m} - y_{1c}^{(1)} = 130 - 240.25 = -110.25$$
$$e_2^{(1)} = y_{2m} - y_{2c}^{(1)} = 460 - 901 = -441$$

③ 求解方程：
$$\begin{bmatrix} \dfrac{\partial y_1}{\partial a} & \dfrac{\partial y_1}{\partial b} \\ \dfrac{\partial y_2}{\partial a} & \dfrac{\partial y_2}{\partial b} \end{bmatrix} \begin{Bmatrix} \Delta a \\ \Delta b \end{Bmatrix} = \begin{Bmatrix} e_1^{(1)} \\ e_2^{(1)} \end{Bmatrix}$$

即
$$\begin{bmatrix} 5 & 250 \\ 10 & 1000 \end{bmatrix} \begin{Bmatrix} \Delta a \\ \Delta b \end{Bmatrix} = \begin{Bmatrix} -110.25 \\ -441 \end{Bmatrix}$$

解得
$$\Delta a = 0, \Delta b = -0.441$$

④ 调整参数 a、b 的值：
$$a^{(2)} = a^{(1)} + \Delta a = 6 + 0 = 6$$
$$b^{(2)} = b^{(1)} + \Delta b = 2.9 + (-0.441) = 2.459$$

所以
$$y^{(2)} = 6t + 2.459^2 t^2$$

(4) 第3次迭代（不重建灵敏度矩阵）：
① 计算模型输出：
$$y_{1c}^{(2)} = y\big|_{t=t_1, a=a^{(2)}, b=b^{(2)}} = 6 \times 5 + 2.459^2 \times 5^2 = 181.167$$
$$y_{2c}^{(2)} = y\big|_{t=t_2, a=a^{(2)}, b=b^{(2)}} = 6 \times 10 + 2.459^2 \times 10^2 = 664.668$$

② 误差向量：
$$e_1^{(2)} = y_{1m} - y_{1c}^{(2)} = 130 - 181.167 = -51.167$$
$$e_2^{(2)} = y_{2m} - y_{2c}^{(2)} = 460 - 664.668 = -204.668$$

③ 求解方程：
$$\begin{bmatrix} \dfrac{\partial y_1}{\partial a} & \dfrac{\partial y_1}{\partial b} \\ \dfrac{\partial y_2}{\partial a} & \dfrac{\partial y_2}{\partial b} \end{bmatrix} \begin{Bmatrix} \Delta a \\ \Delta b \end{Bmatrix} = \begin{Bmatrix} e_1^{(2)} \\ e_2^{(2)} \end{Bmatrix}$$

即
$$\begin{bmatrix} 5 & 250 \\ 10 & 1000 \end{bmatrix} \begin{Bmatrix} \Delta a \\ \Delta b \end{Bmatrix} = \begin{Bmatrix} -51.167 \\ -204.668 \end{Bmatrix}$$

解得
$$\Delta a = 0, \Delta b = -0.2047$$

④ 调整参数 a、b 的值：
$$a^{(3)} = a^{(2)} + \Delta a = 6 + 0 = 6$$
$$b^{(3)} = b^{(2)} + \Delta b = 2.459 + (-0.2047) = 2.254$$

所以
$$y^{(3)} = 6t + 2.254^2 t^2$$

然后再进行第 4 次迭代，第 5 次迭代，…，直到达到设定的收敛标准为止。下面给出第 4 次的迭代结果：
$$a^{(4)} = 6$$
$$b^{(4)} = 2.146$$
$$y^{(4)} = 6t + 2.146^2 t^2$$

前面的例子在迭代过程中灵敏度矩阵一直没有重建，因此后面的迭代过程收敛较慢。如果每迭代一次就立刻重建灵敏度矩阵，迭代过程将大大加快，见如下结果：

(1) 设置参数初值：
$$a_0 = 5, b_0 = 5$$

(2) 第 1 次迭代（同前，略）：
$$a^{(1)} = a^{(0)} + \Delta a = 5 + 1 = 6$$
$$b^{(1)} = b^{(0)} + \Delta b = 5 + (-2.1) = 2.9$$
$$y^{(1)} = 6t + 2.9^2 t^2$$

(3) 第 2 次迭代（重建灵敏度矩阵）：

① 计算模型输出：
$$y_{1c}^{(1)} = y \big|_{t=t_1, a=a^{(1)}, b=b^{(1)}} = 6 \times 5 + 2.9^2 \times 5^2 = 240.25$$
$$y_{2c}^{(1)} = y \big|_{t=t_2, a=a^{(1)}, b=b^{(1)}} = 6 \times 10 + 2.9^2 \times 10^2 = 901$$

② 重建灵敏度矩阵 $[F]$：

因为 $\dfrac{\partial y}{\partial a} = t, \dfrac{\partial y}{\partial b} = 2bt^2$，所以有

$$[F] = \begin{bmatrix} \dfrac{\partial y_1}{\partial a} & \dfrac{\partial y_1}{\partial b} \\ \dfrac{\partial y_2}{\partial a} & \dfrac{\partial y_2}{\partial b} \end{bmatrix}_{a=a^{(0)}, b=b^{(0)}} = \begin{bmatrix} 5 & 145 \\ 10 & 580 \end{bmatrix}$$

③ 误差向量：
$$e_1^{(1)} = y_{1m} - y_{1c}^{(1)} = 130 - 240.25 = -110.25$$
$$e_2^{(1)} = y_{2m} - y_{2c}^{(1)} = 460 - 901 = -441$$

④ 求解方程：

$$\begin{bmatrix} \dfrac{\partial y_1}{\partial a} & \dfrac{\partial y_1}{\partial b} \\ \dfrac{\partial y_2}{\partial a} & \dfrac{\partial y_2}{\partial b} \end{bmatrix} \begin{Bmatrix} \Delta a \\ \Delta b \end{Bmatrix} = \begin{Bmatrix} e_1^{(1)} \\ e_2^{(1)} \end{Bmatrix}$$

即

$$\begin{bmatrix} 5 & 145 \\ 10 & 580 \end{bmatrix} \begin{Bmatrix} \Delta a \\ \Delta b \end{Bmatrix} = \begin{Bmatrix} -110.25 \\ -441 \end{Bmatrix}$$

解得

$$\Delta a = 0, \ \Delta b = -0.76$$

⑤ 调整参数 a、b 的值：

$$a^{(2)} = a^{(1)} + \Delta a = 6 + 0 = 6$$
$$b^{(2)} = b^{(1)} + \Delta b = 2.9 + (-0.76) = 2.14$$

所以

$$y^{(2)} = 6t + 2.14^2 t^2$$

(4) 第 3 次迭代（重建灵敏度矩阵）：

① 计算模型输出：

$$y_{1c}^{(2)} = y \big|_{t=t_1, a=a^{(2)}, b=b^{(2)}} = 6 \times 5 + 2.14^2 \times 5^2 = 144.49$$
$$y_{2c}^{(2)} = y \big|_{t=t_2, a=a^{(2)}, b=b^{(2)}} = 6 \times 10 + 2.14^2 \times 10^2 = 517.96$$

② 重建灵敏度矩阵 $[F]$：

$$[F] = \begin{bmatrix} \dfrac{\partial y_1}{\partial a} & \dfrac{\partial y_1}{\partial b} \\ \dfrac{\partial y_2}{\partial a} & \dfrac{\partial y_2}{\partial b} \end{bmatrix}_{a=a^{(0)}, b=b^{(0)}} = \begin{bmatrix} 5 & 107 \\ 10 & 428 \end{bmatrix}$$

③ 求误差向量：

$$e_1^{(2)} = y_{1m} - y_{1c}^{(2)} = 130 - 144.49 = -14.49$$
$$e_2^{(2)} = y_{2m} - y_{2c}^{(2)} = 460 - 517.96 = -57.96$$

④ 求解方程：

$$\begin{bmatrix} \dfrac{\partial y_1}{\partial a} & \dfrac{\partial y_1}{\partial b} \\ \dfrac{\partial y_2}{\partial a} & \dfrac{\partial y_2}{\partial b} \end{bmatrix} \begin{Bmatrix} \Delta a \\ \Delta b \end{Bmatrix} = \begin{Bmatrix} e_1^{(2)} \\ e_2^{(2)} \end{Bmatrix}$$

即

$$\begin{bmatrix} 5 & 107 \\ 10 & 428 \end{bmatrix} \begin{Bmatrix} \Delta a \\ \Delta b \end{Bmatrix} = \begin{Bmatrix} -14.49 \\ -57.96 \end{Bmatrix}$$

解得：
$$\Delta a = 0, \Delta b = -0.135$$

⑤ 调整参数 a、b 的值：
$$a^{(3)} = a^{(2)} + \Delta a = 6 + 0 = 6$$
$$b^{(3)} = b^{(2)} + \Delta b = 2.14 + (-0.135) = 2.005$$

所以
$$y^{(3)} = 6t + 2.005^2 t^2$$

从上面的结果看，重建灵敏度矩阵后，收敛速度提高很大，第 2 次迭代结果就非常接近真实解。

在上面所举的例子中，由于数学模型具有明确的解析式，灵敏度矩阵都采用的是解析解。对于较复杂的系统，解析解一般不可得，因此常采用差分法求其数值解。如在本例中可采用前后向差分法或前向差分法求第 2 次迭代的灵敏度矩阵：

$$a = 6, \quad b = 2.9$$

设
$$\Delta a = 5\% \cdot a = 5\% \times 6 = 0.3$$
$$\Delta b = 5\% \cdot b = 5\% \times 2.9 = 0.145$$

（1）前后向差分法：

$$\begin{cases} \dfrac{\partial y_1}{\partial a} = \dfrac{y_1(a+\Delta a) - y_1(a-\Delta a)}{2\Delta a} \\ \qquad = \dfrac{[(6+0.3)\times 5 + 2.9^2 \times 5^2] - [(6-0.3)\times 5 + 2.9^2 \times 5^2]}{2\times 0.3} = 5 \\ \dfrac{\partial y_1}{\partial b} = \dfrac{y_1(b+\Delta b) - y_1(b-\Delta b)}{2\Delta b} \\ \qquad = \dfrac{[6\times 5 + (2.9+0.145)^2 \times 5^2] - [6\times 5 + (2.9-0.145)^2 \times 5^2]}{2\times 0.145} = 145 \\ \dfrac{\partial y_2}{\partial a} = \dfrac{y_2(a+\Delta a) - y_2(a-\Delta a)}{2\Delta a} \\ \qquad = \dfrac{[(6+0.3)\times 10 + 2.9^2 \times 10^2] - [(6-0.3)\times 10 + 2.9^2 \times 10^2]}{2\times 0.3} = 10 \\ \dfrac{\partial y_2}{\partial b} = \dfrac{y_2(b+\Delta b) - y_2(b-\Delta b)}{2\Delta b} \\ \qquad = \dfrac{[6\times 10 + (2.9+0.145)^2 \times 10^2] - [6\times 10 + (2.9-0.145)^2 \times 10^2]}{2\times 0.145} = 580 \end{cases}$$

灵敏度矩阵为

$$[F] = \begin{bmatrix} \dfrac{\partial y_1}{\partial a} & \dfrac{\partial y_1}{\partial b} \\ \dfrac{\partial y_2}{\partial a} & \dfrac{\partial y_2}{\partial b} \end{bmatrix} = \begin{bmatrix} 5 & 145 \\ 10 & 580 \end{bmatrix}$$

(2) 前向差分法：

$$\begin{cases} \dfrac{\partial y_1}{\partial a} = \dfrac{y_1(a+\Delta a) - y_1(a)}{\Delta a} \\ \qquad = \dfrac{[(6+0.3) \times 5 + 2.9^2 \times 5^2] - [6 \times 5 + 2.9^2 \times 5^2]}{0.3} = 5 \\ \dfrac{\partial y_1}{\partial b} = \dfrac{y_1(b+\Delta b) - y_1(b)}{\Delta b} \\ \qquad = \dfrac{[6 \times 5 + (2.9+0.145)^2 \times 5^2] - [6 \times 5 + 2.9^2 \times 5^2]}{0.145} = 148.625 \\ \dfrac{\partial y_2}{\partial a} = \dfrac{y_2(a+\Delta a) - y_2(a)}{\Delta a} \\ \qquad = \dfrac{[(6+0.3) \times 10 + 2.9^2 \times 10^2] - [6 \times 10 + 2.9^2 \times 10^2]}{0.3} = 10 \\ \dfrac{\partial y_2}{\partial b} = \dfrac{y_2(b+\Delta b) - y_2(b)}{\Delta b} \\ \qquad = \dfrac{[6 \times 10 + (2.9+0.145)^2 \times 10^2] - [6 \times 10 + 2.9^2 \times 10^2]}{0.145} = 594.5 \end{cases}$$

灵敏度矩阵为

$$[F] = \begin{bmatrix} \dfrac{\partial y_1}{\partial a} & \dfrac{\partial y_1}{\partial b} \\ \dfrac{\partial y_2}{\partial a} & \dfrac{\partial y_2}{\partial b} \end{bmatrix} = \begin{bmatrix} 5 & 148.625 \\ 10 & 594.5 \end{bmatrix}$$

可以看出，两种方法建立的灵敏度矩阵非常接近，但前向差分法可节省计算量。

2. 灵敏度矩阵"病态"情况

假定有三层柔性路面结构，其中面层为沥青混凝土，其模量为7000MPa，泊松比为0.35，厚度为180mm；基层为级配粒料，其模量为350MPa，泊松比为0.35，厚度为200mm；路基为半空间无限体，其模量为150MPa，泊松比为0.40。路面弯沉采用通用的BISAR程序计算，FWD荷载为693kPa，荷载盘半径为150mm，计算弯沉如表5.3所示。

表 5.3 BISAR 计算弯沉结果

距荷载中心位置/mm	0	200	300	400
弯沉/μm	263.0	227.4	204.7	183.6

对以上结构进行弯沉对模量的灵敏度分析,任意输入一个模量参数初值,分别采用 LU 分解法和奇异值分解法求解方程反演模量,结果发现采用 LU 分解法迭代过程发散,而采用奇异值分解法迭代很快收敛到正确解,迭代到第 6 次就基本接近真实解了,误差达到 3%以内,迭代到第 8 次,就达到设定的精度控制标准,模量参数调整量小于 1%。两种方法的迭代结果如表 5.4 所示。可见采用奇异值分解法(SVD)可以有效避免反演过程不收敛,或者收敛结果不唯一的现象。

表 5.4 迭代计算结果

迭代次数	LU 分解法			奇异值分解法(SVD)		
	面层模量/MPa	基层模量/MPa	路基模量/MPa	面层模量/MPa	基层模量/MPa	路基模量/MPa
真实值	7000	350	150	7000	350	150
(初始值)	50000	30	5	50000	30	5
1	73265.9	0.1	23.8	18571.9	939.2	14.3
2	16074.4	1.0	145.5	6510.4	2558.6	33.5
3	14464.5	1.0	1435.2	6663.1	1092.7	72.6
4	14308.8	1.0	107979.1	6893.6	617.0	118.2
5	14487.3	1.0	5000000.0	7000.9	415.1	145.3
6	36295.2	1.0	5000000.0	7012.0	360.7	149.8
7	77246.5	1.0	5000000.0	6984.3	354.7	149.7
8	129591.4	1.0	5000000.0	6985.6	354.7	149.7

5.2 层状体系介电特性反演分析的系统识别方法[2,3]

5.2.1 层状体系介电特性反演

以系统识别原理为基础,基于探地雷达检测数据和层状体系雷达电磁波传播模型,可以建立层状体系介电特性反演分析方法。

图 5.2 为根据探地雷达检测数据反演层状体系介电特性示意图,图 5.3 给出了层状体系介电特性反演系统识别方法基本过程,其过程可详细地以图 5.4 表示。

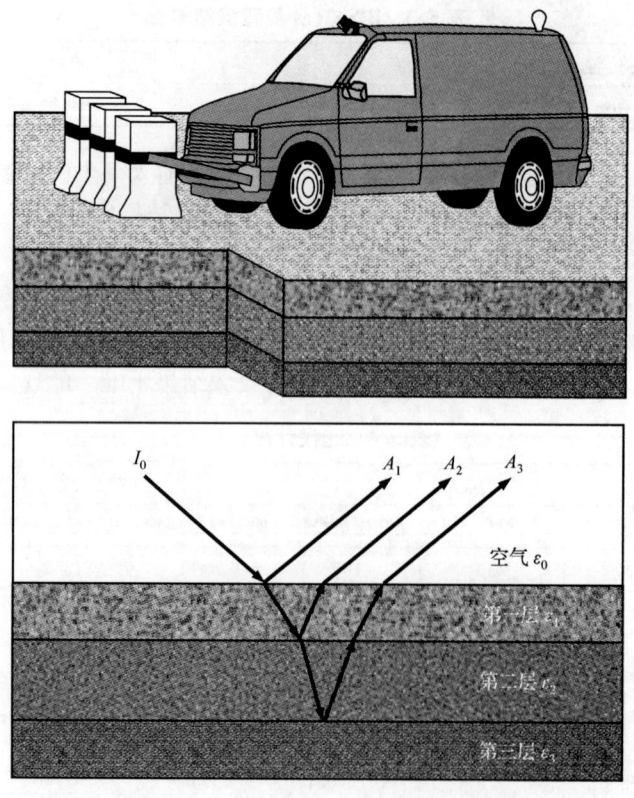

图 5.2　根据探地雷达检测数据反演层状体系介电特性

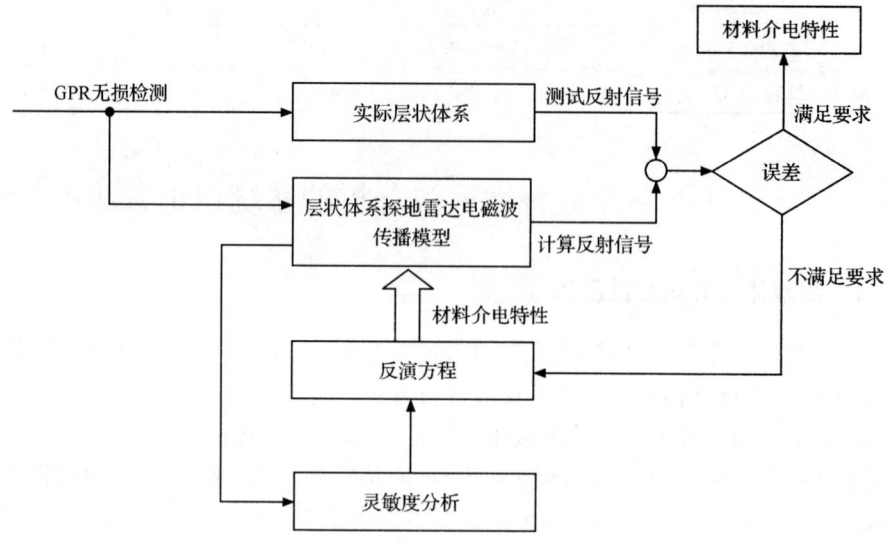

图 5.3　层状体系介电特性反演系统识别基本过程

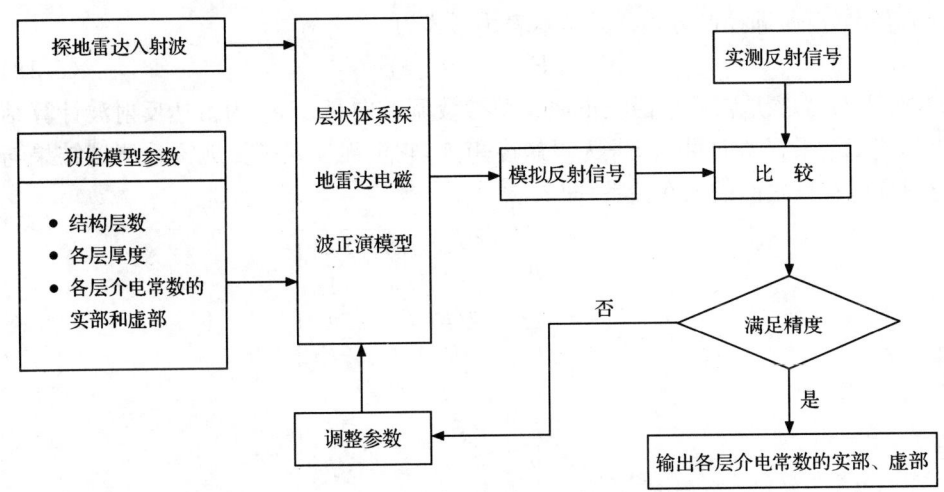

图 5.4　层状体系介电特性反演分析详细过程

根据图 5.3 和图 5.4，基于探地雷达检测数据的层状体系介电特性反演分析系统识别方法的基本步骤可归纳为：

(1) 利用探地雷达检测系统(GPR)对层状体系进行现场试验，采集在已知入射波情况下的探地雷达电磁波反射信号。

(2) 将雷达入射波以及层状体系各结构层介电常数的实部、虚部和厚度输入到探地雷达电磁波正演模型中，计算在相同入射波情况下的层状体系探地雷达电磁波的模拟反射信号。

(3) 建立模型参数调整算法，逐步调整各结构层介电常数的实部和虚部，使模拟反射信号与实测反射信号之间的误差达到最小。

以上分析过程可表示为正演模拟和参数反演两个基本过程。

(1) 正演模拟。针对层状结构特点，以层状体系电磁波传播理论为基础，建立全面考虑材料介电常数实部和虚部的层状体系探地雷达电磁波模型。将雷达入射波和初始模型参数输入该正演模型，从而得到层状体系雷达电磁波的模拟反射信号的过程为正演模拟。该过程已在第 3 章和第 4 章中做了详细的论述。

(2) 参数反演。将在正演模拟中获得的探地雷达反射波模拟信号与实测探地雷达反射信号进行比较，通过参数调整算法不断地进行模型参数的调整，从而使模拟信号与实测信号的拟合达到精度要求，并将最后迭代结果即模型参数输出的过程为参数反算。

当通过正演模拟获得了雷达反射波的模拟信号，并通过现场测试获得了实际雷达波反射信号后，问题的关键就在于模型参数调整算法的有效性。

5.2.2　介电特性反演方程的建立和求解

根据 5.1.2 节中的式(5.6)，基于灵敏度分析理论，可建立层状体系介电特性

反演基本方程,即控制方程。其基本表达形式为

$$[F]\{P\} = \{e\} \tag{5.18}$$

式中,$\{P\}$ 为探地雷达电磁波正演模型参数调整向量;$\{e\}$ 为雷达反射波计算结果与测试结果误差向量;$[F]$ 为灵敏度矩阵,它全面反映了探地雷达测试结果与材料介电特性之间的内在关系,即

$$[F] = \begin{bmatrix} \dfrac{\partial f_1}{\partial p_1} & \dfrac{\partial f_1}{\partial p_2} & \cdots & \dfrac{\partial f_1}{\partial p_n} \\ \dfrac{\partial f_2}{\partial p_1} & \dfrac{\partial f_2}{\partial p_2} & \cdots & \dfrac{\partial f_2}{\partial p_n} \\ \vdots & & & \\ \dfrac{\partial f_m}{\partial p_1} & \dfrac{\partial f_m}{\partial p_2} & \cdots & \dfrac{\partial f_m}{\partial p_n} \end{bmatrix} \tag{5.19}$$

对于基于探地雷达反射信号的层状体系介电特性反演,灵敏度矩阵 $[F]$ 可由探地雷达电磁波正演模型得到。在 $\dfrac{\partial f_k}{\partial P_i}$ 项中,f_k 由模拟雷达反射信号第 k 个样点处的幅值 A_k 表示,P_i 代表各结构层需进行调整的参数,即各结构层材料介电常数的实部 ε'_i 和虚部 ε''_i。当层状介质结构层数为 n 时,需进行调整的参数为 $2n$ 个,这时参数向量 P 可表示为

$$P = (\varepsilon'_1, \varepsilon''_1, \varepsilon'_2, \varepsilon''_2, \cdots, \varepsilon'_n, \varepsilon''_n)^{\mathrm{T}} \tag{5.20}$$

于是控制方程(5.18)可具体表示为

$$\begin{bmatrix} \dfrac{\partial A_1}{\partial \varepsilon'_1} \times \dfrac{\varepsilon'_1}{A_1} & \dfrac{\partial A_1}{\partial \varepsilon''_1} \times \dfrac{\varepsilon''_1}{A_1} & \cdots & \dfrac{\partial A_1}{\partial \varepsilon'_n} \times \dfrac{\varepsilon'_n}{A_1} & \dfrac{\partial A_1}{\partial \varepsilon''_n} \times \dfrac{\varepsilon''_n}{A_1} \\ \vdots & \vdots & \vdots & & \\ \dfrac{\partial A_m}{\partial \varepsilon'_1} \times \dfrac{\varepsilon'_1}{A_m} & \dfrac{\partial A_m}{\partial \varepsilon''_1} \times \dfrac{\varepsilon''_1}{A_m} & \cdots & \dfrac{\partial A_m}{\partial \varepsilon'_n} \times \dfrac{\varepsilon'_n}{A_m} & \dfrac{\partial A_m}{\partial \varepsilon''_n} \times \dfrac{\varepsilon''_n}{A_m} \end{bmatrix}_{m \times 2n} \times \begin{bmatrix} \dfrac{\varepsilon'_1(i+1) - \varepsilon'_1(i)}{\varepsilon'_1(i)} \\ \dfrac{\varepsilon''_1(i+1) - \varepsilon''_1(i)}{\varepsilon''_1(i)} \\ \vdots \\ \dfrac{\varepsilon'_n(i+1) - \varepsilon'_n(i)}{\varepsilon'_n(i)} \\ \dfrac{\varepsilon''_n(i+1) - \varepsilon''_n(i)}{\varepsilon''_n(i)} \end{bmatrix}_{2n \times 1} = \begin{bmatrix} \dfrac{A_1^{\mathrm{meas}} - A_1}{A_1} \\ \dfrac{A_2^{\mathrm{meas}} - A_2}{A_2} \\ \vdots \\ \dfrac{A_m^{\mathrm{meas}} - A_m}{A_m} \end{bmatrix}_{m \times 1} \tag{5.21}$$

式中,$m \times 2n$ 矩阵为灵敏度矩阵 F,其中的元素 F_{ki} 表示第 k 个样点处的幅值对层状体系第 i 层介电常数实部 ε'_i 和虚部 ε''_i 的敏感性。由于系统较为复杂,灵敏度矩阵 F 的解析解一般不可得,因此可采用数值计算方法建立灵敏度矩阵 F;$2n \times 1$ 矩阵为模型参数(层状体系各结构层介电常数的实部和虚部)调整向量 a;$m \times 1$ 矩阵为误差向量 r,表示实测雷达反射信号和由雷达电磁波正演模型计算得到的雷达反射波模拟信号之间的误差。

式(5.21)中各符号含义如下：

m 为在一个完整雷达反射波的所有样点中需进行拟合的样点数。比如，当一个雷达反射波波迹由 256 个样点组成时，m 值可在 $[1,256]$ 范围内选取。显然，m 越大，拟合的准确性越高，但同时计算工作量也越大。所以 m 值的恰当选取，将是在保证计算精度前提下减少计算工作量的一个重要因素。一般情况下，m 的最小取值应大于需进行调整的参数的个数，且应有足够的点将雷达反射波的基本形态比如波峰和波谷勾勒出来。

A_1 为所选取的需进行拟合的雷达反射波波迹样点中第一个样点的计算幅值，即当确定一个雷达反射波波迹由 m 个样点组成时，其通过正演模型计算所得的反射波模拟信号第一个样点的计算幅值，$A_2,\cdots,A_m$ 的含义依次类推，即 A_2 为第二个样点的计算幅值，A_m 为第 m 个样点的计算幅值。

A_1^{meas} 为当确定一个雷达反射波波迹由 m 个样点组成时，所选取的需进行拟合的雷达反射波波迹样点中第一个样点的实测幅值。同理，A_2^{meas} 为第 2 个样点的实测幅值，A_m^{meas} 为第 m 个样点的实测幅值。

ε_1' 和 ε_1'' 为层状结构第一层介电常数的实部和虚部，ε_2' 和 ε_2'' 为层状结构第二层介电常数的实部和虚部，ε_n' 和 ε_n'' 为层状结构第 n 层介电常数的实部和虚部。

$\varepsilon_1'(i+1)$ 为层状结构第一层介电常数的实部在第 $i+1$ 次迭代运算后的值，$\varepsilon_1'(i)$ 层状结构第一层介电常数的实部在第 i 次迭代运算后的值，$\varepsilon_1''(i+1)$ 为层状结构第一层介电常数的虚部在第 $i+1$ 次迭代运算后的值，$\varepsilon_1''(i)$ 层状结构第一层介电常数的虚部在第 i 次迭代运算后的值；$\varepsilon_n'(i+1)$、$\varepsilon_n'(i)$、$\varepsilon_n''(i+1)$、$\varepsilon_n''(i+1)$ 的含义依次类推。

应用奇异值分解技术求解控制方程(5.21)，可得参数调整向量 α，新的一组参数可由式(5.8)计算得到，上述迭代运算直到达到控制精度要求为止。

由于重建一次灵敏度矩阵需多次调用雷达电磁波正演模型计算程序，费时较多，因此不必每次迭代都重建一次灵敏度矩阵。通常情况下一个灵敏度矩阵可重复迭代几次，然后用新的一组参数重新建立灵敏度矩阵。重建灵敏度矩阵的原则为：

（1）上次迭代后，一个参数或几个参数调整量达到 100% 以上。

（2）上次迭代后，一个参数或几个参数调整量为 -50% 以下。

（3）灵敏度矩阵运用了三次迭代，但还没有达到所设定的收敛标准。

通过对控制方程(5.21)的求解，可得到满足控制精度要求的雷达波正演模型参数向量 P^k：

$$P^k = [\varepsilon_1'(k),\varepsilon_1''(k),\varepsilon_2'(k),\varepsilon_2''(k),\cdots,\varepsilon_n'(k),\varepsilon_n''(k)]^{\text{T}} \qquad (5.22)$$

式中，k 表示达到控制精度要求的迭代运算次数；$\varepsilon_1'(k)$、$\varepsilon_1''(k)$、$\varepsilon_2'(k)$、$\varepsilon_2''(k)$ 和 $\varepsilon_n'(k)$、$\varepsilon_n''(k)$ 分别表示第 k 次迭代后探地雷达波正演模型参数中层状体系结构第

一层、第二层和第 n 层材料介电常数的实部和虚部,即模型参数的最终调整结果。

精度控制指标采用式(5.12)的参数调整量 PT,用于迭代收敛性检查。式中的参数为各层介电常数的实部和虚部,其数值大小根据需要设定,一般可以设置为 1%。

可见,层状体系结构层材料介电特性的反演,是通过求解基于灵敏度分析和奇异值分解技术的反演方程来获取正演模型参数的。该法理论严谨,并真正实现了模型参数调整过程的自动化,从而大大降低了分析过程中的人为主观性和随意性。

获得介电常数以后,就可以在此基础上进一步获得结构层的厚度、压实度、孔隙率、含水量或沥青含量等指标。因此,本章将为进一步开展探地雷达在层状体系结构层厚度、压实度、含水量、孔隙率或沥青含量等指标检测中的应用奠定重要的理论基础。

5.3 系统识别反演方法的考评[2~4]

理论考评是任何反演算法都必须进行的。本节将通过两个算例检验系统识别反演方法的正确性。其实施过程为:首先假定一组正演模型的参数,从理论上计算一组反射波;然后假设该反射波为实际波形,利用其进行参数反演;最后考察反演的参数与正演计算时模型中的参数是否一致。由于这时候待反演参数是已知的,理论考评往往用来检验反演算法的合理性、有效性。

1) 算例1

假定路面面层厚度为 15cm,按每 3cm 进行子层分层,各层介电常数的实部从上至下依次分别为 6.3、5.0、6.7、5.8、6.3、10.0;虚部分别为 0.001、0.001、0.001、0.001、0.001、0.01,如表 5.5 所示。不同初始值下的反算结果如表 5.6 所示。

表 5.5 路面结构材料特性(1)

介电常数实部	介电常数虚部	分层厚度	
6.3	0.001	3cm	
5.0	0.001	3cm	15 cm 面层
6.7	0.001	3cm	
5.8	0.001	3cm	
6.3	0.001	3cm	
10.0	0.01	无限	(无限)基层

第5章 层状体系介电特性反演分析的系统识别方法

表5.6 不同初始值下介电常数反算精度考评(1)

序号	介电常数实部				厚度	
	编号	真实值	初始值	反算值	误差/%	计算值/cm	误差/%
1	1	6.3	6.8	6.34	0.602	15.035	0.232
	2	5.0	6.8	5.08	1.568		
	3	6.7	6.8	6.82	1.851		
	4	5.8	6.8	5.93	2.206		
	5	6.3	6.8	6.43	1.992		
	6	10.0	25.6	10.19	1.890		
2	1	6.3	20.0	6.35	0.845	15.043	0.289
	2	5.0	18.0	5.09	1.865		
	3	6.7	12.0	6.81	1.648		
	4	5.8	12.0	5.90	1.761		
	5	6.3	9.0	6.39	1.482		
	6	10.0	3.0	10.13	1.256		
3	1	6.3	12.0	6.358	0.922	15.085	0.565
	2	5.0	12.0	5.108	2.155		
	3	6.7	12.0	6.761	0.906		
	4	5.8	12.0	5.837	0.641		
	5	6.3	12.0	6.307	0.119		
	6	10.0	3.0	9.978	−0.224		
4	1	6.3	15.0	6.384	1.336	14.976	−0.162
	2	5.0	5.0	5.125	2.503		
	3	6.7	20.0	6.884	2.752		
	4	5.8	4.0	5.973	2.983		
	5	6.3	20.0	6.467	2.655		
	6	10.0	3.0	10.241	2.413		
5	1	6.3	3.0	6.335	0.556	15.089	0.595
	2	5.0	3.0	5.070	1.400		
	3	6.7	3.0	6.762	0.919		
	4	5.8	3.0	5.855	0.941		
	5	6.3	30.0	6.343	0.681		
	6	10.0	30.0	10.048	0.478		

2) 算例 2

假设路面结构如表 5.7 所示。面层厚度为 16cm，按每 4cm 进行子层分层，各层介电常数实部从上至下依次分别为：5.1、6.9、5.7、4.9、9.0；虚部分别为 0.001、0.001、0.001、0.001、0.01。不同初始值下的反算结果如表 5.8 所示。

表 5.7　路面结构材料特性(2)

介电常数实部	介电常数虚部	分层厚度	
5.1	0.001	4cm	
6.9	0.001	4cm	16 cm 面层
5.7	0.001	4cm	
4.9	0.001	4cm	
9.0	0.01	无限	(无限)基层

表 5.8　不同初始值下介电常数反算精度考评(2)

| 序号 | 介电常数实部 | | | | | 厚度 | |
	编号	真实值	初始值	反算值	误差/%	计算值/cm	误差/%
1	1	5.1	4.888	5.149	0.961	16.017	0.106
	2	6.9	4.888	7.056	2.261		
	3	5.7	4.888	5.869	2.965		
	4	4.9	4.888	5.048	3.020		
	5	9.0	10.115	9.295	3.278		
2	1	5.1	9.0	5.146	0.902	16.023	0.144
	2	6.9	9.0	7.052	2.203		
	3	5.7	9.0	5.865	2.895		
	4	4.9	9.0	5.042	2.898		
	5	9.0	15.0	9.284	3.156		
3	1	5.1	11.0	5.162	1.222	16.006	0.038
	2	6.9	11.0	7.070	2.469		
	3	5.7	11.0	5.879	3.146		
	4	4.9	9.0	5.046	2.976		
	5	9.0	4.0	9.331	3.681		

续表

序号	编号	介电常数实部				厚度	
		真实值	初始值	反算值	误差/%	计算值/cm	误差/%
4	1	5.1	3.0	5.137	0.726	16.030	0.1875
	2	6.9	7.0	7.037	1.992		
	3	5.7	3.0	5.862	2.838		
	4	4.9	7.0	5.046	2.971		
	5	9.0	15.0	9.238	2.641		
5	1	5.1	12.0	5.148	0.943	16.019	0.1188
	2	6.9	10.0	7.052	2.203		
	3	5.7	8.0	5.866	2.917		
	4	4.9	6.0	5.049	3.043		
	5	9.0	3.0	9.291	3.238		

通过以上理论考评可以看出，介电特性反演分析的系统识别方法能够快速收敛到真值，并且较大范围的初始值对反算结果影响不大，表明该算法是稳定的。

参 考 文 献

[1] Wang F M, Lytton R L. System identification method for backcalculating pavement layer properties [R]. TRB,1993,(1384):1—7
[2] 张蓓. 路面结构层介电特性及其厚度反演分析的系统识别方法——路面雷达关键技术研究[D]. 重庆：重庆大学,2003
[3] 钟燕辉. 层状体系介电特性反演及其工程应用[D]. 大连：大连理工大学,2006
[4] 蔡迎春. 层状非均匀介质介电特性反演分析——路面雷达应用技术研究[D]. 大连：大连理工大学,2008
[5] 李功胜,马逸尘. 应用正则化子建立求解不适定问题的正则化方法的探讨[J]. 数学进展,2000,29(6):531—541
[6] 黄小为,吴传生,朱华平. 基于奇异值分解建立的一种新的正则化方法[J]. 数学物理学报,2005,25A(3):331—336

第6章　层状体系介电特性反演分析的遗传算法

6.1　遗传算法基本原理与实现过程[1~7]

6.1.1　遗传算法发展概况

20世纪40年代,随着计算机技术的发展,人们开始研究如何利用计算机进行生物模拟,即从生物学角度进行生物的进化过程模拟和遗传过程模拟等研究工作。60年代初,美国Michigan大学的Holland教授首次将模拟遗传算子应用于自适应系统的研究,并将该研究方法称之为遗传算法。1967年,Bagley在其博士论文中首次提出了"遗传算法(genetic algorithm,GA)"一词,并发表了遗传算法应用方面的论文[1]。70年代初,Holland教授提出了遗传算法的基本定理——模式定理(schema theorem),从而奠定了遗传算法的理论基础。1975年Holland教授在他的专著《自然系统和人工系统的自适应性》[2](*Adaptation in Natural and Artificial System*)中,较系统地介绍了遗传算法,使遗传算法受到广泛关注。同年,De Jong在其博士学位论文中[3],研究了遗传算法在函数优化中的应用,并结合模式定理进行了大量的纯数值函数优化计算实验。1987年,Davis出版了《遗传算法与模拟退火》(*Genetic Algorithms and Simulated Annealing*)。1991年,他又出版了《遗传算法手册》[4](*Handbook of Genetic Algorithms*)。这两部著作通过大量的实例介绍了遗传算法在科学计算、工程技术和社会经济等方面的应用,为遗传算法的发展起到了推动作用。1989年,美国阿巴马大学的Goldberg出版了《搜索、优化和机器学习中的遗传算法》[5](*Genetic Algorithms in Search, Optimization and Machine Learning*)。该著作全面总结了遗传算法的主要研究成果,系统论述了遗传算法的基本原理及其应用,为现代遗传算法的研究奠定了基础。

从1985年开始,国际上召开多次遗传算法专题学术会议,促进了遗传算法的研究和发展。目前,遗传算法已成为智能优化领域十分活跃的研究方向,并在人工智能、图像处理、工程技术、神经网络、自动控制、信号处理等领域得到了广泛应用。

6.1.2　遗传算法基本原理及其特点

遗传算法通过模拟生物进化和遗传的思想实现优化过程,具有很强的鲁棒性。与传统的优化算法相比,它具有原理简单、计算方便等特点,非常适合于大规模、非线性、复杂组合优化问题的求解。

遗传算法借鉴生物进化理论，以决策变量的编码作为运算对象，而不直接以决策变量的德值进行优化计算。这种决策变量的编码方式，可以灵活运用遗传学中交叉、变异、选择等机制，特别适用于无数值概念而只有代码概念的优化问题。

遗传算法直接以目标函数作为搜索信息，不受约束条件的限制。传统的优化方法不仅需要利用目标函数值，而且往往需要目标函数的导数等其他辅助信息才能确定搜索方向。而遗传算法仅利用以目标函数值或目标函数值变换的适应度，即可确定搜索方向和搜索范围，不受连续、可导等约束条件的限制。对于无法或很难求导的函数、离散性函数以及组合优化等问题，利用遗传算法避开函数求导的困难。因此，遗传算法应用范围几乎不受约束条件的限制，应用范围更加广泛。

遗传算法同时利用多个点的搜索信息，并采用概率搜索技术，避免陷入局部最优解。传统的优化方法常常从单点开始搜索，并常常采用确定性搜索方法，从而容易陷入局部最优或错过整体最优。而遗传算法是从一个初始群体开始搜索，同时利用多点信息和概率搜索技术，允许搜索过程出现恶化解，但整体上趋于最优解。

总之，遗传算法以目标函数值为搜索目标，以决策变量编码为运算对象，优化过程不受约束条件限制，并采用群体搜索和概率搜索技术，使其具有较强的隐含并行和全局收敛性，应用范围广泛。

目前工程中应用的遗传算法大多基于 Goldberg 提出的基本遗传算法（simple genetic algorithm，SGA），其基本要素为：

（1）染色体编码方法。基本遗传算法采用二进制编码，即将决策变量表示为由 0 和 1 组成的二进制串的染色体。

（2）个体适应度评价。以目标函数为依据，将目标函数转化为适应度函数。

（3）遗传算子。基本遗传算法采用下述三种遗传算子：

① 选择算子为比例选择算子。

② 交叉算子为单点交叉。

③ 变异算子为均匀变异。

（4）运行参数。基本遗传算法主要有以下四个运行参数：

① 群体规模 m。

② 遗传进化的终止进化代数 T。

③ 交叉概率 p_c。

④ 变异概率 p_m。

基本遗传算法可以描述为如下 8 元组：

$$\text{SGA} = (C, E, \text{PO}, M, \Phi, \Gamma, \Psi, T) \tag{6.1}$$

式中，C 为个体的编码方法；E 为个体的适应度评价函数；PO 为初始群体；M 为群体规模；Φ 为选择算子；Γ 为交叉算子；Ψ 为变异算子；T 为遗传运算终止条件。

6.1.3 遗传算法的实现过程

基本遗传算法(SGA)的实现过程可以表示为图 6.1 所示的流程图,其主要步骤如下:

(1) 随机产生一组初始个体构成初始种群,并评价每一个个体的适应度。

(2) 判断算法收敛准则是否满足。若满足则输出搜索结果,否则执行以下步骤。

(3) 根据适应度大小按一定的方式执行选择操作。

(4) 按交叉概率 P_c 执行交叉操作。

(5) 按变异概率 P_m 执行变异操作。

(6) 返回步骤(2)。

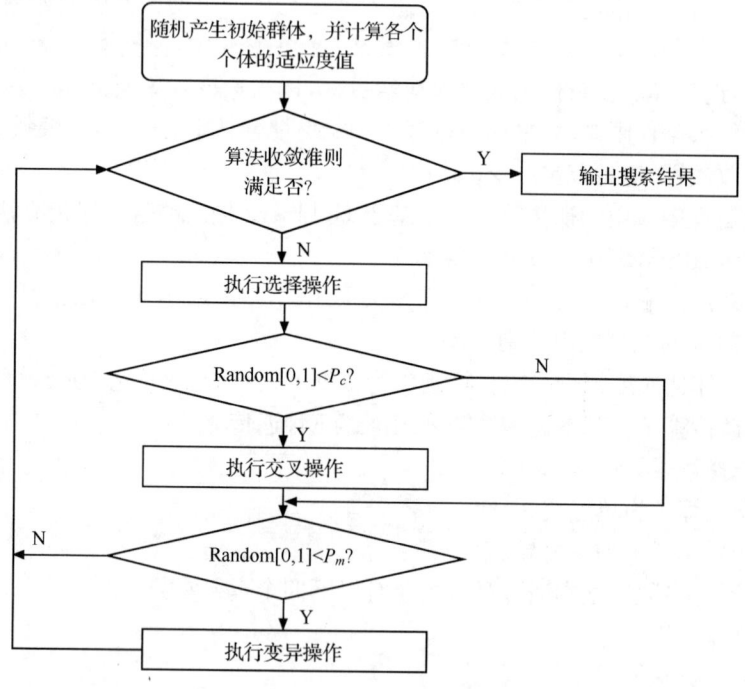

图 6.1 基本遗传算法优化框图

在以上迭代过程中,适应度表示染色体适应周围环境的能力,它是遗传进化的重要信息。选择操作是优胜劣汰、适者生存思想的体现,常常采用按比例复制,使适应值高的个体有较高的复制概率,从而使群体的适应值提高,达到群体进化。交叉算子是进化的主要手段,它能有效地利用父代基因的优良基因模式,从而有助于产生更好的个体。变异操作是为了找回丢失的有效基因,保持群体的多样性,防止算法过早收敛。

对于一个具体的实际问题,遗传算法具体实现过程如下:

(1) 确定决策变量:根据具体问题确定决策变量及各种约束条件。

(2) 建立优化数学模型:即确定出目标函数的类型及其数学描述形式或量化方法。

(3) 确定编码方案:遗传算法不是直接在解空间上操作的,而是在编码空间上操作的。选择何种编码方案应根据具体问题而定,选择何种编码方案对算法的性能有较大的影响。

(4) 确定适应度函数:即确定由目标函数 $f(X)$ 向适应度函数 $F(X)$ 的转化规则。

(5) 设计遗传算子:即确定选择、交叉、变异等算子的具体操作方法。

(6) 选取控制参数:控制参数主要包括种群的规模 M、最大进化代数 T、交叉概率 f_c、变异概率 f_m 及其他一些控制参数。

(7) 确定算法的停止准则:常用的方法是确定一个界限目标函数值,或事先规定一个最大进化代数,或算法在连续若干代迭代后解的适应度无明显改善。

(8) 编程运行:完成上述工作以后,即可以按照遗传算法的算法结构进行编程求解。由于遗传算法的随机性、不确定性,一个好的算法往往需要多次实验。

以上过程中,确定编码方式、确定适应度函数、设计遗传算子是构造遗传算法的重要环节。

二进制编码搜索过程虽然较好地模拟了生物的遗传进化过程,但当决策变量的个数较多时,或者当反算参数精度要求较高时,染色体串的长度过长,搜索空间急剧扩大,使遗传算法的搜索性能变差,甚至不能进行下去。随着遗传算法和计算机技术的发展,实数编码方法得到了广泛应用。这种编码方法是以决策变量在其解空间内的实数直接作为染色体的基因,因此也叫浮点数编码或真值编码方法。

实数编码方法具有以下优点:

(1) 适合于搜索较大数目标值。

(2) 适合于精度要求较高的遗传算法。

(3) 便于较大空间的遗传搜索。

(4) 简化了遗传算法的计算过程,提高了运算效率。

(5) 便于遗传算法和经典优化方法的混合使用。

(6) 便于设计知识型遗传算子。

(7) 便于处理复杂的决策变量约束条件。

适应度是评价群体中染色体个体好坏的标准,它是算法进化的驱动力,也是自然选择的唯一依据。改变种群结构的操作皆通过适应值函数来控制,在设计遗传算法时常用的适应性度量及转换方法有以下几种:

1) 原始适应函数

即直接以目标函数值表示。基于排序的选择常常采用这种表示方法。

2) 标准适应函数

原始适应函数的转化形式,基本遗传算法常常采用这种形式的表示。这种表示方法可以统一最大化和最小化问题,并且可以在多目标优化问题中平等地对待每一个目标函数。一般的工程优化问题,可分为两大类,即最大化问题和最小化问题。对于最小化问题,可以做简单的变换,就可以使其转化为最大化问题,即令

$$\min f(X) = \max(-f(X)) \tag{6.2}$$

然后按照最大化问题解决。

在遗传算法中,按染色体个体适应度大小决定该染色体进入下一代的概率。个体的适应度越大,其进入下一代的概率越大,反之亦然。基本遗传算法采用比例选择算子决定其进入下一代的概率,这就要求适应度为非负数。

当目标函数为最大化问题时,且目标函数总取正值时,可以直接设定目标函数 $f(X)$ 为适应度函数,即

$$F(X) = f(X) \tag{6.3}$$

但在实际应用中,目标函数常常并非总为非负,优化目标有最大化问题,也有最小化问题,上面两式不能保证目标函数为非负的要求。为满足适应值为非负的要求,基本遗传算法往往采用下面两种方法之一将目标函数 $f(X)$ 转化为适应度函数 $F(X)$。

方法 1:对于求目标函数为最大化问题,做下列变换:

$$F(X) = \begin{cases} f(X) + C_{\min}, & if \quad f(X) + C_{\min} > 0 \\ 0, & if \quad f(X) + C_{\min} \leqslant 0 \end{cases} \tag{6.4}$$

式中,$C_{\min}$ 为一个适当相对较小的数,可以用下述方法之一来确定:①预先指定一个较小的数;②进化到当前为止的最小目标函数值;③当前代或最近几代群体中的最小目标函数值。

方法 2:对于求目标函数最大化问题,做下列变换:

$$F(X) = \begin{cases} C_{\max} - f(X) & if \quad f(X) < C_{\max} \\ 0, & if \quad f(X) \geqslant C_{\max} \end{cases} \tag{6.5}$$

式中,$C_{\max}$ 为一个适当相对较大的数,它可以用下列方法之一来选取:①预先指定的一个较大的数;②进化到当前代为止的最大目标函数值;③当前代或最近几代群体中的最大目标函数值。

3) 适应值的调节

由于遗传算法中的种群与自然界中的实际物种规模相差很大,在算法进化过程中可能会出现某些超级个体使算法过早收敛于局部最优,从而使算法过早收敛;同时也可能群体内各染色体适应值相差不大,而使种群丧失选择压力,使传统的比

例选择算子失去作用。在这种情况下,通过适应值的调节可以使这类问题得到改善,比如比例转换、指数转换等。

选择策略对算法性能的影响会起到举足轻重的作用。不同的选择策略将导致不同的选择压力,即下一代中父代个体的分配关系。较大的选择压力使最优个体有较高的复制数目,使算法较快收敛,但容易出现早熟现象。而较小的选择压力可以使群体保持足够的多样性,从而增加了算法收敛到全局最优的概率,但收敛速度较慢。

选择操作建立在对个体适应度评价的基础之上。最常用的选择算子是比例选择算子和基于排序的选择算子。

比例选择方法是一种回放式随机采样的方法。该方法的基本思想是:各个个体被选中进入下一代的几率与该个体的适应度大小成正比。

设群体规模为 M,个体 i 的适应度大小为 F_i,则该个体 i 被选中进入下一代的概率为

$$p_{is} = F_i \Big/ \sum_{i=1}^{n} F_i \quad (i=1,2,\cdots,M) \tag{6.6}$$

由上式可见,适应度较高的个体有较大的可能性被选中。反之,适应度较小的个体被选中的概率也小。

该方法的操作步骤是:

(1) 评价染色体个体,得到各个个体的适应度。

(2) 计算各个个体的相对适应度 p_{is}。

(3) 按照各个个体相对适应度大小,按概率选择的方法确定其进入下一代的概率。

由于该方法类似于赌博或摇奖时的转盘操作,因此,比例选择方法也叫赌盘法。这种方法的主要缺点是选择误差比较大,有时最好的个体也有可能选不上。为了克服比例选择算子的这一缺陷,比例选择算子常常要和最优保存策略同时使用。

比例选择算子要求个体的适应度为非负,这就使得我们在操作之前对染色体的适应度做一些变换处理。而基于排序的选择方法的选择则只和染色体适应度相对大小有关,并不要求染色体的适应度为非负。

基于排序的选择方法的基本思想是:对群体中的所有个体按其适应度大小进行排序,基于这个排序来分配各个个体被选中的概率。其具体过程是:

(1) 对群体中的所有个体按其适应度大小按降序排序。

(2) 根据具体求解问题,设计一个概率分配表,将各个概率值按上述排列次序分配给各个个体。

(3) 以各个个体所分配到的概率值作为其能够进入下一代的概率,基于这些

概率值用比例选择(赌盘选择)的方法来产生下一代群体。

目前关于更加合理的选择研究成果比较多[6],主要从优良个体的保持和群体多样性的保证上来进行处理,即既要保证好的个体能够进入到下一代,又要防止群体多样性破坏造成早熟。

交叉算子是遗传算法的主要算子,它是为了有效地利用父代两个染色体好的基因模式,组合出更优的后代,是产生新个体的主要方法,是进化的主要手段,也是遗传算法区别于其他进化算法的主要特征。

实数编码一般采用算术交叉。假设两个父代染色体 X、Y,进行算术交叉后两个子代染色体 X'、Y',其交叉方式如下:

$$\begin{cases} X' = \lambda \cdot X + (1-\lambda) \cdot Y \\ Y' = (1-\lambda) \cdot X + \lambda \cdot Y \end{cases} \tag{6.7}$$

式中,$X = [x_1 \quad x_2 \quad \cdots \quad x_k \quad \cdots \quad x_l]$,$Y = [y_1 \quad y_2 \quad \cdots \quad y_k \quad \cdots \quad y_l]$。

对于实数编码方法,交叉概率一般为 0.6~1.0。本章采用了动态交叉概率和变异概率的策略,即交叉概率和变异概率随染色体的好坏而不同,适应值小的个体有较高的交叉概率和变异概率。

变异运算可以保持群体的多样性,实现多路径搜索,防止算法陷入局部最优。变异运算是指将染色体编码串中的某些基因座上的基因值用该基因座上的等位基因来替换,从而形成一个新的个体。对于二进制编码和格雷码编码的染色体,其编码字符集为{0,1},变异操作就是将某一位置或某几位置处的基因取反,我们称这种变异为基本位变异。对于实数编码的染色体,某一基因座位置处基因的取值范围为 $[U_{\min}, U_{\max}]$,变异操作就是在该范围内任意值取代原来的基因值。对于符号编码的个体,其编码字符集类似于{$A,B,C,\cdots$},其变异操作就是将一随机位置处的基因,用该字符集中的一个随机且与原基因值不同的字符取代。

对于实数编码的染色体个体,按基因值变化范围的方式,可分为均匀变异、非均匀变异和边界变异。假设某一染色体 $X = [x_1 \quad x_2 \quad \cdots \quad x_k \quad \cdots \quad x_l]$,随机选取 x_k 为变异点,变异后的新个体为 $X' = [x_1 \quad x_2 \quad \cdots \quad x'_k \quad \cdots \quad x_l]$,若该位置处的基因的取值范围为 $[x_k^U, x_k^U]$,则均匀变异时 x'_k 按以下方式进行:

$$x'_k = x_k + r \cdot (x_k^U - x_k^L) \tag{6.8}$$

式中,r 为[0,1]范围内符合均匀概率分布的随机数。非均匀变异则由下式确定 x'_k 值

$$x'_k = \begin{cases} x_k + \Delta(t, x_k^U - x_k), & \text{if} \quad \text{random}(0,1) = 1 \\ x_k - \Delta(t, x_k - x_k^L), & \text{if} \quad \text{random}(0,1) = 0 \end{cases} \tag{6.9}$$

6.2 层状体系介电特性反演分析的遗传算法[7]

6.2.1 层状体系介电特性反演遗传算法的实现

根据上述遗传算法原理和实现过程,可建立层状体系介电特性反演分析的遗传算法,实施流程如图 6.2 所示。

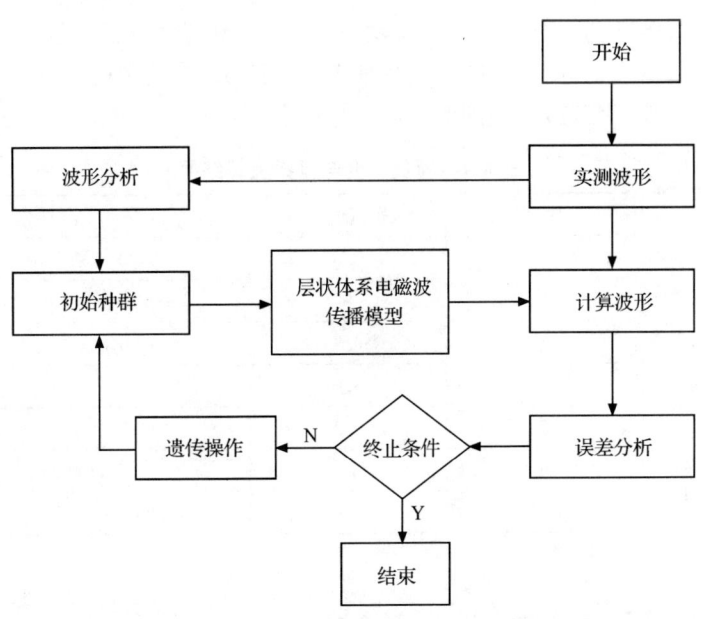

图 6.2 层状介质介电特性反演分析遗传算法流程图

具体实施步骤如下:

(1) 对实测雷达波形进行分析和处理,按照简化公式方法,判断结构层层数,初步分析各层的厚度及介电常数。以层数的 5 倍作为种群规模,随机生成不同介电常数的组合,建立初始种群(初始介电模型组合)。分析了层数以后,取涵盖这些层的实测波段数据作为分析对象,而非考虑整个实测波的所有测试点。分析得到待分析波段的起止时间和具体点数,作为平均相对误差计算参数。

(2) 根据初始值和分析出的结构层厚度,按照计算需要选取层状均匀介质或非均匀质雷达电磁波传播模型,计算出模拟波形。结合实测波形,在待分析的波段范围内计算模拟波形与实测波形之间的平均相对误差。

(3) 判断是否满足终止条件:①平均相对误差是否满足要求,一般最小平均相对误差可取 2‰~5‰;②是否达到设定的最大搜索代数,可取 500~1000;③是否达到设定的最优解迭代无效的次数,可取 80~200。如果这三个条件任何一个得到满足,则停止计算并输出当前最优个体作为最终解;否则继续进行遗传操作。

(4) 遗传操作,包括不同介电模型间的相互交叉、介电常数的突变以及选择操作,形成新一代种群即新的介电模型组合。选择操作主要考虑将平均误差较小的模型进入下一代,同时根据多样性需要,选取部分(一般为10%左右)平均误差较大的模型进入下一代。重新返回到步骤(1)。

6.2.2 算例分析

对5.3节中的两个算例,采用遗传算法进行介电特性反演。算例1的反算结果如表6.1所示,适应度值的收敛过程如图6.3所示;算例2的反算结果如表6.2所示,适应度值的收敛过程如图6.4所示。

表6.1 算例1介电常数反算结果

	序号	真值	反算值	误差/%
介电常数	1	6.3	6.2922	−0.12387
	2	5	5.0218	0.43648
	3	6.7	6.6150	−1.26937
	4	5.8	5.7561	−0.7561
	5	6.3	6.3555	0.881444
	6	10	9.8180	−1.81966
厚度/cm		15	15.0502	0.334533

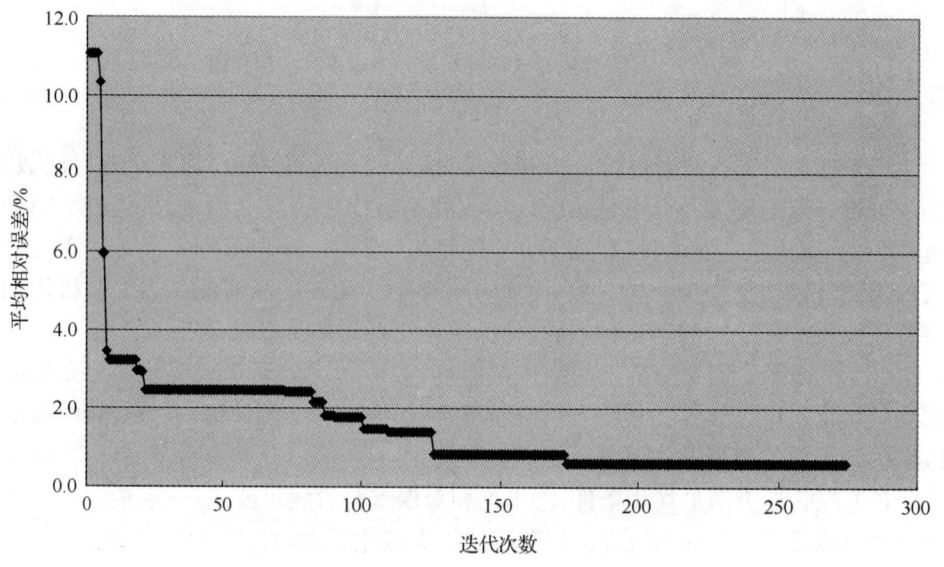

图6.3 遗传算法收敛过程(算例1)

表 6.2 算例 2 介电常数反算结果

	序号	真值	反算值	误差/%
介电常数	1	5.1	5.148	0.9507
	2	6.9	6.933	0.4805
	3	5.7	5.707	0.1230
	4	4.9	4.864	−0.7400
	5	9.0	9.022	0.2498
厚度/cm		16.0	15.983	−0.1081

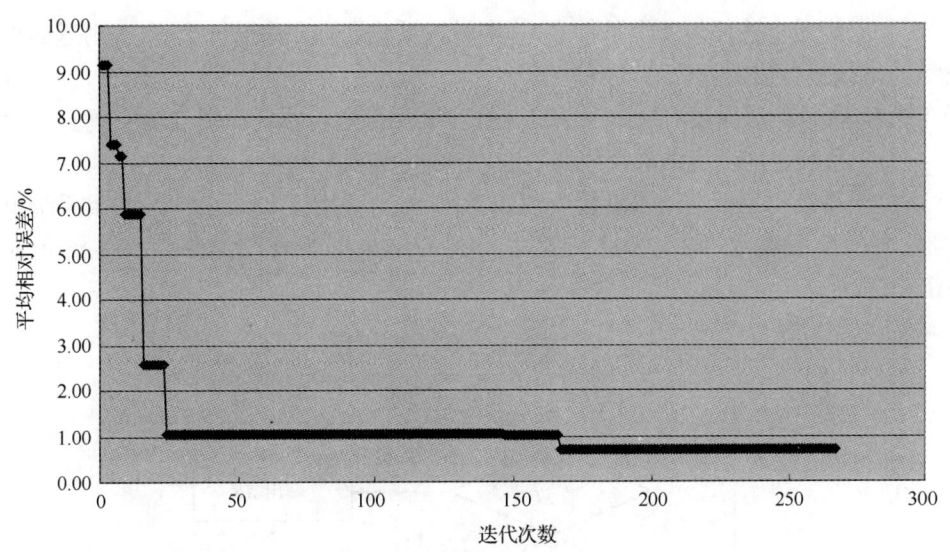

图 6.4 遗传算法收敛过程(算例 2)

由算例结果可以看出,遗传算法反演过程稳定,并能够较好地收敛到真解。但是遗传算法迭代次数较多,特别是接近最佳解的时候,收敛较慢。

6.3 遗传算法和系统识别联合反演方法[7]

6.3.1 联合反演方法的实现

综合系统识别方法收敛快和遗传算法全局寻优的特点,可建立遗传算法和系统识别联合反演方法。即首先利用遗传算法将反演值控制在全局最优解附近,然后将此解作为系统识别方法的初始值,利用系统识别方法进行计算。具体实施过程如下:

(1) 利用遗传算法进行结构层介电特性的反演。

(2) 判断反演结果是否收敛。如果满足遗传算法收敛标准则直接输出反演结果；否则进入步骤(3)。

(3) 判断遗传算法和系统识别算法转换的控制条件。控制条件主要考虑如下3个因素：

① 最佳适应度的大小到达最大值的95%。

② 已经进行了遗传算法反演代数大于100代。

③ 遗传算法反演代数大于80代，并且最佳适应度值的重复出现代数超过20代。

如果满足上述任何一个条件之一，则转入系统识别方法进行反演；否则返回步骤(1)继续进行遗传算法的反演过程。

(4) 将最佳适应度对应的反演结果作为初始值进行系统识别方法反演。

(5) 系统识别反演结果收敛性判断。

如果系统识别反演结果直接收敛到最佳解，则直接输出反演结果；如果系统识别反演过程不收敛，则认为遗传算法得到的结果即为反演结果。具体流程如图6.5所示。

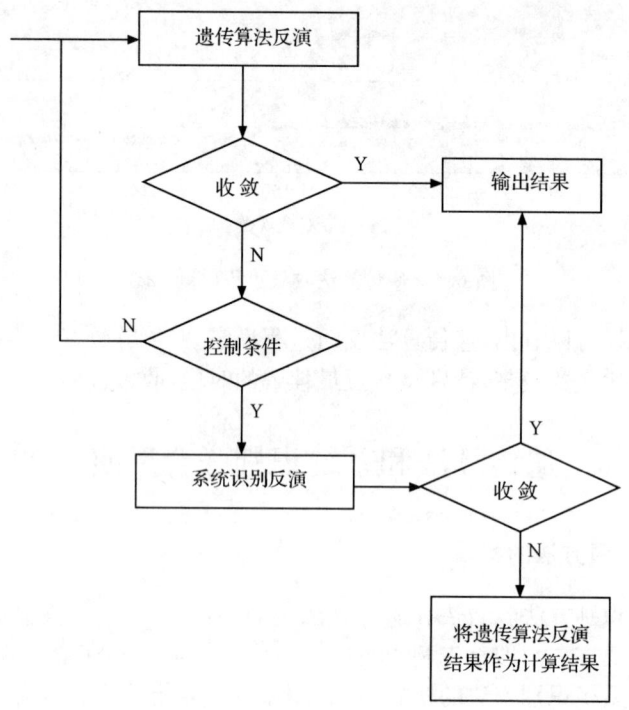

图6.5 遗传算法和系统识别联合反演方法的实施流程

6.3.2 算例分析

1. 算例 1

对 5.3 节中算例 1 的路面结构及介电参数,分别采用系统识别方法(SID)、遗传算法(GA)和二者的联合反演算法(GA-SID)进行反演结果对比,如表 6.3 所示。

表 6.3 不同反演算法精度的比较

对比量	真值	三种方法的反算值			误差/%		
		SID	GA	GA-SID	SID	GA	GA-SID
介电常数	6.3	6.3225	6.2922	6.2905	0.3563	−0.1239	−0.1501
	5	5.0536	5.0218	4.9796	1.0722	0.4365	−0.4072
	6.7	6.6976	6.6150	6.6488	−0.0364	−1.2694	−0.7645
	5.8	5.7846	5.7561	5.7559	−0.2652	−0.7561	−0.7599
	6.3	6.2660	6.3555	6.2595	−0.5402	0.8814	−0.6433
	10	9.9251	9.8180	9.9347	−0.7494	−1.8197	−0.6526
厚度/cm	15	15.1476	15.0502	15.0795	0.9839	0.3345	0.5300
反算时间		小于 30s	10min7s	2min53s			

由表 6.3 可以看出,三种方法均能收敛到真值,但是耗时却不同:系统识别方法(SID)用时一般小于 30s,遗传算法(GA)用时 10min7s,联合算法(GA-SID)用时 2min53s。如前面所述系统识别反演方法有时不能收敛到全局最优解,而遗传算法时效性较差。联合反演方法结合了二者的优点,能够保证较快速地实现介电特性的反演。

2. 算例 2

利用遗传算法和系统识别联合反演方法,对图 4.4 的试验混凝土板的雷达电磁波实测波形,分别基于均匀和非均匀两种模型对其介电特性进行了反算。在非均匀模型中,将板分成 4 个子层,介电常数反算结果如表 6.4 所示。基于不同模型的模拟雷达反射波与实测反射波的对比如图 6.6 所示。

表 6.4 基于不同模型的混凝土板介电特性反演结果

模型类型	介电常数				厚度/cm	厚度误差/%
均匀模型	8.45				16.15	3.86
非均匀模型	6.99	15.70	9.59	9.40	15.70	0.96

从表 6.4 可以看出,基于非均匀模型反演的表面 4cm 这一层的介电常数与利用介电常数仪和简化计算公式得到的介电常数(分别为 6.71 和 6.83)比较接近;而基于均匀模型的介电常数反演结果只能代表整层的"等效介电常数",与表面介

电常数测试值相差较大。这种"等效介电常数"是整层介电常数的综合反映,不能代表层内介电常数的真实分布情况,对于层内介电特性分析来说不具有实际意义。而利用非均匀模型反演得到的介电常数,能够较真实反映层内介电常数的分布情况,使得介电常数反演结果具有实际意义。也只有得到实际介电常数后,才能为下一步如何利用介电常数进行其他参数的检测分析提供基础。另从图 6.6 可看出,基于非均匀模型的探地雷达反射波模拟结果相比于均匀模型下的反射波模拟结果,与实测反射波的拟合更加准确。因此,开展基于非均匀模型的介电特性反演,不仅能够得到更准确真实的介电常数,也是进行相关物理量分析的必备条件。

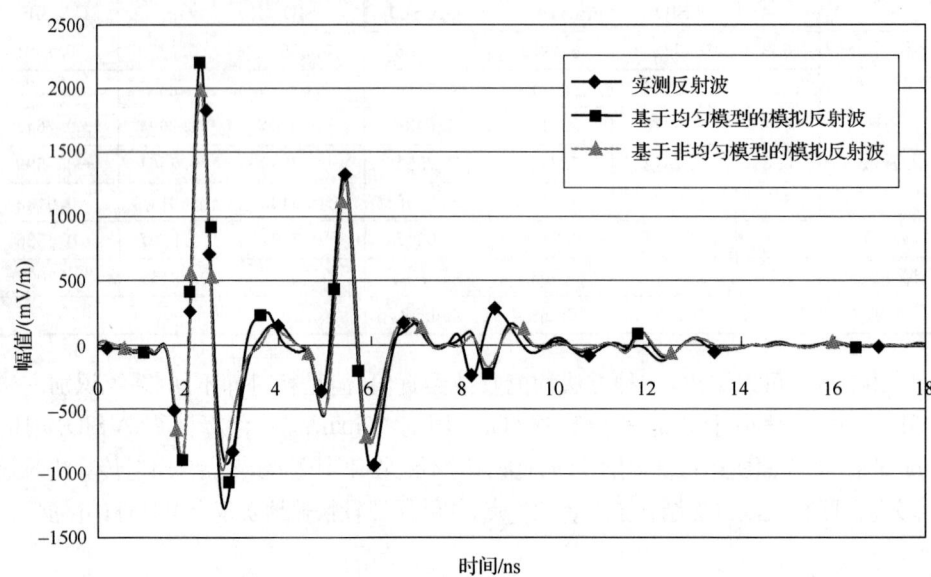

图 6.6　基于不同模型的模拟雷达反射波与实测反射波的对比

参 考 文 献

[1] Bagley J D. The behavior of adaptive system which employ genetic and correlation algorithm[J]. Dissertation Abstracts International,1967,28(12):185
[2] Holland J H. Adaption in Nature and Artificial Systems[M]. Ann Arbor:University of Michigan Press,1975
[3] De Jong K A. An analysis of the behavior of a class of genetic adaptive systems[D]. Michigan:University of Michigan,1975
[4] Davis L D. Handbook of Genetic Algorithms[M]. Boca Raton Florida:CRC Press,1991
[5] Goldberg D E. Genetic Algorithms in Search, Optimization and Machine Learning[M]. Boston:Addison-Wesley Professional Press,1989
[6] 周明,孙树栋. 遗传算法原理及应用[M]. 北京:国防工业出版社,1999
[7] 蔡迎春. 层状非均匀介质介电特性反演分析——路面雷达应用技术研究[D]. 大连:大连理工大学,2008

第7章 路面结构层厚度分析

7.1 基于简化公式的路面结构层厚度分析方法[1,2]

7.1.1 路面结构层厚度检测技术概况

路面结构层的厚度在路面工程质量检测评定、使用寿命预测及养护管理决策中都是重要的指标之一。在我国现行的《公路工程质量检验评定标准》(JTG F80—2004)中,路面结构层厚度在路面质量评价中占有重要权重。该标准规定,沥青混凝土路面每车道每200m测1处厚度;水泥混凝土路面每车道每200m测2处厚度[3]。另外,路面结构层厚度也是路面补强设计的重要依据。在应用落锤弯沉仪(FWD)弯沉检测数据反算路面结构层模量过程中,要求输入的厚度数据正确可靠。研究表明,厚度误差对模量反算结果将产生较大影响[4]。

然而,现行的路面结构层厚度检测手段与上述要求很不适应。至今,路面结构层厚度的检测还主要依赖于钻孔取芯或现场开挖、手工量测的办法,如图7.1所示。这种检测方法存在的主要问题有:

(1) 效率低下。取一组芯样一般至少需要半个小时。

(2) 代表性差。路面结构层厚度具有一定的离散性,即使每200m取一个芯样,也只是"一孔之见"。

(a) 钻孔取芯

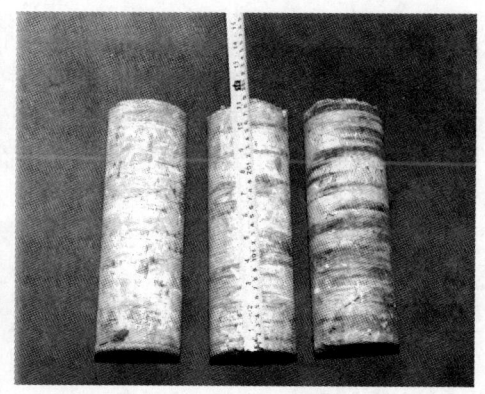
(b) 手工测厚

图7.1 钻孔取芯及手工测量厚度

(3) 对交通有干扰,测试人员安全感较差。

(4) 对路面结构有一定的破坏性。

因此,研究开发快速、高效、连续、无损的路面结构层厚度检测技术在国内外受到日益广泛的重视。自20世纪70年代中期以来,国际上关于探地雷达检测技术的研究十分活跃。美国、加拿大、法国等国家先后研制出探地雷达检测系统,开发了以简化公式为基础的路面结构层厚度分析软件。目前,探地雷达检测技术已成为路面无损检测技术的重要组成部分,代表了路面结构层厚度检测技术的发展方向。

7.1.2 探地雷达厚度检测简化计算公式

目前,探地雷达在公路检测中主要用于厚度检测[5~24]。然而,探地雷达并不能直接识别出路面结构层的厚度,介电常数才是探地雷达数据所反映的最重要的材料特性。由于介电常数和结构层厚度之间存在着直接的函数关系,因此对介电常数的分析精度直接决定了探地雷达对厚度的识别精度。

这里以图2.2~图2.4所示的三层路面结构为例来说明探地雷达测厚原理[3]。

图2.2中,脉冲电磁波 I_0 在面层中所经过的距离为

$$S_1 = 2\left(\frac{h_1}{\cos\beta_0}\right) = \frac{2h_1}{\cos\beta_0} \tag{7.1}$$

式中,S_1 为折射波在面层中所行经的距离(m);h_1 为 R_0 与 R_1 两界面之间的垂直距离(m);β_0 为脉冲电磁波 I_0 在基层中与主法线的折射角。当探地雷达发射频率一定、材料介质一定时,则折射角 β_0 也一定。该角可通过折射定律确定:

$$\frac{\sin\alpha_0}{\sin\beta_0} = \frac{v_0}{v_1} \tag{7.2}$$

式中,$\sin\alpha_0$ 为入射角的正弦值,α_0 为入射角(波与 R_0 界面法线的交角);$\sin\beta_0$ 为折射角的正弦值,β_0 为折射角(波与 R_1 界面法线的交角);v_0 为电磁波在空气中的传播速度;v_1 为电磁波在面层中的传播速度。

电磁波在介质中的传播速度 v 和路面结构第 i 层的介电常数的实部 $\varepsilon_{r,i}$ 之间存在着以下近似关系:

$$v = \frac{c}{\sqrt{\varepsilon_{r,i}}} \tag{7.3}$$

式中,c 表示电磁波在真空中的传播速度(3×10^8 m/s)。

式(7.3)目前被广泛地应用在结构层厚度计算中。

根据式(7.3),式(7.2)可表示为

$$\frac{\sin\alpha_0}{\sin\beta_0} = \frac{c/\sqrt{\varepsilon_0}}{c/\sqrt{\varepsilon_1}} = \frac{\sqrt{\varepsilon_1}}{\sqrt{\varepsilon_0}} \tag{7.4}$$

当 $\varepsilon_0 = 1$ 时

$$\beta_0 = \sin^{-1}\left(\frac{\sqrt{\varepsilon_0}}{\sqrt{\varepsilon_1}\sin\alpha_0}\right) = \sin^{-1}\left(\frac{1}{\sqrt{\varepsilon_1}\sin\alpha_0}\right) \tag{7.5}$$

在式(7.4)中,α_0 为脉冲电磁波 I_0 的入射角,是已知值。

于是,路面结构第一层(面层)的厚度可由下列公式计算:

$$v_1 = \frac{S_1}{\Delta t_1} = \frac{2h_1/\cos\beta_0}{\Delta t_1} = c/\sqrt{\varepsilon_1} \tag{7.6}$$

$$h_1 = \frac{c\Delta t_1}{2\sqrt{\varepsilon_1}}\cos\beta_0 \tag{7.7}$$

上述式中符号意义同前。

对于空气耦合式雷达天线,通常情况下其发射天线和接收天线要么合二为一(单基型天线),要么分开,但之间距离很小(双基型天线)。当地层倾角不大时,入射波的全部路径几乎是垂直路面的,即可近似假设雷达电磁波的入射角 α_0 为 0,则折射角 β_0 也为 0,于是式(7.7)可简化为

$$h_1 = \frac{c}{2\sqrt{\varepsilon_1}}\Delta t_1 \tag{7.8}$$

同理,路面结构第二层(基层)的厚度可用下式计算:

$$h_2 = \frac{c}{2\sqrt{\varepsilon_2}}\Delta t_2 \tag{7.9}$$

可以看出,当电磁波在结构层第 i 层中传播的双程走时 Δt_i 确定后,则路面结构第 i 层厚度便可由下式计算:

$$h_i = \frac{c\Delta t_i}{2\sqrt{\varepsilon_{r,i}}} \tag{7.10}$$

式中,h_i 为结构第 i 层厚度;Δt_i 为电磁波通过第 i 层的双程时间,可以通过探地雷达反射波算出;c 为真空中的光速(3.0×10^8 m/s);$\varepsilon_{r,i}$ 为第 i 层介质介电常数的实部。

由式(7.10)可以看出,利用探地雷达进行路面结构厚度检测的关键,一是确定电磁波在路面结构层中的传播时间 Δt_i,二是确定路面各结构层的介电常数 ε_i。式(7.10)中的介电常数 $\varepsilon_{r,i}$ 通常是根据探地雷达回波信号的波幅和时延直接计算得到的。对于路面结构第一层(面层)的介电常数,常用的计算公式如下[8~24]:

$$\varepsilon_{r,1} = \left(\frac{1 + \frac{A_1}{A_m}}{1 - \frac{A_1}{A_m}}\right)^2 \tag{7.11}$$

但对于路面结构第二层(基层)介电常数,现行的计算方法有以下几种:

(1) 1991 年,Maser 和 Scullion 分别提出如下两个计算基层介电常数的

公式[12]：

$$\varepsilon_{r,2} = \varepsilon_{r,1} \left[\frac{1-\left(\frac{A_1}{A_m}\right)^2 + \frac{A_2}{A_m}}{1-\left(\frac{A_1}{A_m}\right)^2 - \frac{A_2}{A_m}} \right]^2 \qquad (7.12)$$

$$\varepsilon_{r,2} = \varepsilon_{r,1} \left[\frac{1-\left(\frac{A_1}{A_m}\right)^2 + \frac{A_2}{A_m}}{1-\left(\frac{A_1}{A_m}\right) + \frac{A_2}{A_m}} \right]^2 \qquad (7.13)$$

(2) 1994 年出版的美国战略公路研究计划(Strategic Highway Research Program，SHRP 计划)报告 *Ground penetrating radar surveys to characterize pavement layer thickness variations at GPS sites* (SHRP-P-397)中，Maser 提出了下述基层介电常数的计算公式[13]：

$$\varepsilon_{r,2} = \varepsilon_{r,1} \left[\frac{\frac{4\sqrt{\varepsilon_1}}{\varepsilon_1 - 1} + \frac{A_2}{A_1}}{\frac{4\sqrt{\varepsilon_1}}{\varepsilon_1 - 1} - \frac{A_2}{A_1}} \right]^2 \qquad (7.14)$$

(3) 1995 年，Roddis 等又提出由下式来计算基层的介电常数[14]：

$$\varepsilon_{r,2} = \left[\frac{1+\frac{A_2}{A_1}}{1-\frac{A_2}{A_1}} \right]^2 \qquad (7.15)$$

(4) 在美国 Pulse Radar 公司的路面雷达数据分析软件中，基层介电常数 ε_2 的计算公式为

$$\varepsilon_{r,2} = \varepsilon_{r,1} \left[\frac{4\sqrt{\varepsilon_1} + \frac{A_2}{A_m}\varepsilon_1^2}{4\sqrt{\varepsilon_1} - \frac{A_2}{A_m}\varepsilon_1^2} \right] \qquad (7.16)$$

式中，A_1 为雷达波在路表面的反射波幅(V)；A_2 为雷达波在面层与基层界面上的反射波幅(V)；A_m 为雷达波金属板全反射波幅(V)。

以上关于基层介电常数的算法之所以不统一，原因在于路面结构层材料为复合多相介质，介电特性非常复杂，建立以雷达电磁波传播理论为基础的基层介电常数计算公式十分困难。于是，人们只能根据某些假定建立简化计算公式，不同的假定产生了不同的简化公式。这些简化公式在探地雷达厚度检测中发挥了重要作用。但是，这些简化公式未能全面反映雷达电磁波传播的本质和特点，给介电常数计算带来误差，从而导致探地雷达厚度的检测误差。因此，采用探地雷达检测路面结构层厚度时需要钻芯取样进行结果标定。

在以上关于基层介电常数的计算公式中，式(7.12)是比较常用的。以

式(7.12)为基础,可建立路面结构第三层的介电常数计算公式:

$$\varepsilon_{r,3} = \varepsilon_{r,2} \left[\frac{1-\left(\frac{A_0}{A_m}\right)^2 + R_1 \frac{A_1}{A_m} + \frac{A_2}{A_m}}{1-\left(\frac{A_0}{A_m}\right)^2 + R_1 \frac{A_1}{A_m} - \frac{A_2}{A_m}} \right]^2 \quad (7.17)$$

式中,R_1 为雷达波在第一层和第二层界面上的反射系数,由下式计算:

$$R_1 = \frac{\sqrt{\varepsilon_{r,1}} - \sqrt{\varepsilon_{r,2}}}{\sqrt{\varepsilon_{r,1}} + \sqrt{\varepsilon_{r,2}}} \quad (7.18)$$

同理,可建立路面结构第 n 层的介电常数计算公式:

$$\varepsilon_{r,n} = \varepsilon_{r,n-1} \left[\frac{1-\left(\frac{A_0}{A_m}\right)^2 + \sum_{i=1}^{n-2} R_i \frac{A_i}{A_m} + \frac{A_{n-1}}{A_m}}{1-\left(\frac{A_0}{A_m}\right)^2 + \sum_{i=1}^{n-2} R_i \frac{A_i}{A_m} - \frac{A_{n-1}}{A_m}} \right]^2 \quad (7.19)$$

反射系数 R_i 可以下式计算:

$$R_i = \frac{\sqrt{\varepsilon_{r,i}} - \sqrt{\varepsilon_{r,i+1}}}{\sqrt{\varepsilon_{r,i}} + \sqrt{\varepsilon_{r,i+1}}} \quad (7.20)$$

根据上述原理和计算公式,可应用探地雷达检测路面结构层厚度,其基本过程如图7.2所示。

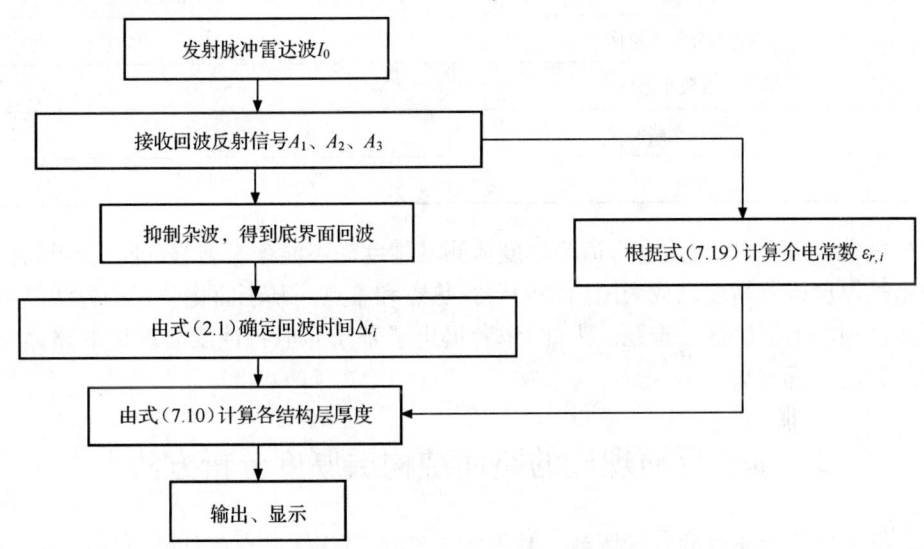

图 7.2　探地雷达厚度测试过程

如前所述,介电常数的分析精度直接决定了探地雷达对结构层厚度的检测精度。而式(7.11)关于面层介电常数的计算公式,是在以下两个重要假设的前提下提出的[13,15]：

(1) 各结构层介质是均匀的，各向同性的。

(2) 各结构层介质为非导电性介质，不考虑电磁波在介质传播过程中的衰减，即假设各结构层材料介电常数的虚部为 0。

一般情况下，将路面结构假设为层状各向同性体系是合理的。如果路面材料为低耗介质，如沥青混凝土，假设(2)是基本适用的。但如果路面材料为高耗介质，如水泥混凝土，忽略介电常数的虚部会给厚度计算带来较大误差[1,2]。在公式(7.10)中，不仅在计算介电常数时忽略了介电常数的虚部，而且在计算电磁波传播速度时也忽略了介电常数的虚部。由于面层介电常数的精度直接影响其他结构层介电常数的计算精度，误差累积将导致其他结构层厚度计算误差逐步增大。因此，目前探地雷达主要用于道路面层厚度的检测，而且时常需要钻芯取样进行精度标定。对于基层及底基层厚度检测，尚缺乏成熟的分析方法。

表 7.1 给出了美国交通部和联邦公路局公布的探地雷达路面结构层厚度检测精度范围[16]。可以看出，只有对于新铺沥青混凝土路面，探地雷达可以达到较高的精度。

表 7.1 探地雷达对路面结构层厚度检测精度的范围

结构层类型	检测精度（相比于钻芯厚度）
新铺沥青混凝土路面	3%～5%
旧沥青混凝土路面	5%～10%
水泥混凝土路面	5%～10%
基层	8%～15%

因此，应用探地雷达进行道路厚度检测其精度尚不能令人满意，进一步提高探地雷达厚度检测精度已成为国内外的研究热点和难点。基于简化公式的方法已不可能从根本上解决这一难题。为此，作者提出了基于介电特性反演理论的路面结构层厚度分析方法。

7.2 基于反演理论的路面结构层厚度分析方法[1,2]

路面结构为典型的层状体系。基于第 5 章的层状体系介电特性反演理论，可以建立路面结构介电特性反演分析的系统识别方法。

图 7.3 为路面结构介电特性反演分析基本过程，其过程可详细地以图 7.4 表示。

第 7 章 路面结构层厚度分析

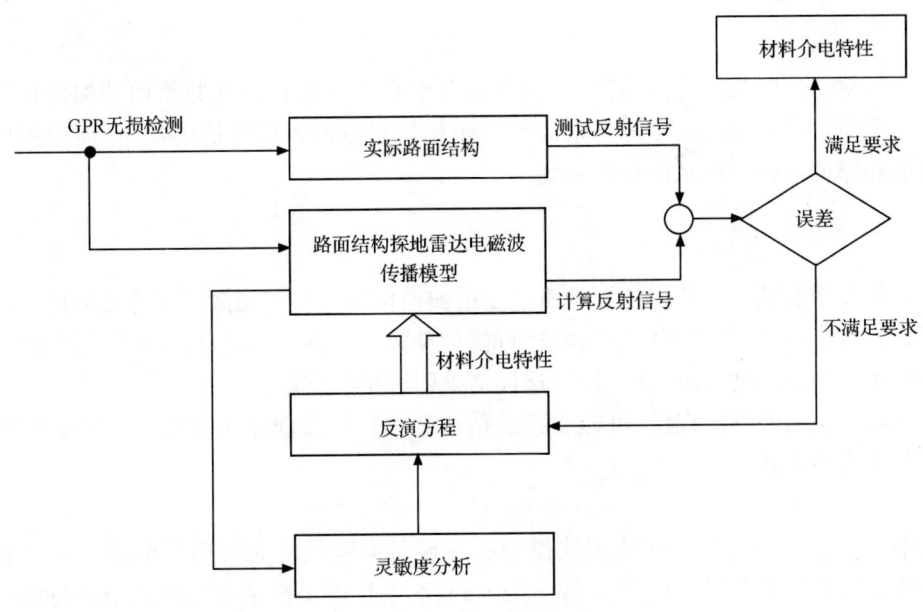

图 7.3 路面结构介电特性反演系统识别基本过程

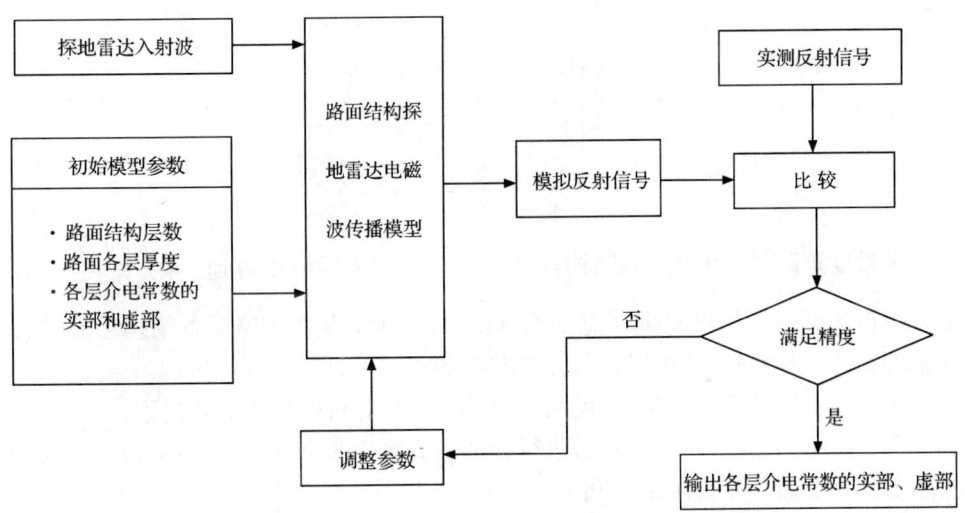

图 7.4 路面结构介电特性反演分析详细过程

根据图 7.3 和图 7.4,路面结构介电特性反演分析过程同样可表示为正演模拟和参数反演两个基本过程:

1. 正演模拟

针对路面结构的特点，建立全面考虑介电常数实部和虚部的路面结构探地雷达电磁波传播模型。将雷达入射波和初始模型参数输入该传播模型，从而得到电磁波在路面结构中传播的模拟反射信号。

2. 参数反演

将在正演模拟中获得的探地雷达反射波模拟信号与实测探地雷达反射信号进行比较，通过参数调整算法不断地进行模型参数的调整，从而使模拟信号与实测信号的拟合达到精度要求，并将最后迭代结果即模型参数输出。

基于灵敏度分析理论，可建立路面结构介电特性反演基本方程，即控制方程。其基本表达形式为

$$[F]\{P\} = \{e\} \tag{7.21}$$

式中，$\{P\}$为探地雷达电磁波正演模型参数调整向量；$\{e\}$为雷达反射波模拟结果与测试结果误差向量；$[F]$为灵敏度矩阵，它全面反映了探地雷达测试结果与材料介电特性之间的内在关系：

$$[F] = \begin{bmatrix} \dfrac{\partial f_1}{\partial p_1} & \dfrac{\partial f_1}{\partial p_2} & \cdots & \dfrac{\partial f_1}{\partial p_n} \\ \dfrac{\partial f_2}{\partial p_1} & \dfrac{\partial f_2}{\partial p_2} & \cdots & \dfrac{\partial f_2}{\partial p_n} \\ & & \vdots & \\ \dfrac{\partial f_m}{\partial p_1} & \dfrac{\partial f_m}{\partial p_2} & \cdots & \dfrac{\partial f_m}{\partial p_n} \end{bmatrix} \tag{7.22}$$

灵敏度矩阵$[F]$可由路面结构探地雷达电磁波传播模型得到。在$\dfrac{\partial f_k}{\partial P_i}$项中，$f_k$由模拟雷达反射信号第$k$个样点处的幅值$A_k$表示，$P_i$代表路面各结构层需进行调整的参数，即路面各结构层材料介电常数的实部ε'_i和虚部ε''_i。

下面以4层路面结构为例，说明介电特性反演分析的具体实施过程。

当路面结构层数为4时，则需进行调整的参数为8个，即路面各结构层介电常数的实部和虚部。参数向量P可表示为

$$P = (\varepsilon'_1, \varepsilon''_1, \varepsilon'_2, \varepsilon''_2, \varepsilon'_3, \varepsilon''_3, \varepsilon'_4, \varepsilon''_4)^T \tag{7.23}$$

式中，ε'_1、ε''_1、ε'_2、ε''_2、ε'_3、ε''_3和ε'_4、ε''_4分别表示路面结构第一层（面层）、第二层（基层）、第三层（底基层）和第四层（路基）材料介电常数的实部和虚部。

控制方程(7.21)可具体表示为

$$\begin{bmatrix} \frac{\partial A_1}{\partial \varepsilon_1'}\frac{\varepsilon_1'}{A_1} & \frac{\partial A_1}{\partial \varepsilon_1''}\frac{\varepsilon_1''}{A_1} & \cdots & \frac{\partial A_1}{\partial \varepsilon_4'}\frac{\varepsilon_4'}{A_1} & \frac{\partial A_1}{\partial \varepsilon_4''}\frac{\varepsilon_4''}{A_1} \\ \vdots & \vdots & & \vdots & \vdots \\ \frac{\partial A_m}{\partial \varepsilon_1'}\frac{\varepsilon_1'}{A_m} & \frac{\partial A_m}{\partial \varepsilon_1''}\frac{\varepsilon_1''}{A_m} & \cdots & \frac{\partial A_m}{\partial \varepsilon_4'}\frac{\varepsilon_4'}{A_m} & \frac{\partial A_m}{\partial \varepsilon_4''}\frac{\varepsilon_4''}{A_m} \end{bmatrix}_{m\times 8} \times \begin{bmatrix} \frac{\varepsilon_1'(i+1)-\varepsilon_1'(i)}{\varepsilon_1'(i)} \\ \frac{\varepsilon_1''(i+1)-\varepsilon_1''(i)}{\varepsilon_1''(i)} \\ \vdots \\ \frac{\varepsilon_4'(i+1)-\varepsilon_4'(i)}{\varepsilon_4'(i)} \\ \frac{\varepsilon_4''(i+1)-\varepsilon_4''(i)}{\varepsilon_4''(i)} \end{bmatrix}_{8\times 1} = \begin{bmatrix} \frac{A_1^{\text{meas}}-A_1}{A_1} \\ \frac{A_2^{\text{meas}}-A_2}{A_2} \\ \vdots \\ \frac{A_m^{\text{meas}}-A_m}{A_m} \end{bmatrix}_{m\times 1}$$
(7.24)

式中，$m\times 8$ 矩阵为灵敏度矩阵 F，其中的元素 F_{ki} 表示第 k 个样点处的幅值对路面第 i 层介电常数实部 ε_i' 和虚部 ε_i'' 的敏感性；8×1 矩阵为模型参数(路面各结构层介电常数的实部和虚部)调整向量 α；$m\times 1$ 矩阵为误差向量 r，表示实测雷达反射信号和由雷达电磁波正演模型计算得到的雷达反射波模拟信号之间的误差。

式(7.24)中各符号含义同 5.2.2 节。

通过对控制方程(7.24)的求解，可得到满足控制精度要求的雷达波正演模型参数向量 P^k：

$$P^k = [\varepsilon_1'(k),\varepsilon_1''(k),\varepsilon_2'(k),\varepsilon_2''(k),\varepsilon_3'(k),\varepsilon_3''(k),\varepsilon_4'(k),\varepsilon_4''(k)]^{\text{T}} \quad (7.25)$$

式中，k 表示达到控制精度要求的迭代运算次数；$\varepsilon_1'(k)$、$\varepsilon_1''(k)$、$\varepsilon_2'(k)$、$\varepsilon_2''(k)$、$\varepsilon_3'(k)$、$\varepsilon_3''(k)$ 和 $\varepsilon_4'(k)$、$\varepsilon_4''(k)$ 分别表示第 k 次迭代后探地雷达电磁波正演模型参数中路面结构第一层(面层)、第二层(基层)、第三层(底基层)和第四层(路基)材料介电常数的实部和虚部。

已知了 P^k，且已由计算机根据实测雷达反射波搜索到了电磁波在路面各结构层中的双程走时 Δt_i，则路面结构第 i 层的厚度 h_i 可由下式算得：

$$h_i = \frac{c}{2\sqrt{\varepsilon_i'(k)}}\Delta t_i \quad (7.26)$$

式中，$\varepsilon_i'(k)$ 为第 k 次迭代后路面结构第 i 层材料介电常数的实部。

在利用上述方法进行厚度分析时，是同时对路面所有结构层介电常数的实部和虚部进行反算并计算厚度的。这样当路面结构层较多时，需反算的参数就比较多。由于反问题的复杂性，反算的参数越多，反算难度也就越大。这种情况下，可以首先从第一层(面层)介电常数的反算和厚度分析入手。当迭代达到控制精度要求时，即固定第一层(面层)的介电常数和厚度，然后，再进行第二层(基层)介电常数的反算和厚度分析，直到迭代运算满足第二层(基层)的控制精度要求。接着，在进行第三层(底基层)介电常数反算和厚度分析时,将第一层(面层)和第二层(基层)的介电常数和厚度固定,依次类推。这样,每次迭代运算反算的参数只有 2 个,即每层介电常数的实部和虚部。这样不仅可大大提高反算效率,而且也解决了在反算多层结构厚度时可能出现的迭代不收敛现象。

7.3　路面结构介电特性反演及厚度分析软件 SIDTHK[1]

7.3.1　SIDTHK 软件设计

以上述理论为基础,作者开发了路面结构介电特性反演及其厚度分析软件 SIDTHK(system identification method for backcalculating the dielectric and thickness of pavement structures)。

软件总的流程如图 7.5 所示。基本运行过程如下:

(1) 读入程序迭代运行的控制参数。

(2) 读入一测点实测雷达反射波。

(3) 确定路面结构层数、雷达波在各层中的回波时间及各结构层材料介电常数实部和虚部的初值。

(4) 调用雷达电磁波正演模型计算雷达反射波模拟信号。

(5) 建立灵敏度矩阵。

(6) 比较雷达反射波模拟信号和实测雷达反射波样点幅值之间的误差,确定误差向量。

(7) 建立控制方程。

(8) 求解控制方程,得到各结构层材料介电常数实部和虚部的调整量。

(9) 进行迭代结果收敛性检查,判断迭代运算是否满足控制精度要求。

(10) 判断调整后的各结构层材料介电常数实部和虚部值是否达到边界。

(11) 判别是否需要重建灵敏度矩阵。如需重建,则调用雷达电磁波正演模型重新生成灵敏度矩阵。

(12) 重复步骤(7)~(11),直至计算结果与测试结果之间的误差达到控制精度要求。

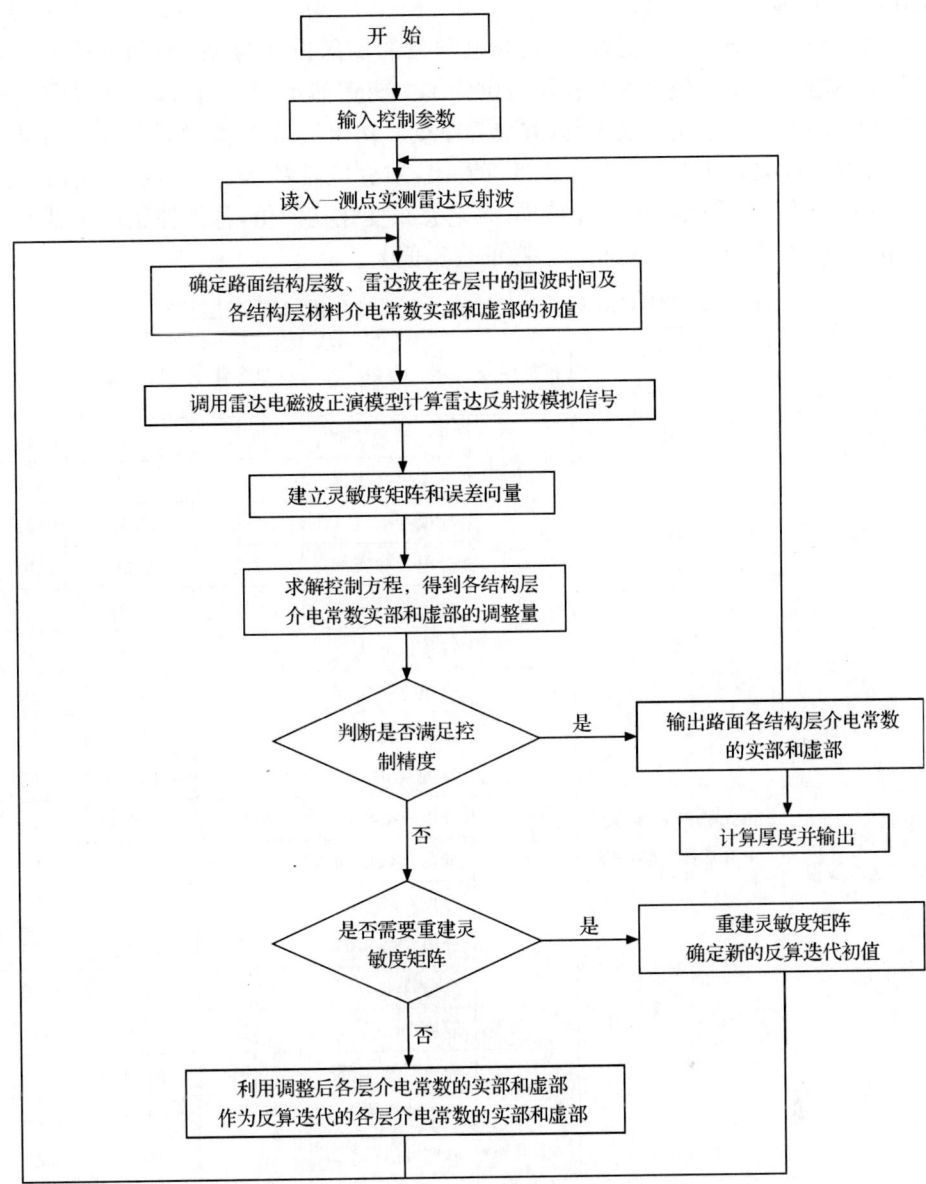

图 7.5 路面结构介电特性反演及其厚度分析程序流程图

7.3.2 SIDTHK 软件考评

1. SIDTHK 软件对正演模型参数初始值的敏感性考评

考察对象为模拟 16cm 厚单层板和实际 16cm 厚单层混凝土板,雷达入射波均采用图 3.13 所示的入射波。

对于模拟 16cm 厚单层板，将其介电常数的实部设计为 10，虚部设计为—2。对其雷达电磁波正演模型参数初始值设计了 7 组迥然不同的组合，反算对应于每组初始值的介电常数实部及虚部，并计算厚度。初始值设计、介电常数反算结果及厚度计算结果见表 7.2。从表 7.2 可以看出，对介电常数实部和虚部初始值的选取不影响 SIDTHK 软件的反算结果，无论怎么变化初始值，都能使正演模型参数相当准确地收敛于模拟模型相应参数的真实值上。

表 7.2 SIDTHK 软件对初始值的敏感性分析（模拟单层板）

模拟结构类型	模拟结构参数设计值	反算序号	参数	初始值	反算值	误差/%
单层板（板下为金属板）	介电常数实部:10 介电常数虚部:—2 厚度:16cm	1	介电常数实部	9.5	9.89	1.10
			介电常数虚部	−1.5	−1.97	1.50
			厚度/cm		15.9	0.63
		2	介电常数实部	2.0	9.89	1.10
			介电常数虚部	−1.0	−1.97	1.50
			厚度/cm		15.9	0.63
		3	介电常数实部	200.0	9.89	1.10
			介电常数虚部	−0.5	−1.97	1.50
			厚度/cm		15.9	0.63
		4	介电常数实部	250.0	9.89	1.10
			介电常数虚部	−100.0	−1.97	1.50
			厚度/cm		15.9	0.63
		5	介电常数实部	0.1	9.89	1.10
			介电常数虚部	−0.001	−1.97	1.50
			厚度/cm		15.9	0.63
		6	介电常数实部	500.0	9.89	1.10
			介电常数虚部	−0.001	−1.97	1.50
			厚度/cm		15.9	0.63
		7	介电常数实部	0.1	9.89	1.10
			介电常数虚部	−100.0	−1.97	1.50
			厚度/cm		15.9	0.63

对于实际 16cm 厚单层混凝土板，其雷达反射波实测波形如图 3.15 所示。对此实际混凝土板的雷达波正演模型参数初始值也设计了 7 组不同的组合，并反算对应于每组初始值的介电常数实部及虚部，然后计算厚度。介电常数实部及虚部

反算结果对初始值的敏感性分析如表 7.3 所示。从表 7.3 可以看出,介电常数实部和虚部初始值的选取对于实际结构同样不影响 SIDTHK 软件的反算结果,无论怎么变化初始值,都能使正演模型参数准确地收敛于实际结构相应参数的真实值上。

表 7.3　SIDTHK 软件对初始值的敏感性分析(实际单层混凝土板)

实际结构类型	反算序号	参数	初始值	反算值	误差/%
16cm 单层混凝土板（板下为金属板）	1	介电常数实部	10.0	9.04	
		介电常数虚部	−1.0	−1.69	
		厚度/cm		16.3	1.88
	2	介电常数实部	2.0	9.02	
		介电常数虚部	−0.5	−1.69	
		厚度/cm		16.3	1.88
	3	介电常数实部	300.0	9.03	
		介电常数虚部	−0.25	−1.69	
		厚度/cm		16.3	1.88
	4	介电常数实部	250.0	9.03	
		介电常数虚部	−100.0	−1.69	
		厚度/cm		16.3	1.88
	5	介电常数实部	500.0	9.03	
		介电常数虚部	−0.001	−1.69	
		厚度/cm		16.3	1.88
	6	介电常数实部	0.1	9.03	
		介电常数虚部	−0.001	−1.69	
		厚度/cm		16.30	1.88
	7	介电常数实部	0.001	9.04	
		介电常数虚部	−30.0	−1.69	
		厚度/cm		16.3	1.88

以上考评结果表明,无论是对模拟结构还是实际结构,SIDTHK 软件对正演模型参数初始值的选取不敏感,具有较强的稳定性。

2. SIDTHK 软件反演精度考评

应用 SIDTHK 软件分别对模拟单层板和实际单层混凝土板的介电特性进行反算,并分析厚度。对模拟结构和实际结构都采用图 3.13 所示的入射波。

对于模拟单层板,共设计了 6 组模型参数。其中前 3 组参数将板的厚度设计为 16cm,介电常数的实部设计为 10,变化介电常数虚部分别为-5、-2、-0.03,以考评虚部变化对反算精度的影响;后三组参数将厚度设计为 16cm,介电常数的虚部设计为-2,变化介电常数的实部分别为 20、10、5,以考评实部变化对反算结果的影响。利用 SIDTHK 软件对该模拟板介电常数的实部、虚部进行反算并分析其厚度,同时利用简化公式法分析该模拟板介电常数的实部和厚度,结果如表 7.4 所示。

表 7.4 SIDTHK 软件反算精度考评(模拟单层板)

模拟结构类型	反算序号	模拟结构参数设计值			SIDTHK(反演理论)						简化公式法			
		介电常数		厚度/cm	介电常数				厚度		介电常数实部		厚度	
		实部	虚部		实部		虚部							
					反算值	误差/%	反算值	误差/%	计算值/cm	误差/%	计算值/cm	误差/%	计算值/cm	误差/%
单层板(板下为金属板)	1	10	-5	16	9.69	3.10	-4.91	1.80	16.0	0.00	11.20	12.00	14.9	6.88
	2	10	-2	16	9.89	1.10	-1.97	1.50	15.9	0.62	10.13	1.30	15.6	2.50
	3	10	-0.5	16	9.75	2.30	-0.47	6.00	16.3	1.88	9.98	0.20	16.2	1.25
	4	20	-2	16	19.97	0.15	-1.97	1.50	15.9	0.62	20.50	2.5	15.6	2.50
	5	15	-2	16	14.97	0.20	-1.97	1.50	16.0	0.00	15.50	3.33	15.6	2.50
	6	5	-2	16	4.74	5.20	-1.92	4.00	16.1	0.62	5.70	14.00	14.7	8.13
平均误差/%						2.00		2.72		0.62		5.56		3.96

从表 7.4 可以看出:

(1) 对于模拟结构,SIDTHK 软件对介电常数实部的平均反算误差为 2.00%,虚部的平均反算误差为 2.72%,对厚度的分析精度在 2%以内,平均计算误差为 0.62%;简化公式法对介电常数实部的平均计算精度为 5.56%,对厚度的计算精度在 9%以内,平均计算误差为 3.96%。这些统计数据表明 SIDTHK 软件对模拟结构介电特性及其厚度的计算精度明显高于简化公式法。

(2) SIDTHK 软件对介电常数及其厚度的计算精度几乎不受结构模型介电常数实部和虚部变化的影响,显示出 SIDTHK 软件在应用时具有较强的稳定性;而简化公式法对厚度的计算精度随结构模型介电常数虚部的增加而降低,只有当介电常数的虚部较低时才会给出相对较好的结果,表明简化公式法在应用中具有较大的局限性。原因在于 SIDTHK 软件采用了全面考虑介电常数实部和虚部的雷达电磁波传播模型,所以在计算时不受介电常数虚部变化的影响。而简化公式法在介电特性及厚度计算时没有考虑介电常数的虚部,导致介电常数的虚部越高,其计算精度越差。

对于 16cm 厚实际单层混凝土板,两种结构模型分别见 3.2.3 节 1 中的实例一和实例二,实测反射信号见图 3.15 和图 3.18。利用 SIDTHK 软件反算该实际单层混凝土板介电常数的实部、虚部并分析其厚度,同时利用简化公式法计算该实际结构介电常数的实部和厚度,结果见表 7.5。分析表 7.5,可以看出:

(1) 对于实际单层混凝土板的两种模型,SIDTHK 软件的厚度计算误差分别为 1.88% 和 0.62%,平均计算误差为 1.25%;简化公式法的厚度计算误差分别为 3.86% 和 5.00%,平均计算误差为 4.43%。显示出 SIDTHK 软件对于实际结构介电特性及其厚度的计算精度也明显高于简化公式法。

(2) SIDTHK 软件进行厚度计算时,不需对结果进行钻芯标定,即可达到较高的精度。

表 7.5　SIDTHK 软件反算精度考评(实际单层混凝土板)

实际结构类型	反算序号	SIDTHK(反演理论)				简化公式法		
		介电常数		厚度		介电常数	厚度	
		实部反算值	虚部反算值	计算值/cm	误差/%	实部计算值	计算值/cm	误差/%
16cm 厚单层混凝土板(板下为金属板)	1	9.04	−1.69	16.3	1.88	8.65	16.62	3.86
16cm 厚单层混凝土板(板下为空气层)	2	9.07	−0.98	15.9	0.62	8.12	16.80	5.00
平均误差/%					1.25			4.43

通过 SIDTHK 软件迭代运算后,实际单层混凝土板的模拟反射信号与实测反射信号的对比分别见图 7.6 和图 7.7(为了突出拟合效果,将混凝土板底界面以后的雷达信号归零)。观察图 7.6 和图 7.7,同时将其与图 3.14 和图 3.17 所示的迭代运算前的模拟波形进行对比,可以看出经 SIDTHK 迭代运算后,雷达反射波模拟信号较好地拟合了实测信号。

---

① 注:在表 7.2~表 7.5 中,误差$=\left|\dfrac{\text{计算结果}-\text{实测结果(设计值)}}{\text{实测结果(设计值)}}\right|\times 100\%$

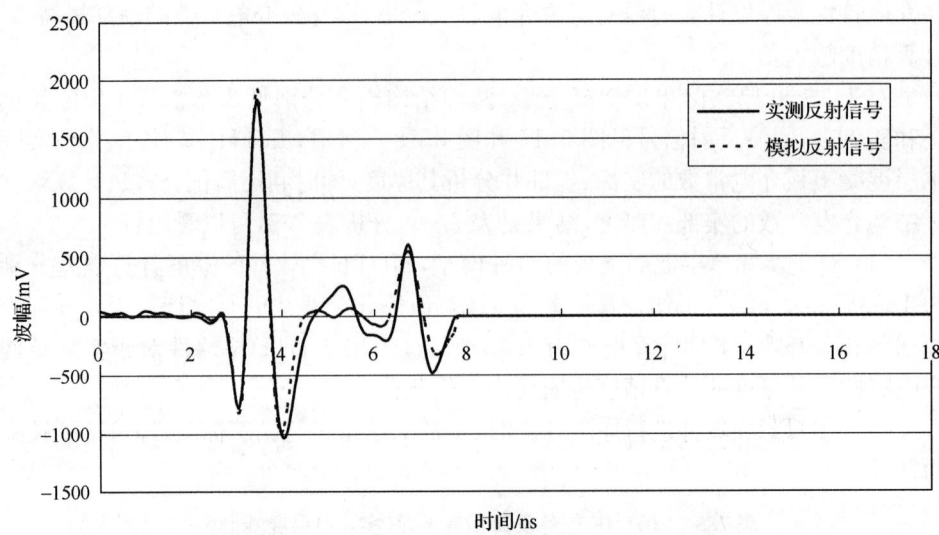

图 7.6 实测雷达反射信号和模拟雷达反射信号
(单层混凝土板,板下放置金属板)

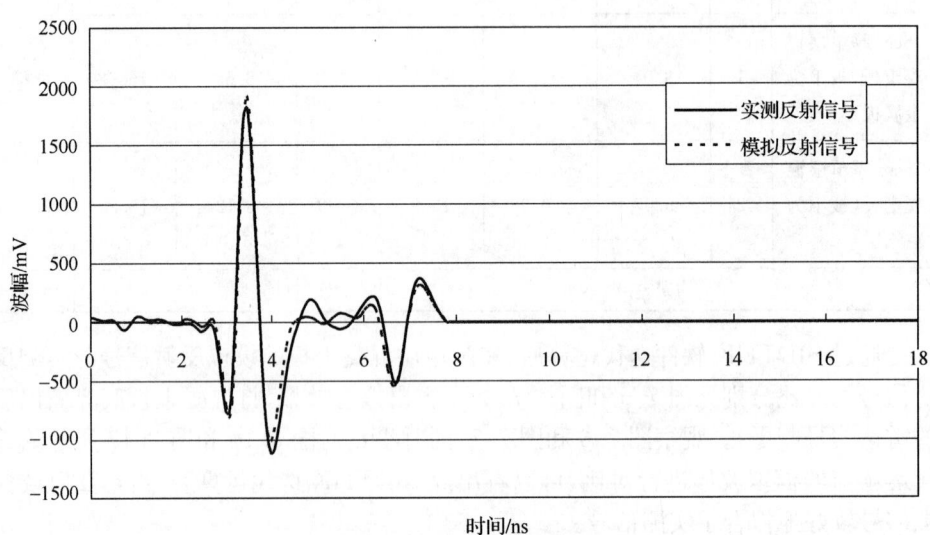

图 7.7 实测雷达反射信号和模拟雷达反射信号
(单层混凝土板,板下为空气层)

7.4 工程应用实例[1,2]

1. 实例 1

某高速公路已运行多年亟待维护。其面层为 20cm 厚沥青混凝土,基层为 20cm 厚水泥稳定碎石,底基层为 35cm 厚石灰土,路基假定为半无限体。

采用 Rodar V 1GHz 探地雷达对该高速公路进行检测,分别采用 SIDTHK 软件和简化公式法对其某桩号紧急停车带上 8 个完整芯样点的雷达数据进行分析,计算这 8 个测试点处的介电特性和厚度,并将厚度分析结果与钻芯结果进行对比,结果如表 7.6 所示,同时将表 7.6 中的厚度分析结果表示为图 7.8 所示的柱状图形式。

表 7.6 实例 1 高速公路介电特性及其厚度分析结果

路面类型	测点编号	钻芯厚度/cm	SIDTHK(反演理论)				简化公式法		
			介电常数		厚度		介电常数	厚度	
			实部反算值	虚部反算值	计算值/cm	误差/%	实部计算值	计算值/cm	误差/%
旧沥青混凝土路面	1	21.0	6.65	−0.22	21.9	4.29	5.96	23.1	10.00
	2	20.0	7.71	−0.35	19.1	4.50	6.18	21.4	7.00
	3	20.5	7.60	−1.62	19.7	3.90	5.09	24.0	7.80
	4	19.5	6.54	−1.78	20.4	4.62	5.63	17.9	8.21
	5	20.5	7.76	−0.54	20.2	1.46	4.66	19.7	3.90
	6	19.5	7.10	−0.38	19.5	0.00	5.70	21.8	11.79
	7	22.5	6.83	−0.88	22.0	2.22	5.27	25.0	11.11
	8	20.0	8.26	−0.08	19.6	2.00	5.40	18.8	6.00
平均误差/%						2.87			8.23

从表 7.6 和图 7.8 可以看出:

(1) SIDTHK 软件对实例 1 旧沥青混凝土路面厚度分析的最大单点误差为 4.62%,平均反算误差为 2.87%;简化公式法的厚度计算最大单点误差为 11.79%,平均计算误差为 8.23%。这些数据表明 SIDTHK 软件对旧沥青混凝土路面结构层厚度的计算精度明显高于简化公式法对厚度的计算精度,它有效地将该例中探地雷达对厚度的平均检测误差由 8.23% 降低至 2.87%,显示该软件对旧沥青混凝土路面介电特性及其厚度具有非常稳定且良好的计算精度。

(2) 简化公式法对于实例 1 公路厚度的计算结果离散性很大,其中对 1、6、7

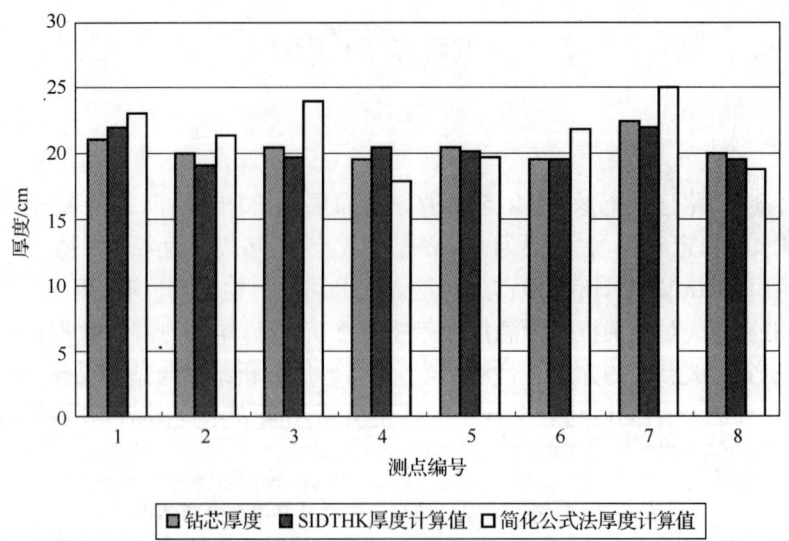

图 7.8 实例 1 高速公路 SIDTHK 软件厚度计算结果与简化公式法计算结果对比

号点的厚度计算误差分别为 10%、11.79% 和 11.11%,均超过了 10%。而 SIDTHK 对这 3 个点的厚度计算误差分别为 4.29%、0.00%、2.22%。原因在于该路为运行多年的旧路,剥落、松散、裂纹等病害现象严重。由于雷达现场测试的前一天下了雨,雨水渗入并滞留在沥青层内的空隙中,从而引起沥青层含水量的增加,导致沥青层材料介电常数的增大,特别是其虚部的增大。显然这时采用忽略介电常数虚部的简化公式法不会得到理想的计算结果,而钻芯结果也显示 1、6、7 号点芯样的孔隙率明显比其他芯样高。这个现象说明,含水量是影响简化公式法厚度计算精度的另一个主要原因,这也是为什么简化公式法对雷达数据采集时的路面及天气状况要求苛刻,一定要求测试要在路面呈干燥状态下进行的原因。SIDTHK 软件由于考虑了介质介电常数虚部的影响,所以该软件的使用对数据采集时的路面及天气状况没有苛刻的要求,这显然减少了探地雷达应用对天气和路况的依赖性,提高了探地雷达应用的时效性。

经 SIDTHK 软件迭代运算后,测试点雷达反射波模拟结果与实测结果的对比如图 7.9～图 7.16 所示。可以看出,经 SIDTHK 软件迭代运算后,探地雷达反射波的模拟结果较好地拟合了实测结果。

2. 实例 2

某新通车高速公路,其面层为 15cm 厚沥青混凝土,基层为 20cm 厚水泥稳定碎石,底基层为 30cm 水泥稳定砂砾,路基假定为半无限体。

第 7 章 路面结构层厚度分析

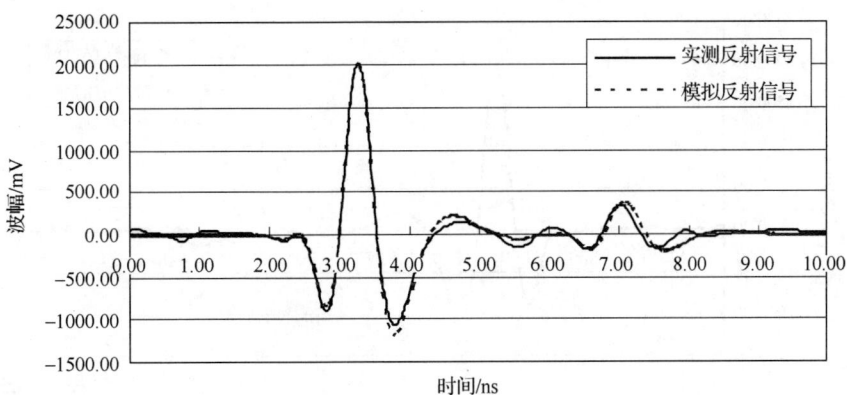

图 7.9 雷达反射信号实测结果和模拟结果对比(实例 1 高速公路 1 号点)

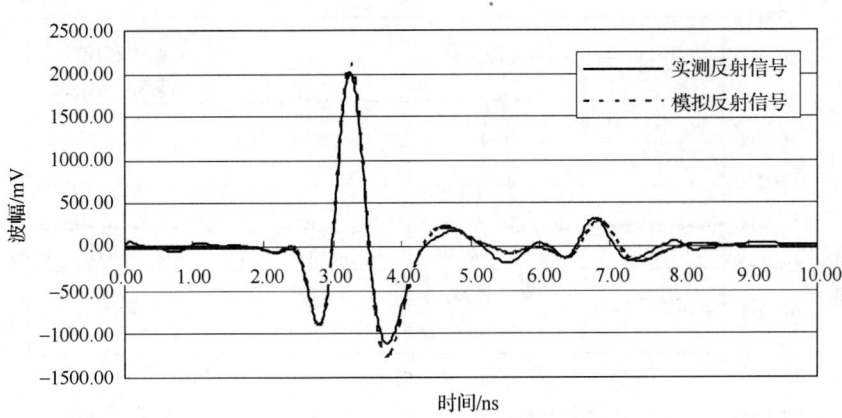

图 7.10 雷达反射信号实测结果和模拟结果对比(实例 1 高速公路 2 号点)

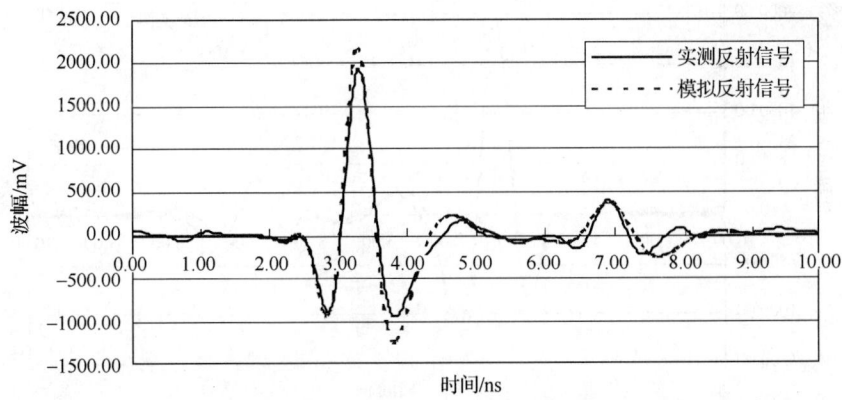

图 7.11 雷达反射信号实测结果和模拟结果对比(实例 1 高速公路 3 号点)

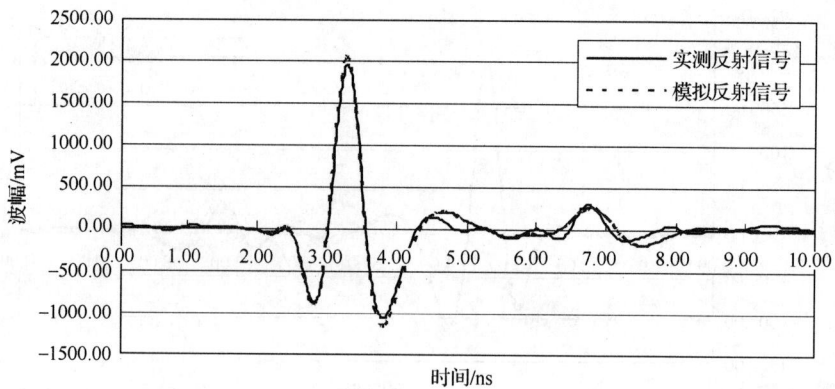

图 7.12 雷达反射信号实测结果和模拟结果对比（实例 1 高速公路 4 号点）

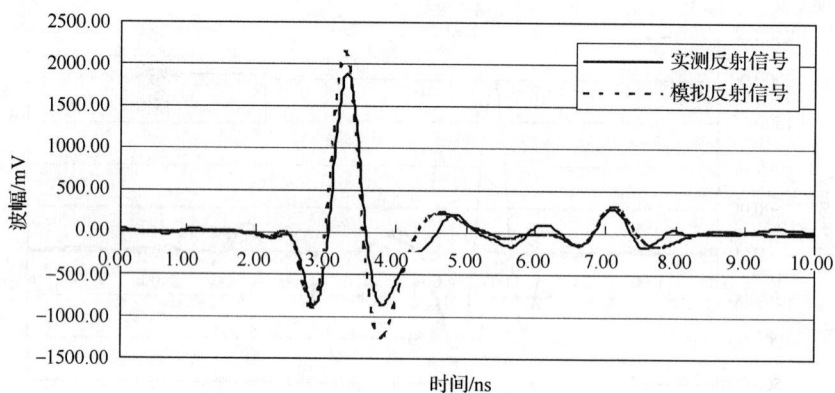

图 7.13 雷达反射信号实测结果和模拟结果对比（实例 1 高速公路 5 号点）

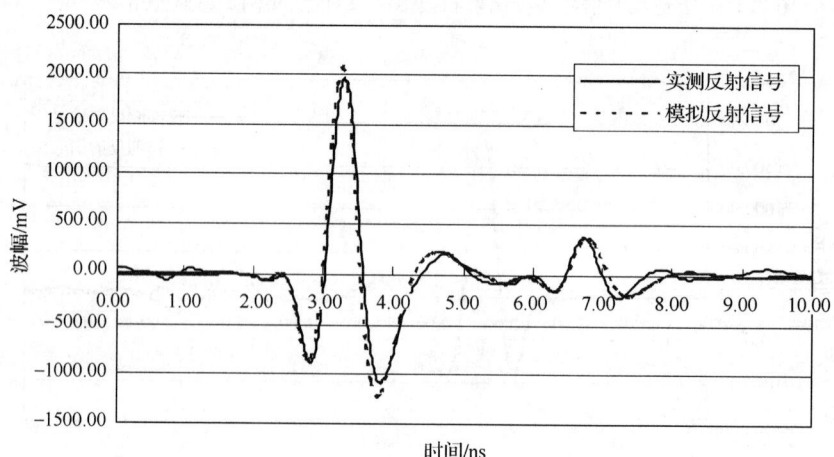

图 7.14 雷达反射信号实测结果和模拟结果对比（实例 1 高速公路 6 号点）

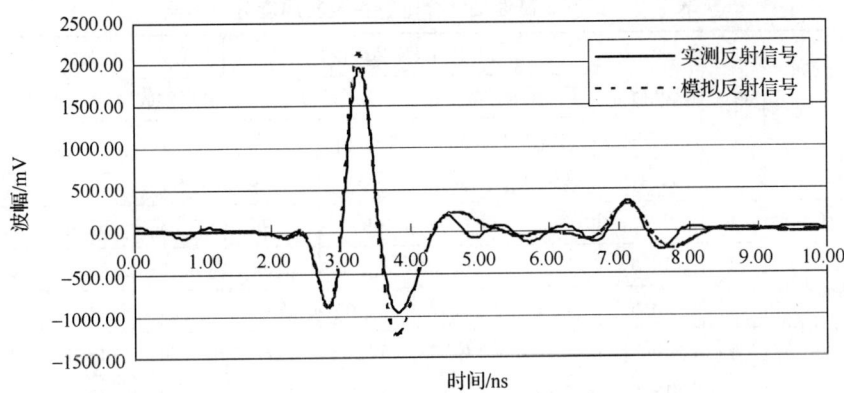

图 7.15 雷达反射信号实测结果和模拟结果对比(实例1高速公路7号点)

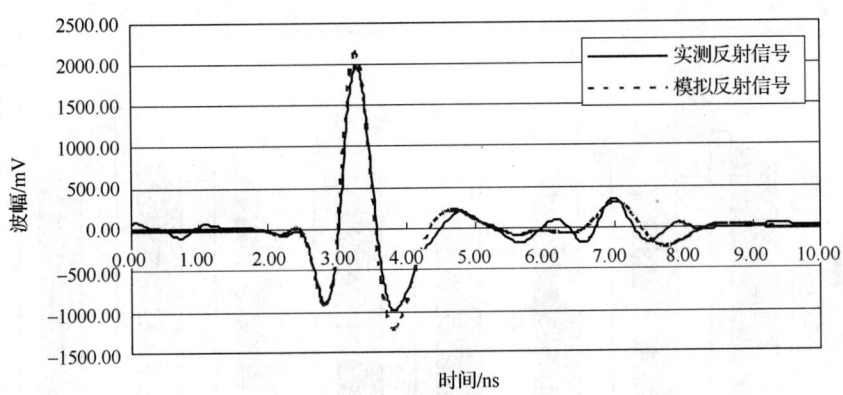

图 7.16 雷达反射信号实测结果和模拟结果对比(实例1高速公路8号点)

采用 Rodar V 1GHz 探地雷达对其双向行车道和超车道进行检测,并在5个公里整桩号处进行钻芯取样。分别采用 SIDTHK 软件和简化公式法分析这5个点的雷达数据,计算这5个测试点处的介电特性和厚度,并将厚度分析结果与钻芯结果进行对比,结果如表7.7所示,同时将表7.7中的厚度分析结果表示为图7.17所示的柱状图形式。

从表7.7和图7.17可以看出,对于实例2新铺沥青混凝土路面,SIDTHK 软件对厚度的单点最大计算误差为 2.94%,平均计算误差为 1.99%;简化公式法对厚度的单点最大计算误差为 9.42,平均计算误差为 5.42%。这些数据表明 SIDTHK 软件对新铺沥青混凝土路面结构层厚度的计算精度明显高于简化公式法的计算精度,它有效地将该例中探地雷达对厚度的平均检测误差由 5.42%降低至 1.99%,显示该软件对新铺沥青混凝土路面介电特性及其厚度具有非常稳定且良好的计算精度。

表 7.7 实例 2 高速公路介电特性及其厚度分析结果

路面类型	测点编号	钻芯厚度/cm	SIDTHK（反演理论）				简化公式法		
			介电常数		厚度		介电常数	厚度	
			实部反算值	虚部反算值	计算值/cm	误差/%	实部计算值	计算值/cm	误差/%
新铺沥青混凝土路面	1	15.1	8.28	−0.66	14.8	1.99	5.24	15.6	3.47
	2	14.6	7.90	−0.70	14.4	1.37	5.16	15.0	2.41
	3	13.6	7.09	−0.47	14.0	2.94	4.55	14.6	7.47
	4	15.2	7.28	−0.25	15.4	1.32	4.60	16.6	9.42
	5	12.8	6.97	−0.13	12.5	2.34	4.32	13.4	4.34
平均误差/%						1.99			5.42

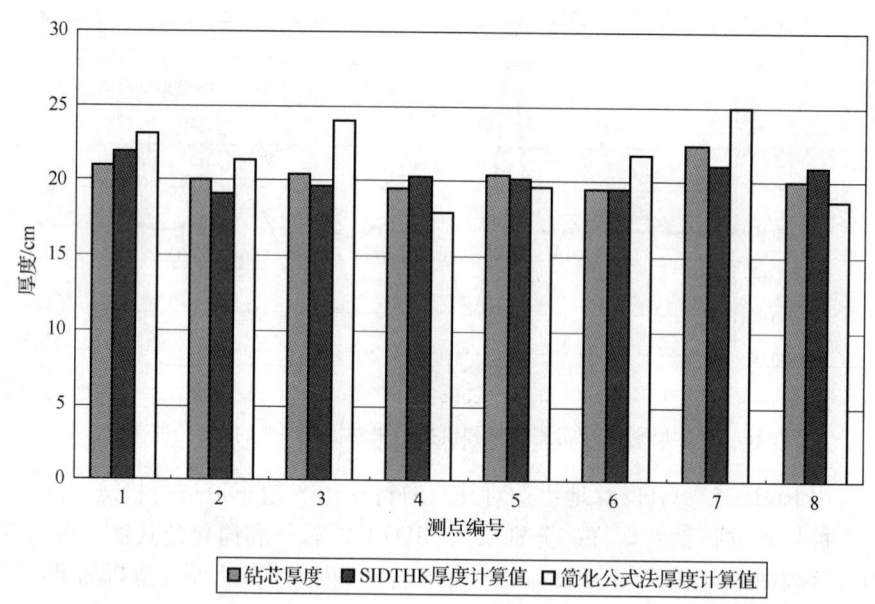

图 7.17 实例 2 高速公路 SIDTHK 软件厚度计算结果与简化公式法计算结果对比

对比实例 1 还可发现，不论是 SIDTHK 软件还是简化公式法，对新铺沥青混凝土路面结构层厚度的分析精度都高于对旧沥青混凝土路面结构层厚度的分析精度。原因在于：

(1) 新铺沥青路面介质均匀，更符合简化公式法以及 SIDTHK 软件所基于的正演模型对于结构层介质均匀、各向同性的假设。而随着路面运行时间的增加，沥青层发生老化现象，剥落、松散、裂纹、坑洞、塌陷等病害随之出现并越来越严重，使得各向同性的假设越来越偏离实际路况，从而导致厚度分析误差的增大。

(2) 新铺路面各结构层间界面清晰,而随着路面运行时间的增加,在行车载荷的反复作用下,结构层交界面处材料相互渗透,致使界面的清晰程度下降,给准确识别雷达反射信号的波峰带来一定困难,使得对反射信号波峰识别的准确性降低,导致对结构层厚度分析误差的增大。

经 SIDTHK 软件迭代运算后,该路 5 个测试点的雷达反射波模拟结果与实测结果的对比如图 7.18～图 7.22 所示。可以看出,经 SIDTHK 软件迭代运算后,探地雷达电磁波的模拟反射信号较好地拟合了实测反射信号。

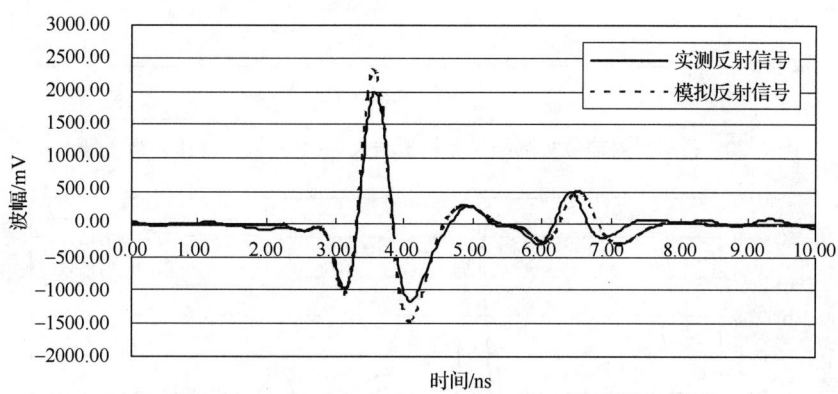

图 7.18 雷达反射信号实测结果和模拟结果对比(实例 2 高速公路 1 号点)

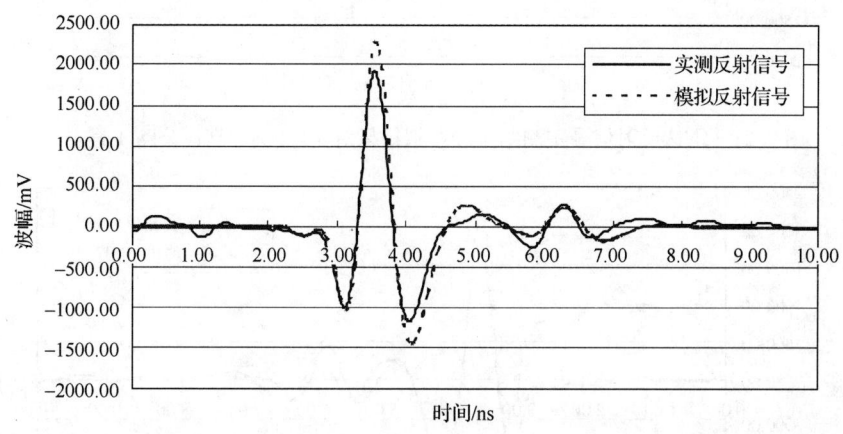

图 7.19 雷达反射信号实测结果和模拟结果对比(实例 2 高速公路 2 号点)

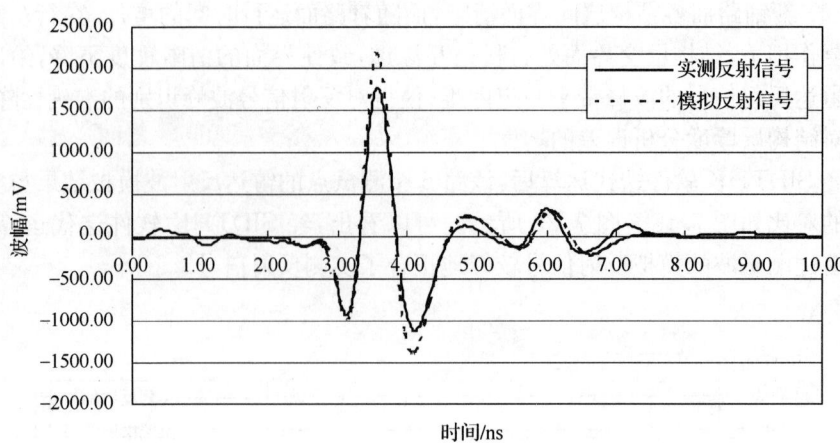

图 7.20　雷达反射信号实测结果和模拟结果对比（实例 2 高速公路 3 号点）

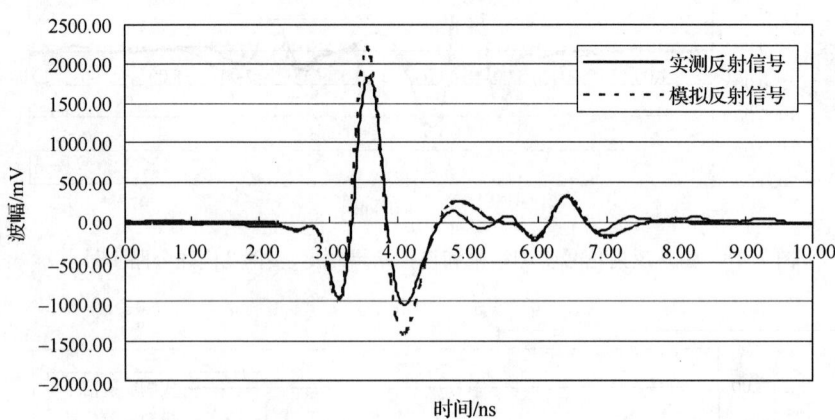

图 7.21　雷达反射信号实测结果和模拟结果对比（实例 2 高速公路 4 号点）

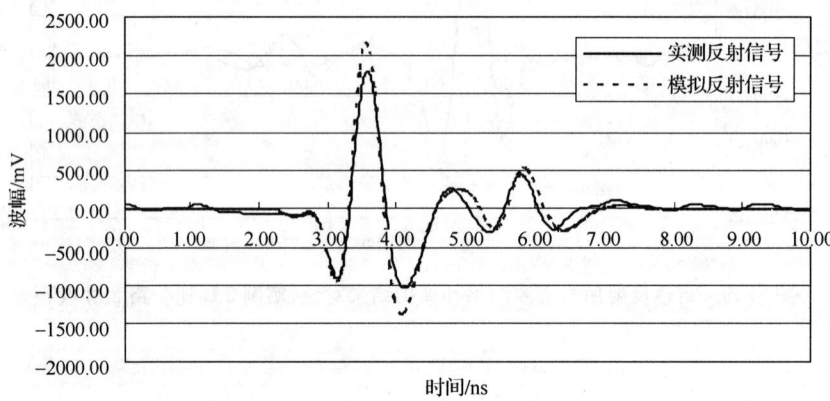

图 7.22　雷达反射信号实测结果和模拟结果对比（实例 2 高速公路 5 号点）

3. 实例3

某施工中高速公路,其面层由4cm细粒式沥青混凝土上面层、6cm中粒式沥青混凝土中面层和8cm粗粒式沥青混凝土下面层组成,基层为34cm水泥稳定碎石,底基层为20cm粉煤灰,路基假定为半无限体。采用 Rodar V 1GHz 探地雷达对其进行施工过程厚度控制。检测时,大部分路段铺筑了粗粒式沥青混凝土下面层,部分路段摊铺了中粒式沥青混凝土中面层。

采用 Rodar V 1GHz 探地雷达对其进行检测,分别采用 SIDTHK 软件和简化公式法对钻芯取样点进行面层厚度和基层厚度分析,结果如表7.8及图7.23、图7.24所示。

表7.8 实例3高速公路面层和基层介电特性及其厚度分析结果

测点编号	钻芯厚度/cm		SIDTHK(反演理论)				简化公式法			
	下面层厚度/cm	基层厚度/cm	下面层厚度/cm	误差/%	基层厚度/cm	误差/%	下面层厚度/cm	误差/%	基层厚度/cm	误差/%
1	7.1	31.0	6.9	2.82	30.5	1.61	7.5	5.63	33.3	7.42
2	7.7	33.0	7.6	1.29	31.6	5.24	8.1	5.19	35.6	5.85
3	7.3	40.0	7.1	2.74	38.8	3.00	7.5	2.74	42.8	7.00
4	8.0	35.0	7.8	2.50	35.5	1.43	8.4	5.14	33.2	5.14
5	8.1	35.8	8.1	0.0	35.4	1.12	8.3	2.47	36.9	3.07
6	15.9	32.8	15.7	1.26	31.5	3.96	15.4	3.14	35.8	6.10
平均误差/%				1.77		2.56		5.03		5.60

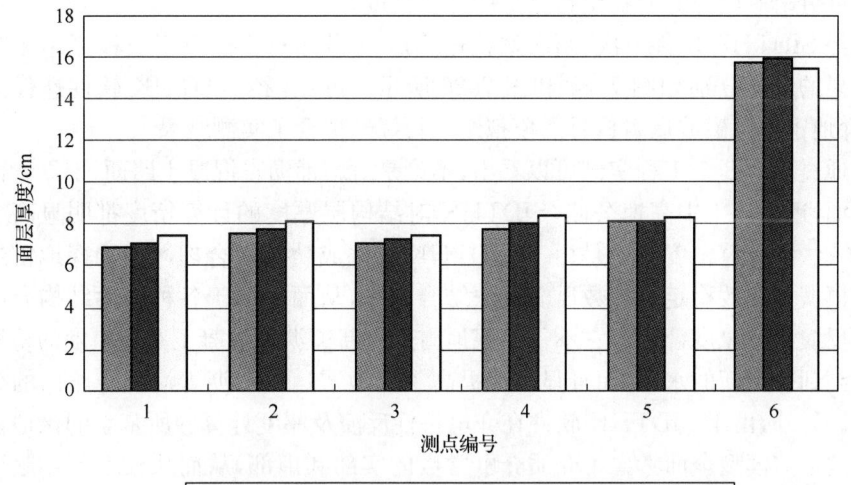

图7.23 实例3高速公路面层厚度计算结果与简化公式法计算结果对比

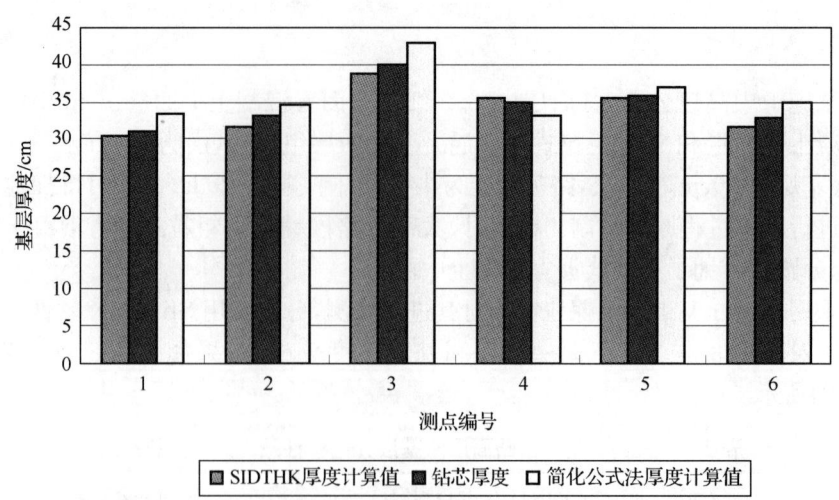

图 7.24 实例 3 高速公路基层厚度计算结果与简化公式法计算结果对比

从表 7.8 和图 7.23、图 7.24 可以看出,对于实例 3 施工中高速公路,SIDTHK 软件对于面层厚度的最大计算误差是 2.82%,平均计算误差为 1.77%;对于基层厚度的最大计算误差为 5.24%,平均误差为 2.56%。简化公式法对于面层厚度的最大计算误差是 5.63%,平均计算误差为 5.03%;对于基层厚度的最大计算误差为 7.42%,平均误差为 5.60%。这些数据表明 SIDTHK 软件对于施工中高速公路面层及基层厚度的计算精度明显高于简化公式法的计算精度,其单点厚度计算误差及平均计算误差均能满足工程检测的要求,显示 SIDTHK 软件在路面结构多层厚度分析中同样具有稳定且良好的计算精度。

经 SIDTHK 软件一次、两次迭代运算后,2 号测点雷达反射波模拟结果与实测结果的对比分别如图 7.25 和图 7.26 所示。可见,经 SIDTHK 软件迭代运算后,探地雷达电磁波反射信号的模拟结果较好地拟合了实测结果。

通过以上 3 个工程实例可以看出,不论是对新铺沥青混凝土路面、旧沥青混凝土路面,还是施工中高速公路,SIDTHK 对结构层厚度的计算精度都明显高于简化公式法的计算精度。这是由于 SIDTHK 软件成功地将合理严谨的探地雷达波正演模型和高效稳定的参数反演方法结合起来,从而适用于各种路面结构介电特性的反演及其厚度计算。它不仅将探地雷达对新铺沥青混凝土路面厚度的检测精度提高到一个新的水平,而且显著地提高了探地雷达对旧沥青混凝土路面的分析精度。另外,由于 SIDTHK 软件在介电特性反演及厚度计算中所基于的探地雷达电磁波正演模型全面考虑了介质介电常数的实部和虚部,从而从根本上克服了简化公式法的局限性,且不需通过钻芯进行厚度结果标定,真正实现了探地雷达对结构层厚度的无损检测。这对于科学快速检测评价路网的使用性能,实施路网使用性能的防预性养护和信息化管理,对于在建公路施工质量的实时检测与评价,及时发现工程质量隐患,具有重大的理论意义和应用价值。

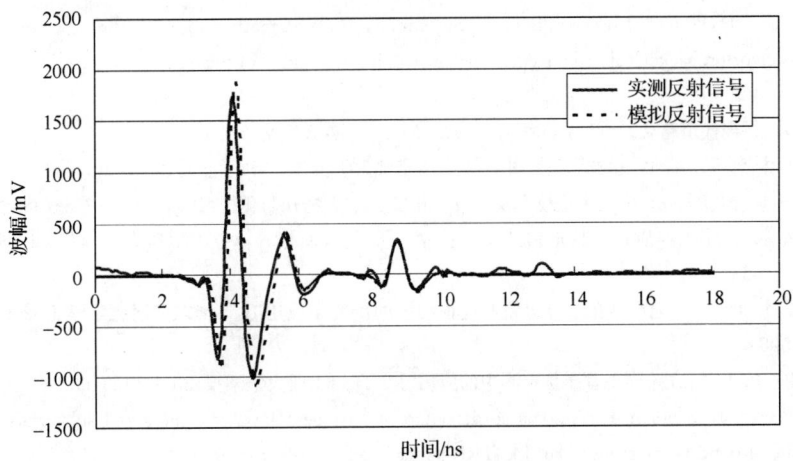

图 7.25　第一次迭代运算后雷达反射信号实测结果和模拟结果对比
（实例 3 高速公路 2 号点）

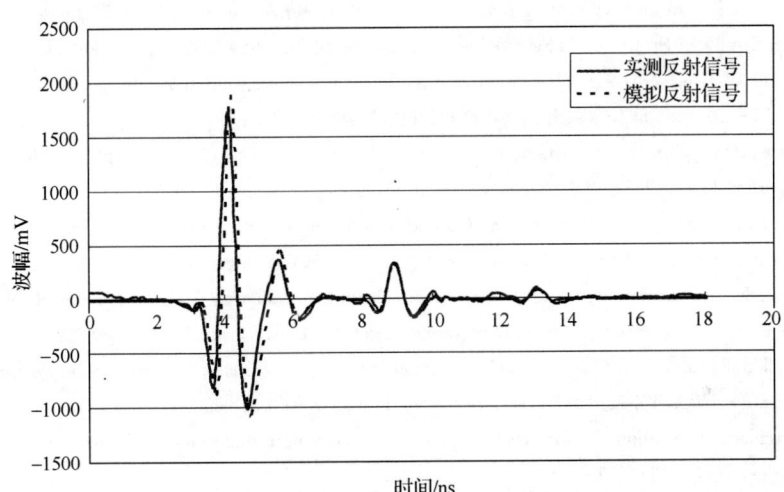

图 7.26　第二次迭代运算后雷达反射信号实测结果和模拟结果对比
（实例 3 高速公路 2 号点）

参 考 文 献

[1]　张蓓.路面结构层介电特性及其厚度反演分析的系统识别方法——路面雷达关键技术研究[D].重庆：重庆大学,2003

[2] 钟燕辉. 层状体系介电特性反演及其工程应用[D]. 大连：大连理工大学，2006
[3] 中华人民共和国交通部. JTG F80—2004 公路工程质量检验评定标准[M]. 北京：人民交通出版社，2004
[4] Zhong Y H, Wang F M, Zhang B, et al. System identification method for evaluating the effect of thickness error on backcalculated pavement layer moduli[J]. Journal of Shanghai Jiaotong University, 2004, (38): 182—187
[5] 孙朝云. 现代道路交通测试技术原理与应用[M]. 北京：人民交通出版社，2000
[6] 周春林，陈晔. 探地雷达技术研究进展[J]. 南京师大学报(自然科学版)，1998，21(1): 110—115
[7] 肖兵，周翔，汤井田. 探地雷达技术及其应用和发展[J]. 物探与化探，1996，20(5): 378—383
[8] 李大心. 公路工程质量的探地雷达检测技术[J]. 地球科学——中国地质大学学报，1996，21(6): 661—663
[9] 徐升才，刘峰. 探地雷达在城市道路厚度检测中的研究与应用[J]. 华东交通大学学报，2000, (12): 24—28
[10] 陶向华. GPR 在路面工程质量检测中的应用[J]. 郑州工业大学学报，2001, (12): 63—66
[11] Maser K R, Scullion T. Automated detection of pavement layer thickness and subsurface moisture using ground penetrating radar[J]. TRB Paper, 1991
[12] Maser K R, Scullion T. Automated pavement subsurface profiling using radar-case studies of four experimental fields sites[J]. Transportation Research Record No. 1344, Transportation Research Board, Washington D C, 1992
[13] Maser K R. Ground penetrating radar surveys to characterize pavement layer thickness variations at GPS sites[C]//Strategic Highway Research Program, SHRP-P-397, Washington D C, 1994
[14] Roddis W, Kim M, Maser K R, et al. Radar pavement thickness evaluations for varying base conditions[J]. Transportation Research Record, 1992, (1355): 90—107
[15] Saarenketo T, Scullion T. Ground penetrating radar application on roads and highways[R]. Research Report 1923-2F. Texas Transportation Institute, College Station, Texas, 1994: 36
[16] U. S. Department of Transportation. Ground penetrating radar for measuring pavement layer thickness[S]. FHWA Publication Number: FHWA-IF-00-015, Washington, 1996
[17] Maser K R. Highway speed radar for pavement thickness evaluation[C]//Proceedings of the Fifth International Conference on Ground Penetrating Radar, Ontario, Canada, 1994: 423—432
[18] Scullion T, Lau, C L, Chen Y. Implementation of the Texas ground penetrating radar system[S]. Report no: FHWA/TX-92/1233-1, Department of Transportation, Texas, 1992
[19] Saarenketo T, Scullion T. Road evaluation with ground penetrating radar[J]. Journal of Applied Geophysics, 2000, (43): 119—138
[20] Lau C L, Lok S, Scullion T, et al. Using ground penetrating radar technology for pavement evaluations in Texas[C]//Proceedings 4th International Conference on Ground Penetrating Radar, Rovaniemi, 1992: 277—283
[21] Spagnolini U J. Approach of EM inversion and multi-layer detection/tracking for pavement profiling[C]//Proceeding of the Sixth International Conference on Ground Penetrating Radar, Sendai, Japan, 1996: 443—448
[22] Saarenketo T. Ground penetrating radar applications in road design and construction in finnish lapland[J]. Geological Survey of Finland, 1992, Special Paper 15: 161—167

[23] Smith S S, Scullion T. Development of ground penetrating radar equipment for detecting pavement condition for preventive maintenance[C]//Finial Report Strategic Highway Research Program SHRP-672, National Research Council, Washington D C,1993

[24] Scullion T, Saarenketo T. Application of ground oenetrating radar technology for network and project level pavement management systems[C]//Proceedings of the Fourth International Conference on Managing Pavements, Calgary, Canada, 1999

第8章 路用材料复合介电特性模型及其应用

8.1 路用材料复合介电特性模型试验研究[1]

根据探地雷达实测信息不仅可以分析路面结构层厚度,而且可以进一步分析压实度、孔隙率、含水量或沥青含量等重要指标,其理论依据在于这些指标和结构层材料介电常数之间存在着内在本质的联系[2,3]。比如含水量或沥青含量的增加将导致介电常数的增大;孔隙率的减小,即压实度的提高会使介电常数增大等。由于路用材料大都是由固相、液相和气相组成的多相介质,其复合介电常数取决于各组分的介电常数和体积率。多相材料复合介电常数模型,即多相介质复合介电常数与其固相、液相和气相等各组分介电常数和体积率之间的函数关系,反映了介电特性与压实度、孔隙率、含水量或沥青含量等指标的内在本质关系。因此,只要建立了合理的多相材料复合介电常数模型,即可通过探地雷达测得的多相复合材料复合介电常数确定出其固相、液相和气相等各组分的体积率,进而计算出压实度、孔隙率、含水量或沥青含量等指标。可见,如何建立合理的多相介质复合介电常数模型是基于探地雷达研究路面结构压实度、孔隙率、含水量或沥青含量等指标的关键。

多相介质复合介电常数模型主要有两大类:一类与介质的结构有关,根据介质的微观结构,对平均极化进行理论分析;另一类与介质的结构无关,可以建立适当的数学函数模型。多相介质的复合介电常数一般都受到以下因素的影响:①各个组成成分的介电常数;②各个组成成分的体积;③各个组成成分的几何结构特点;④各个组成成分的电化学性能。

国际上关于多相介质复合介电常数模型进行了数十年研究,并提出了许多模型。下面对常用的复合介电常数模型作简要介绍。

8.1.1 复合介电特性模型[1,4~23]

1. 瑞利(Rayleigh)模型[4]

$$\frac{\varepsilon_m - 1}{\varepsilon_m + 2} = f_1 \frac{\varepsilon_1 - 1}{\varepsilon_1 + 2} + f_2 \frac{\varepsilon_2 - 1}{\varepsilon_2 + 2} \tag{8.1}$$

式中,ε_m 为混合物介电常数;ε_1、ε_2 为组成成分1、2的介电常数;f_1、f_2 为组成成分1、2的体积率。

该模型可以拓展到 n 相介质:

$$\frac{\varepsilon_m - 1}{\varepsilon_m + 2} = \sum_{i=1}^{n} f_i \frac{\varepsilon_i - 1}{\varepsilon_i + 2} \tag{8.2}$$

式中，ε_m 为混合物介电常数；ε_i、f_i 为第 i 组成分的介电常数、体积率。

2. Böttcher 方程

Böttcher 方程[5]主要针对对称的两相复合介质：

$$\frac{(\varepsilon_1 - \varepsilon_m) f_1}{\varepsilon_1 + 2\varepsilon_m} + \frac{(\varepsilon_2 - \varepsilon_m) f_2}{\varepsilon_2 + 2\varepsilon_m} = 0 \tag{8.3}$$

式中，ε_m 为混合物介电常数；ε_1、ε_2 为组成成分 1、2 的介电常数；f_1、f_2 为组成成分 1、2 的体积率。

该模型曾被 Boersma & van Turnhout[6] 拓展到 n 相复合介质介电常数的混合计算：

$$\sum_{i=1}^{n} f_i \frac{(\varepsilon_i - \varepsilon_m)}{\varepsilon_i + 2\varepsilon_m} = 0 \tag{8.4}$$

式中，ε_m 为混合物介电常数；ε_i、f_i 为第 i 组成分的介电常数、体积率。

3. Berentsveig 公式

Berentsveig 公式被成功地用于 100MHz～9GHz 电磁波对沙土的介电常数模拟[7]：

$$\varepsilon_m = \bar{\varepsilon} + \frac{\sum_{i=1}^{n} f_i \frac{\varepsilon_i - \bar{\varepsilon}}{\varepsilon_i + 2\bar{\varepsilon}}}{\sum_{i=1}^{n} f_i \frac{1}{\varepsilon_i + 2\bar{\varepsilon}}} \tag{8.5}$$

式中，ε_m 为混合物介电常数；$\bar{\varepsilon}$ 为平均介电常数；ε_i、f_i 为第 i 组成分的介电常数、体积率。

式(8.5)中平均介电常数定义为

$$\bar{\varepsilon} = \sum_{i=1}^{n} f_i \varepsilon_i \tag{8.6}$$

方程(8.5)也可以写成

$$\sum_{i=1}^{n} f_i \frac{(\varepsilon_i - \varepsilon_m)}{\varepsilon_i + 2\bar{\varepsilon}} = 0 \tag{8.7}$$

4. Lichtenecker-Rother(LR)方程[8]

$$(\varepsilon_m)^c = \sum_{i=1}^{n} f_i (\varepsilon_i)^c \tag{8.8}$$

式中，ε_m、ε_i 分别为混合物、第 i 相介质的介电常数；f_i 为第 i 相介质的体积率，c 为

介质的几何形状与介电常数关系的拟合参数。

当 $c=-1$ 时,方程(8.8)描述的是串联系中平行板电容的两材料层的复合介电常数。

当 $c=+1$ 时,方程(8.8)描述的是并联系中平行板电容的两材料层的复合介电常数。

并联和串联代表了两种材料复合的几何极端。LR 方程将其他复合方式用参数 $c(-1\sim+1)$ 来表示。

Roth 等[9]对不同三相(土颗粒、自由水、空气)饱和土的介电常数进行测试,发现参数 c 的平均取值为 $c=0.5$ 适应于大部分土体。Dobson 等[10]假设土体由四相组成(土颗粒、自由水、空气、结合水)发现参数 c 的平均取值为 $c=0.65$。另外,Shutko 和 Reutov[11]利用试验数据比较了 13 种著名的介电常数混合公式,并发现当电磁波频率在 1~10GHz 时,参数 c 为 0.5 的效果较好。

Lichtenecker-Rother(LR)方程根据参数 $c(-1\sim+1)$ 的取值不同有多种形式的复合介质介电常数模型。

(1) 当参数 $c=1$ 时,即为 Brown 模型[12],即通常所说的线性模型:

$$\varepsilon_m = \sum_{i=1}^{n} f_i \varepsilon_i \tag{8.9}$$

(2) 当参数 $c=0.5$ 时,即为复折射率法(CRIM),也称作体积模型、均方根模型:

$$\sqrt{\varepsilon_m} = \sum_{i=1}^{n} f_i \sqrt{\varepsilon_i} \tag{8.10}$$

复折射率法(CRIM)被广泛应用于土壤学和地球物理领域。该方法曾被 Birchak 等[13]成功用于两相色散介质复介电常数的模拟,其使用条件是介质粒径远小于波长($d\ll\lambda$)。通常在波长 3~30cm 范围内,CRIM 法和试验数据符合较好。Wharton 等[14]曾经将方程(8.10)用作解释油和气体的混合介电模型。

(3) 当参数 $c=1/3$ 时,即为 Looyenga 模型,又称为立方根模型:

$$(\varepsilon_m)^{1/3} = \sum_{i=1}^{n} f_i (\varepsilon_i)^{1/3} \tag{8.11}$$

立方根模型在石油测井领域有较为广泛的应用。根据 Landau 等[15]的研究,上式适用于球形和随机分布的椭圆形物质。

5. Bruggeman-Hanai(BH)模型[16]

BH 方程是另一个较为广泛应用的模型,适用于潮湿的土壤,但其基本思路不同于复折射率法(CRIM)。BH 方程是 Bruggeman 于 1935 年提出的,当时主要是被用来解决物理学领域复合材料的介电常数问题。van Beek[17]、Hasted[18]将其用于由球形颗粒组成的材料的介电常数复合,Hanai 修正了 Bruggeman 方程,并将其用于含有限导电材料的复介电常数模拟：

$$\frac{\varepsilon_m^* - \varepsilon_i^*}{\varepsilon_h^* - \varepsilon_i^*} \left(\frac{\varepsilon_h^*}{\varepsilon_m^*}\right)^{1/3} = 1 - f_i \tag{8.12}$$

式中，ε_m^*、ε_h^*、ε_i^* 分别为混合物、主介质、其他组成成分的介电常数；f_i 是各组成成分的体积率。

根据 Wobschall[19] 的试验，方程(8.12)适用于频率在 1MHz～1GHz 范围内含水土壤。Sen 等[20] 利用该模型提出了自相似模型来描述带球状颗粒的饱和盐水岩石介电常数。该模型能很好地描述含有一种液体沙的介电常数，同时，也能够用于探地雷达数据解释。一些学者提出了 BH 方程的概括模型来适应不同组成成分的形状。概括模型主要是将极化参数 L 从 0 到 1 之间取值。

$$\frac{\varepsilon_m^* - \varepsilon_i^*}{\varepsilon_h^* - \varepsilon_i^*} \left(\frac{\varepsilon_h^*}{\varepsilon_m^*}\right)^{L} = 1 - f_i \tag{8.13}$$

当 $L=0$ 时 BH 方程与 $c=+1$ 时的 LR 方程相同；当 $L=1$ 时 BH 方程等价于 $c=-1$ 时的 LR 方程。模拟结果表明，当 $L\approx 0.35$ 时，BH 方程得到的介电常数结果与 CRIM 计算结果接近（即 $c=0.5$ 时的 LR 方程）。通常 L 实际取值依赖于介质的孔隙率、电导率和组成成分[21]。通过测试室内芯样，利用最佳匹配原理，可以修正极化参数 L。修正该参数主要是为了补偿岩石中空隙形状的改变导致介电常数的计算误差。此时利用介电常数计算孔隙率的精度得到提高。如果通过室内试验得到了极化参数，在频率为 1.1GHz 的情况下，利用两种模型对砂岩和石灰岩芯样的测试结果表明，BH 方程比 CRIM 方程精度更高。

6. Bruggeman, Bottcher, and Odelevsky 模型[22]

$$\varepsilon_m = A + \sqrt{A^2 + \frac{\varepsilon_1 \varepsilon_2}{2}} \tag{8.14}$$

式中

$$A = \frac{1}{4}[(3f_1 - 1)\varepsilon_1 + (3f_2 - 1)\varepsilon_2] \tag{8.15}$$

该式适用于对干性土壤的介电常数计算。

7. Wagner and Landau. Lifshitz 模型[22]

$$\varepsilon_m = \varepsilon_1 \left(1 + 3f_1 \frac{\varepsilon_2 - \varepsilon_1}{\varepsilon_2 + 2\varepsilon_1}\right) \tag{8.16}$$

8. Clausius. Mosotti. Lorentz, Rayleigh, Maxwell, Wiener, and Odelevsky 模型[22]

$$\varepsilon_m = \varepsilon_1 \left(1 + \frac{f_1}{\frac{f_2}{3} + \frac{\varepsilon_1}{\varepsilon_2 - \varepsilon_1}}\right) \tag{8.17}$$

9. Lichtenecker 模型

$$\log\varepsilon_m = f_1\log\varepsilon_1 + f_2\log\varepsilon_2 \tag{8.18}$$

10. Wiener 模型

$$\varepsilon_m = \frac{f_1\varepsilon_1 U + f_2\varepsilon_2}{f_1 U + f_2} \tag{8.19}$$

式中

$$U = \frac{\varepsilon_2 + F}{\varepsilon_1 + F} \tag{8.20}$$

F 为调节系数,且 $-1 \leqslant F \leqslant 1$。

11. 李剑浩提出的模型[23]

$$\varepsilon_m = \bar{\varepsilon} - \frac{1}{3}\overline{\delta\varepsilon\ln\varepsilon} \tag{8.21}$$

式中

$$\bar{\varepsilon} = \sum_{i=1}^{n} f_i \varepsilon_i \tag{8.22}$$

$$\overline{\delta\varepsilon\ln\varepsilon} = \sum_{i=1}^{n} f_i(\varepsilon_i - \bar{\varepsilon})\ln\varepsilon_i \tag{8.23}$$

根据李剑浩给出的实际应用表明,式(8.21)在测井解释方面比立方根模型有较好的效果,可以提高测井解释的精度。

以上是一些较常见的多相介质复合介电常数模型,绝大多数来源于国外,多用于土壤学和地球物理。国内对介质介电特性模型的研究主要集中在微波遥感、地质勘探和石油测井等领域,且研究对象多为水、岩石、土壤等典型地物。从这些模型可以看出,多相介质的复合介电常数主要取决于各组成成分的介电常数及其体积率等。另一方面也可以看出,这些模型大都是基于一定假设、在特定情况下才成立的经验模型,缺乏普遍的适用性。另外,现有模型多是从两相介质得出,后来被扩展应用于三相或多相介质的。虽然已有某些模型在路用材料中有所应用,但其模型建立的最初目的并非针对路用材料。诸如水泥混凝土、沥青混凝土、路基土等路用材料,它们不同于岩石、土壤等自然界物质,有其特有的结构特点,这些模型应用于路用材料是否合理及是否适用还有待检验。

本章针对上述复合材料多相介电常数模型研究存在的问题,开展多相介质复合介电常数模型研究。针对沥青混合料和水泥混合料等路用材料,对现有几种常见且广泛使用的介电常数均方根模型、线性模型和瑞利(Rayleigh)模型的合理性和适应性进行检验,并对这三种模型分别进行改进,以揭示多相材料复合介电特性与压实度、孔隙率、含水量等工程质量关键指标之间的本质关系。

8.1.2 路用材料复合介电特性试验研究

沥青混合料和水泥混合料是最常见的两种复合路面材料,开展沥青混合料和水泥混合料的介电特性试验研究对于深入认识路面材料介电特性具有重要意义。

1. 沥青混合料介电特性试验研究

1) 沥青混合料试件实测介电常数值及三相体积比

试验选用 AC-13Ⅱ和 AC-16Ⅰ两种级配的沥青混合料,设计 4%、5%、6%三种油石比。矿料级配组成如表 8.1 所示[24],试验采用级配中值。

表 8.1 沥青混合料矿料级配(方孔筛)

筛孔/mm	19	16	13.2	9.5	4.75	2.36	1.18	0.6	0.3	0.15	0.075
AC-16Ⅰ	100	95~100	75~90	58~78	42~63	32~50	22~37	16~28	11~21	7~15	4~8
AC-13Ⅱ		100	90~100	60~80	34~52	22~38	14~28	8~20	5~14	3~10	2~6

按照试验规程在实验室内用沥青混合料拌和机拌制沥青混合料,试件制作方法采用标准击实法,试件尺寸为 $\Phi 101.6mm \times 63.5mm$ 的圆柱体试件[25]。试件制备完成后,首先采用如图 8.1 所示的 Percometer 介电常数测试仪测定试件的介电常数。此处所测介电常数指复合相对介电常数的实部。然后由蜡封法和体积法分别测得试件毛体积相对密度[25]。由介电常数测试仪实测沥青介电常数为 2.753,骨料(石块)介电常数为 8.197,空气的介电常数为 1。沥青混合料试件实测介电常数值及计算的三相体积比结果如表 8.2 和表 8.3 所示。

图 8.1 介电常数测试仪

表8.2 沥青混合料试件实测介电常数值及三相体积表(AC-13Ⅱ)

类型	油石比	编号	试件孔隙率 VV/%	沥青体积百分率 VA/%	骨料体积百分率 /%	沥青混合料介电常数
AC-13Ⅱ	4%	1	7.001	9.942	83.057	5.050
		2	7.833	10.076	82.091	5.101
		3	7.499	10.223	82.278	5.232
		4	7.148	9.146	83.706	5.096
	5%	1	5.761	11.610	82.630	5.085
		2	3.989	12.005	84.005	5.178
		3	4.292	12.654	83.054	5.290
		4	5.750	11.404	82.846	5.144
	6%	1	5.878	12.328	81.794	4.874
		2	3.508	13.744	82.748	5.135
		3	4.204	13.485	82.311	5.118
		4	3.581	15.455	80.964	5.118

表8.3 沥青混合料试件实测介电常数值及三相体积表(AC-16Ⅰ)

类型	油石比	编号	试件孔隙率 VV/%	沥青体积百分率 VA/%	骨料体积百分率 /%	沥青混合料介电常数
AC-16Ⅰ	4%	1	11.244	7.907	80.849	5.046
		2	11.863	9.188	78.949	4.828
		3	9.090	10.015	80.895	5.164
		4	13.552	8.587	77.860	4.358
	5%	1	5.866	10.535	83.599	5.004
		2	6.682	11.317	82.001	5.252
		3	5.152	11.518	83.331	5.059
		4	6.253	11.750	81.998	5.185
	6%	1	3.292	13.325	83.383	5.200
		2	4.592	13.433	81.975	5.340
		3	3.217	13.601	83.181	5.233
		4	4.163	13.558	82.280	5.314

不同油石比下的沥青混合料介电常数平均值如表8.4所示。从中可以看出，油石比对沥青混合料试件介电常数的影响并不明显。

表 8.4　沥青混合料试件介电常数平均值表

油石比		4%	5%	6%
沥青混合料介电常数均值	AC-13Ⅱ	5.120	5.174	5.061
	AC-16Ⅰ	4.849	5.125	5.272

2）沥青混合料介电常数与毛体积相对密度的关系

由试件介电常数及毛体积相对密度实测数据，可得到介电常数和毛体积相对密度的相关关系，结果如图 8.2 和图 8.3 所示。

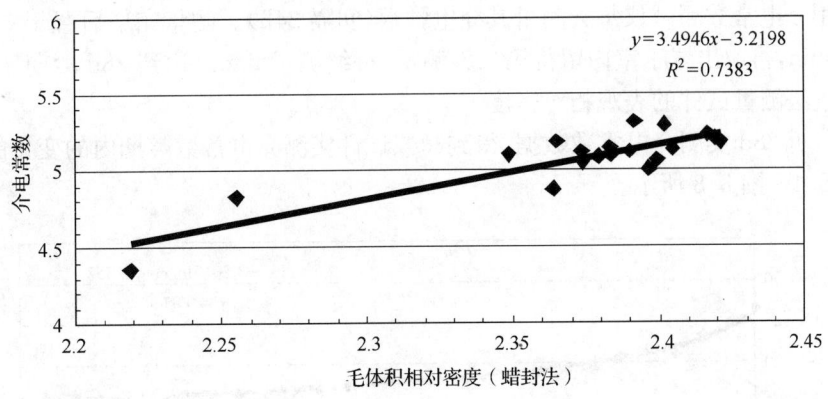

图 8.2　沥青混合料试件介电常数与毛体积相对密度（蜡封法）关系图

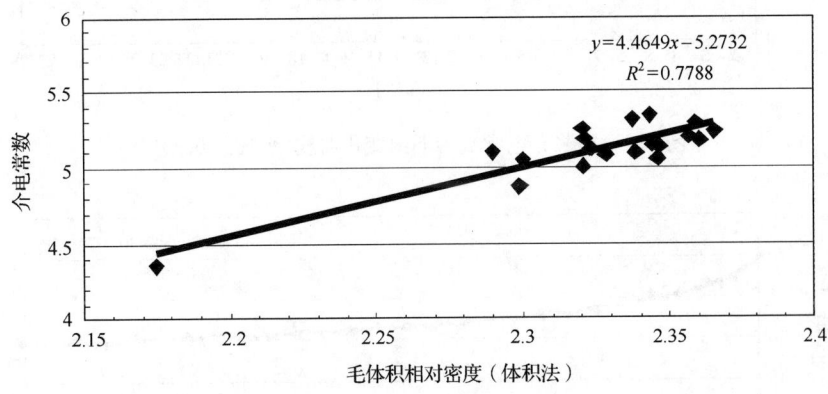

图 8.3　沥青混合料试件介电常数与毛体积相对密度（体积法）关系图

由图可见，沥青混合料试件介电常数与分别采用蜡封法、体积法测得的试件两种毛体积相对密度之间符合线性相关关系，R^2 分别为 0.7383 和 0.7788，具有较好的相关性。

沥青路面的压实度等于实际密度与最大密度的比值。由于沥青混合料试件介电常数与实际密度有良好的线性相关关系,因此可以从路面材料的介电常数求得实际密度,并进而得到路面的压实度指标。

2. 水泥混合料介电特性试验研究

1) 水泥净浆介电特性试验研究

在对水泥混合料介电特性试验研究之前,首先研究水泥石净浆的介电常数。

净浆试件按水灰比 0.3、0.35、0.4、0.45、0.5 制作五组,每组制作三个试件。试件制备完成后置于养护箱内在标准条件下养护,一天后拆模,置于室内常温条件下使用介电常数测试仪每天测量其介电常数(间隔24h)。测量完毕后置于水中浸水 30min,再取出置于室内留待第二天测量,持续测量 28d。达到 28d 龄期后采用水中重法测量试件的表观相对密度。

分析 28d 实测介电常数数据,得到净浆试件实测介电常数龄期内的变化曲线,如图 8.4~图 8.8 所示。

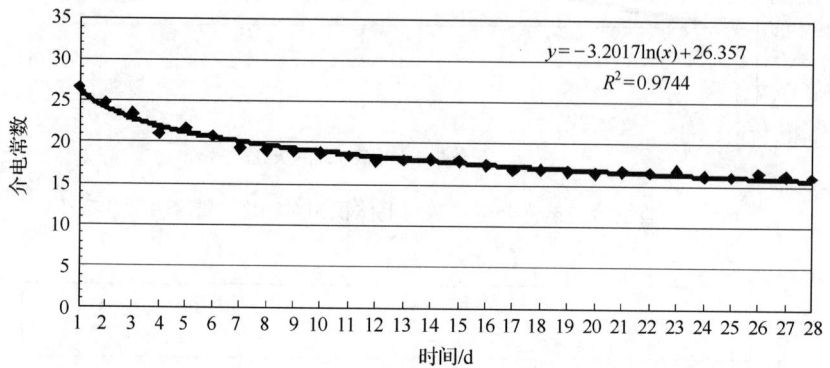

图 8.4 净浆介电常数龄期内变化曲线(水灰比 0.3)

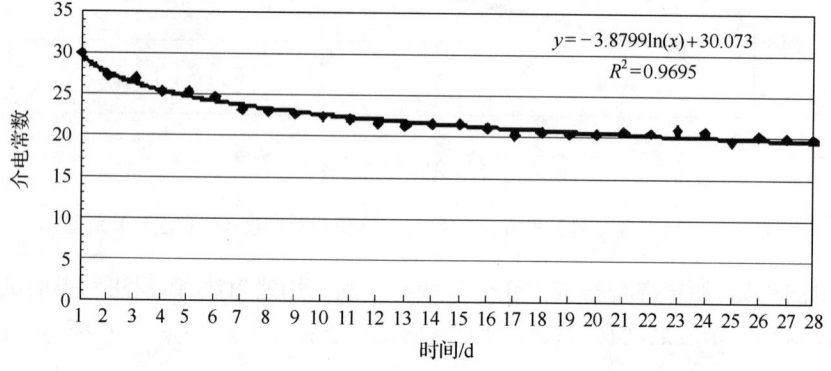

图 8.5 净浆介电常数龄期内变化曲线(水灰比 0.35)

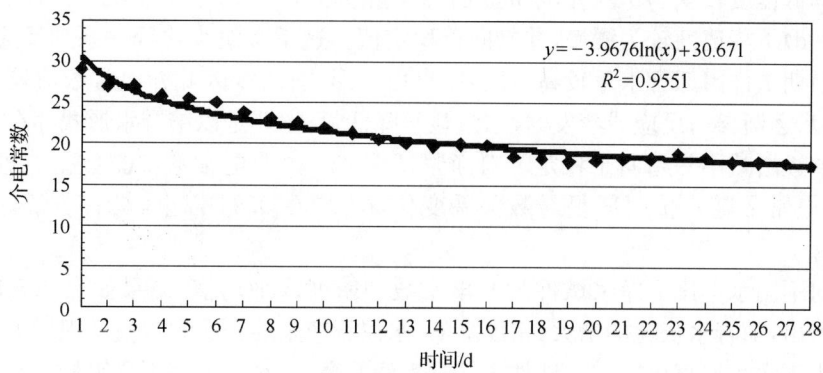

图 8.6 净浆介电常数龄期内变化曲线(水灰比 0.4)

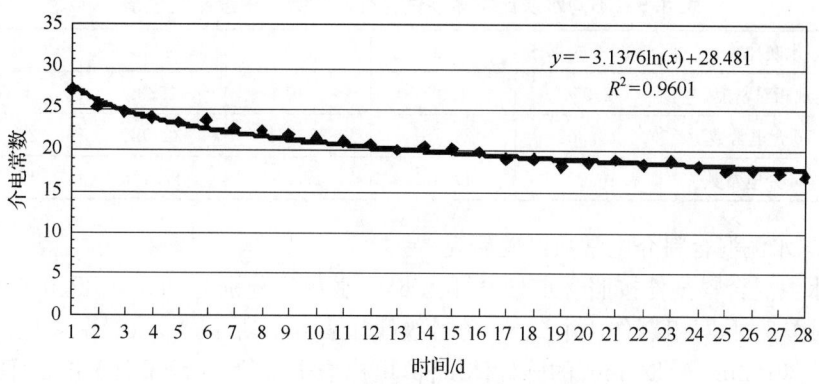

图 8.7 净浆介电常数龄期内变化曲线(水灰比 0.45)

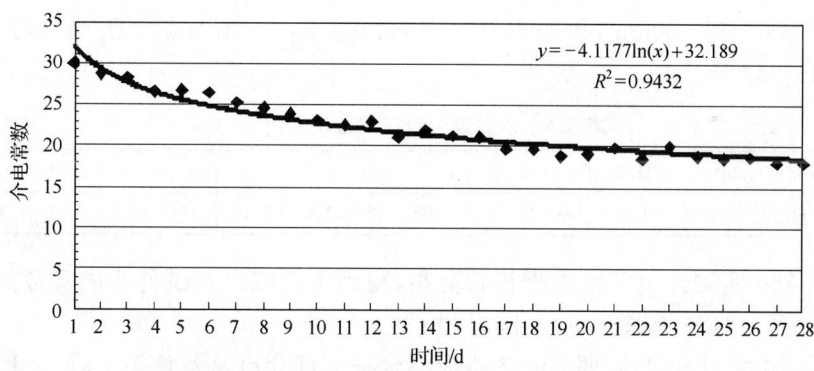

图 8.8 净浆介电常数龄期内变化曲线(水灰比 0.5)

从图中可以看出,龄期 28d 内净浆试件介电常数逐渐下降,前期(1~7d)介电常数降低速度较快,7d 内介电常数已经下降 28d 内中总下降量的 70%;中后期(7～28d)下降速度较为缓慢,并趋向于稳定值。这是水泥水化等一系列反应的结果。前期试件内部含水量较高,且多以自由水形式存在,因此介电常数值较大;中后期,水逐渐参与反应或蒸发,含水量显著降低,且主要是以结合水形式存在,介电常数值逐渐减小并趋向于稳定。对净浆试件 28d 内介电常数实测数据点进行拟合,介电常数随养护时间呈对数关系变化,R^2 均在 0.94 以上,具有非常好的相关性。

对不同水灰比下净浆试件的介电常数和密度取平均值,结果如表 8.5 所示。可以看出,随着水灰比的增大,密度降低,水泥石净浆的介电常数值呈现增大趋势。这是由于水灰比直接决定着试件内部含水量的高低,水灰比高则含水量相对也高,而水的介电常数较大,因此复合介电常数值也相对较大。

表 8.5　不同水灰比下净浆试件介电常数和密度平均值表

水灰比	0.3	0.35	0.4	0.45	0.5
表观相对密度	2.054	1.970	1.910	1.839	1.765
第 7d 介电常数	19.302	21.767	23.761	22.929	25.200
第 28d 介电常数	16.094	17.463	17.35	17.175	17.988

2) 水泥混合料介电常数试验研究

水泥混合料试件按照含水量设计为 6%、水灰比分别为 0.3、0.35、0.4、0.45、0.5 制作 5 组,每组制作 4 个试件,矿料级配如表 8.6 所示[26],取级配中值。试件尺寸为 Φ152mm×120mm 的圆柱体试件,由标准击实仪(重型Ⅱ法)击实而成[27]。试件制备完成后置于养护箱内在标准条件下养护,一天后拆模,置于室内常温条件下使用介电常数测试仪每天(间隔 24h)测量其介电常数,并且在测量完成后将试件置于水中养护 30min,再取出置于室内常温条件下留待第二天测量,持续测量 28d。

表 8.6　水泥混合料矿料级配(方孔筛)

筛孔尺寸/mm	31.5	26.5	19	9.5	4.75	2.36	0.6	0.075
通过质量百分率/%	100	90～100	72～89	47～67	29～49	17～35	8～22	0～7

对 28d 实测介电常数数据进行分析,得到水泥混合料试件介电常数龄期内(28d)的变化曲线,如图 8.9～图 8.13 所示。

从图中可以看出,龄期 28d 内水泥混合料试件介电常数逐渐下降,前期(1～7d)介电常数降低速度较快,尤其是前 3d 内介电常数降低量达到 28d 内中总降低量的 60%,7d 内介电常数降低量达到 28d 内总降低量的 85%;中后期(7～28d)降低速度较为缓慢,特别是后期(18～28d)几乎无变化。这也是由于混合料试件中水逐渐参与反应或蒸发,自由水含量逐渐降低,致使介电常数值逐渐减小并且最终趋向于稳定值。

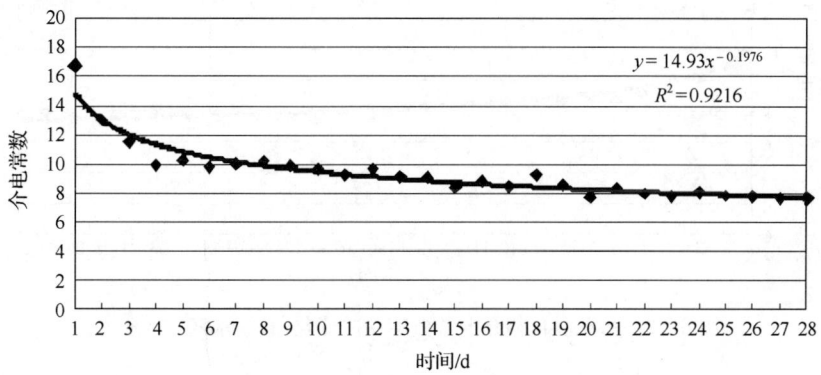

图 8.9　水泥混合料介电常数龄期内变化曲线(水灰比 0.3)

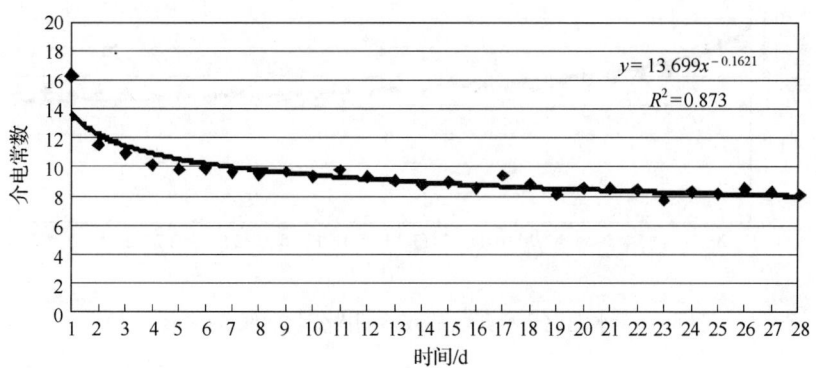

图 8.10　水泥混合料介电常数龄期内变化曲线(水灰比 0.35)

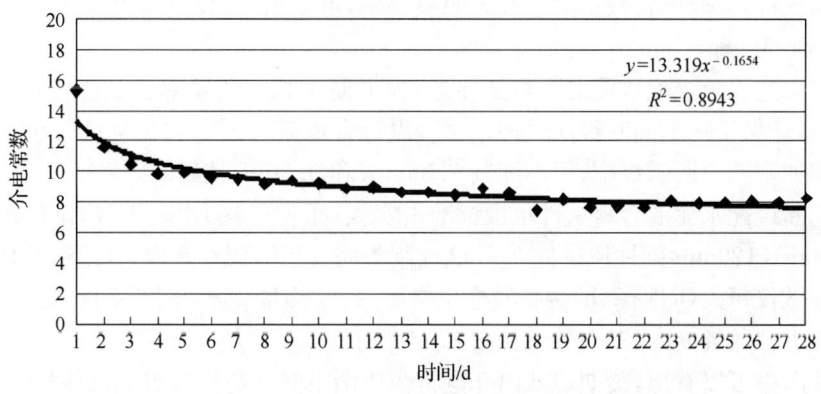

图 8.11　水泥混合料介电常数龄期内变化曲线(水灰比 0.4)

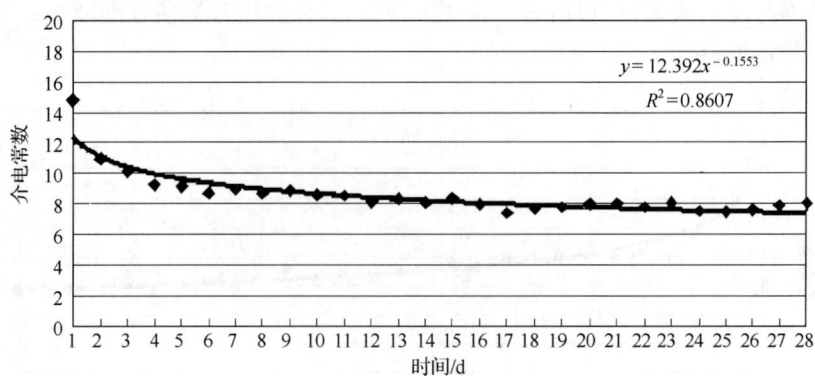

图 8.12　水泥混合料介电常数龄期内变化曲线（水灰比 0.45）

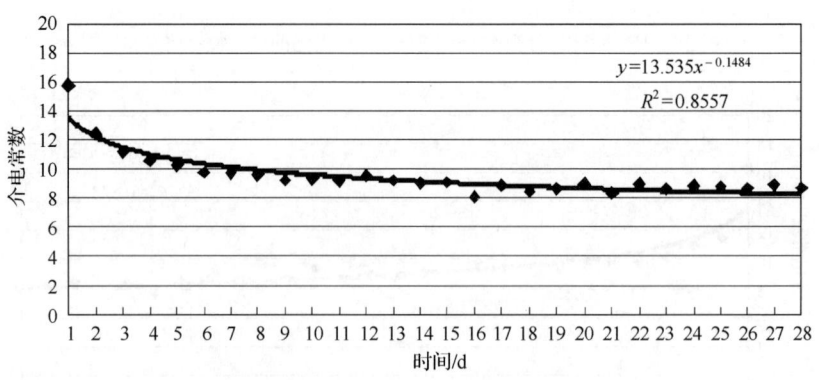

图 8.13　水泥混合料介电常数龄期内变化曲线（水灰比 0.5）

对 28d 介电常数实测数据进行拟合，介电常数随养护时间呈指数关系变化，相关性较好，R^2 均在 0.85 以上。从图 8.9～图 8.13 可以看出，不同水灰比下的水泥混合料试件，其介电常数值大小并无明显差别，可见水灰比对水泥混合料介电常数的影响不明显。

除上述连续级配水泥混合料试件外，为了便于观察孔隙率对混合料介电常数的影响，还做了一组间断级配试件。试验设计含水量为 5%，水泥含量为 6%，级配仍采用如表 8.6 所示级配，但不配制 2.36mm 和 0.6mm 粒径的矿料。

间断级配水泥混合料试件也由标准击实仪（重型Ⅱ法）击实而成，试件尺寸为 Φ152mm×120mm 圆柱体试件[27]。试件制备完成后即放在室内条件下，使用介电常数测试仪每天（间隔 24h）测量其介电常数，持续测量 28d。间断级配水泥混合料试件介电常数龄期内（28d）变化如图 8.14 所示。

从图中可以看出，龄期 28d 内介电常数逐渐下降。与连续级配试件相比，间断级配试件介电常数值相对较小，且前期（1～7d）介电常数降低速度更快，尤其是前

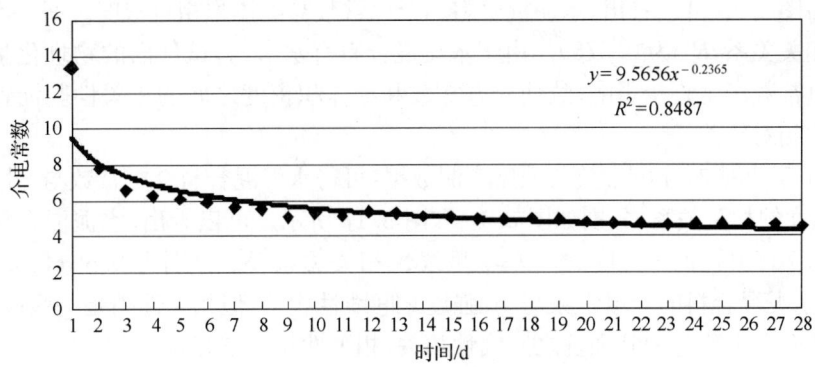

图 8.14 水泥混合料介电常数龄期内变化曲线(间断级配)

3d 介电常数降低量达到 28d 内总降低量的 80%,而 7d 内介电常数降低量达到 28d 内总降低量的 90%。这是由于空气的介电常数相对较小,孔隙率增大将引起复合介电常数降低。而间断级配试件相对于连续级配孔隙率较大,增大了水分蒸发表面积,因此介电常数降低速度更快。

对 28d 介电常数实测数据点进行拟合,介电常数随养护时间呈指数关系变化,相关性较好,R^2 为 0.8487。

3) 水泥混合料介电常数与毛体积相对密度、强度的关系

本项试验还测量了水泥混合料 7d 和 28d 强度以及毛体积相对密度。具体做法是:将试件平均分为两部分,一部分试件于 7d 时测定强度(浸水 24h 后),另一部分于 28d 时测量。全部试件于 7d 时由水中重法测得毛体积相对密度,部分试件于 28d 时由水中重法测得毛体积相对密度[27]。

由介电常数及毛体积相对密度实测数据,可得水泥混合料试件介电常数与毛体积相对密度相关关系,如图 8.15 所示。

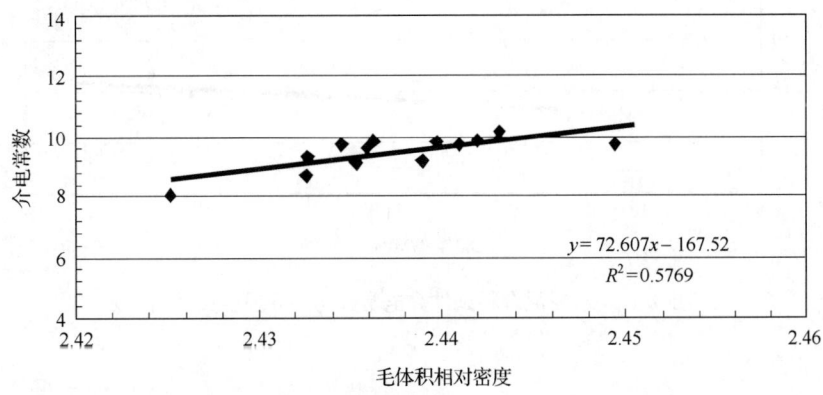

图 8.15 水泥混合料试件介电常数与毛体积相对密度关系图

由图 8.15 可以看出,水泥混合料的介电常数与毛体积相对密度之间基本符合线性相关关系,R^2 为 0.5769。由于水泥混合料有水参与,试件内的物理化学反应对介电常数产生直接影响,致使介电常数和毛体积密度之间的相关性与沥青混合料相比相对较差。

由 7d、28d 时介电常数及强度实测数据,可得水泥混合料介电常数与 7d 强度、28d 强度的相关关系,分别如图 8.16 和图 8.17 所示。可以看出,水泥混合料介电常数与 7d 强度、28d 强度之间基本呈线性相关关系,R^2 分别为 0.5944、0.7626。可见,水泥混合料的介电常数与 7d 强度之间线性相关,但相关性稍差一些;水泥混合料的介电常数与 28d 强度之间线性相关,相关性相对较好。

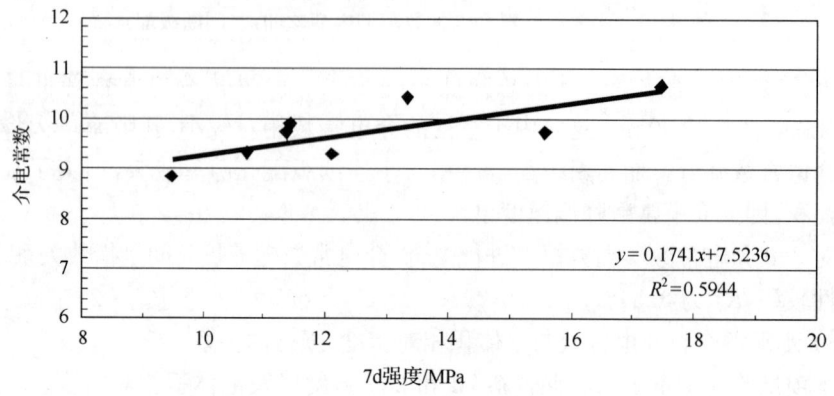

图 8.16 水泥混合料试件介电常数与 7d 强度关系图

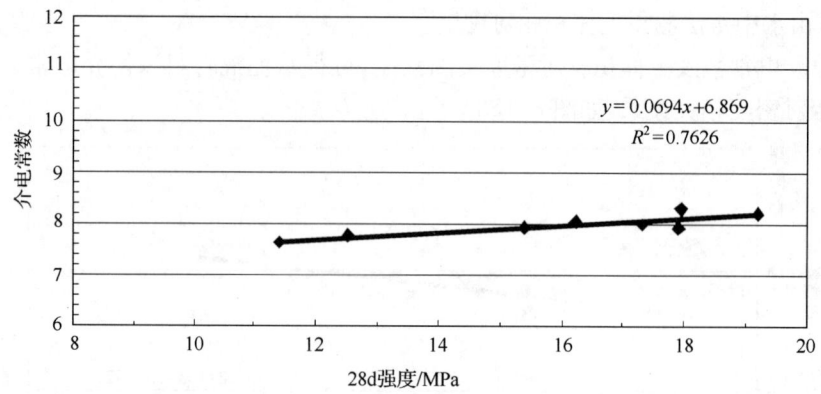

图 8.17 水泥混合料试件介电常数与 28d 强度关系图

3. 试验小结

通过对沥青混合料和水泥净浆及水泥混合料介电特性试验研究,可得出如下结论:

(1) 沥青混合料介电常数与毛体积相对密度之间有较好的线性相关关系,即密度越大介电常数值越高,且体积法所测毛体积相对密度与介电常数相关性优于蜡封法所测密度与介电常数的相关性。油石比、级配类型和最大粒径对沥青混合料介电常数的影响不明显。

(2) 水泥净浆 28d 龄期内介电常数逐渐下降,前期降低速度较快,中后期下降速度较为缓慢,并趋向于稳定值。衰减趋势符合对数关系,R^2 均在 0.94 以上,相关性很好。水灰比对净浆介电常数有一定的影响,随着水灰比的增加,密度降低,净浆介电常数有随之增大的趋势。

(3) 水泥混合料 28d 龄期内介电常数逐渐下降,前期降低速度很快,中后期下降速度较为缓慢,并最终趋于稳定值。衰减趋势符合指数关系,R^2 均在 0.85 以上,相关性较好。孔隙率增长将引起水泥混合料介电常数一定程度的降低,水灰比对水泥混合料试件介电常数的影响不明显。

(4) 水泥混合料试件介电常数与毛体积相对密度基本符合线性相关关系,即密度越大介电常数值越高。水泥混合料介电常数与强度之间也存在一定的线性相关性,即强度越大介电常数值越高,且 28d 强度与介电常数的相关性优于 7d 强度与介电常数的相关性。

8.1.3 路用材料复合介电特性模型改进[1]

1. 路用材料复合介电特性模型误差分析

1) 均方根模型误差分析

均方根模型,也称为体积模型或复折射率法(CRIM)。体积模型的物理意义可以作如下解释。

假设复合介质由空气、水以及固体填料三相介质组成,如图 8.18 所示。显然,探地雷达所发射的脉冲电磁波在复合介质层内的旅行时间等于各段脉冲旅行时间之和:

$$\Delta t = \Delta t_a + \Delta t_w + \Delta t_s \tag{8.24}$$

式中,Δt、Δt_a、Δt_w 和 Δt_s 分别为复合介质层及空气、水和固体填料段的反射脉冲旅行时间(亦称为双程走时或时延)。

图 8.18 中,ε_a、ε_w 和 ε_s 分别为复合介质中空气、水和固体填料的介电常数;h、h_a、h_w 和 h_s 分别为复合介质层、空气、水及固体段的厚度;θ_a、θ_w 和 θ_s 分别为空气、

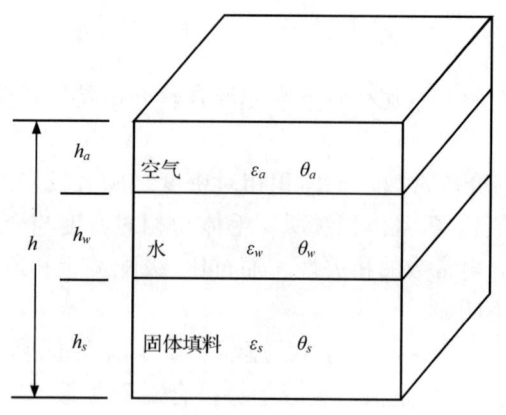

图 8.18 体积模型示意图

水和固体填料的体积百分含量,即体积率。探地雷达所发射的脉冲电磁波在介质中传播的速度为

$$v = c/\sqrt{\varepsilon_r} \qquad (8.25)$$

式中,c 为真空中的光速(0.3m/ns);ε_r 为介质的相对介电常数。

脉冲电磁波在介质中双程旅行时间为

$$\Delta t = 2h/v \qquad (8.26)$$

考虑式(8.25)和式(8.26),则式(8.24)可以转化为

$$\sqrt{\varepsilon_m} = \theta_a \sqrt{\varepsilon_a} + \theta_w \sqrt{\varepsilon_w} + \theta_s \sqrt{\varepsilon_s} \qquad (8.27)$$

式(8.27)即是考虑三相介质(空气、水、固体)时复合介质介电常数的体积模型公式。下面将分别以沥青混合料和水泥混合料试验数据对该模型进行检验。

(1)沥青混合料。按照试验规程在实验室内用沥青混合料拌和机拌制沥青混合料,试件制作方法采用标准击实法,存放过程中用塑料袋密封,全过程均未曾与水发生接触,可以认为不含有水分,即沥青混合料试件可看作是由空气、沥青结合料及骨料组成的三相复合介质,其均方根模型可表示为

$$\sqrt{\varepsilon_{ac}} = \theta_a \sqrt{\varepsilon_a} + \theta_{as} \sqrt{\varepsilon_{as}} + \theta_s \sqrt{\varepsilon_s} \qquad (8.28)$$

式中,θ_a、θ_{as}、θ_s 分别为空气、沥青、骨料的体积率;ε_{ac}、ε_a、ε_{as}、ε_s 分别为沥青混合料试件、空气、沥青、骨料的介电常数。

将沥青混合料试件实测数据和计算数据(各组成成分的介电常数 ε_a、ε_{as}、ε_s 和体积率θ_a、θ_{as}、θ_s),代入式(8.28)的均方根模型,得到混合料介电常数 ε_{ac} 的计算值。表8.7和图8.19为沥青混合料介电常数的测量值和均方根模型计算值的对比结果。可以看出,用均方根模型解释沥青混合料的介电特性,其相对误差在28.1%~44.2%之间,平均误差为33.4%。可见,利用均方根模型解释沥青混合料的介电特性误差较大,不适宜沥青混合料介电特性的解释。

表 8.7 沥青混合料试件介电常数均方根模型计算值与测量值

试件序号	1	2	3	4	5	6	7	8	9	10	11	12
介电常数计算值	6.827	6.738	6.761	6.863	6.843	6.992	6.921	6.857	6.787	6.929	6.877	6.813
介电常数测量值	5.050	5.101	5.232	5.096	5.085	5.178	5.290	5.144	4.874	5.135	5.118	5.118
误差	35.2%	32.1%	29.2%	34.7%	34.6%	35.0%	30.8%	33.3%	39.2%	34.9%	34.4%	33.1%
试件序号	13	14	15	16	17	18	19	20	21	22	23	24
介电常数计算值	6.545	6.408	6.621	6.286	6.901	6.772	6.909	6.787	6.976	6.842	6.966	6.876
介电常数测量值	5.046	4.828	5.164	4.358	5.004	5.252	5.059	5.185	5.200	5.340	5.233	5.314
误差	29.7%	32.7%	28.2%	44.2%	37.9%	28.9%	36.6%	30.9%	34.2%	28.1%	33.1%	29.4%

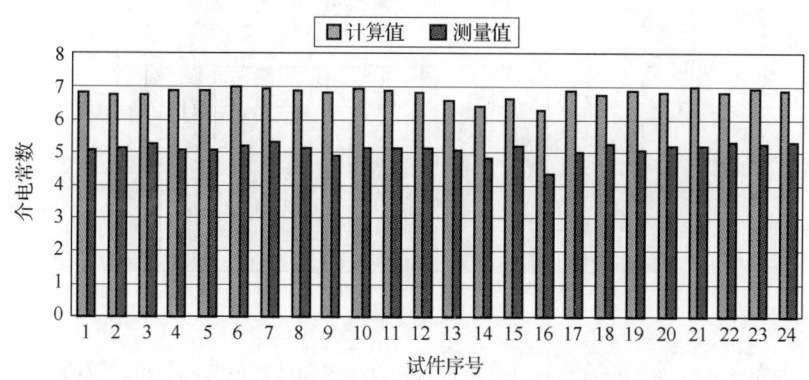

图 8.19 沥青混合料试件介电常数均方根模型计算值与测量值比较图

(2) 水泥混合料。水泥混合料试件由标准击实仪(重型Ⅱ法)击实而成。试件制成后每天于固定时段给予短时间的水分养护,之后置于室内常温条件下放置24h 后测量其介电常数。所用介电常数为达到 28d 龄期后的介电常数值,因为此时试件中自由水含量很少,介电常数已趋于稳定值,因此可认为不含有水分,即水泥混合料试件可看作是由空气、水泥净浆及骨料组成的三相复合介质,其均方根模型可表示为

$$\sqrt{\varepsilon_{cr}} = \theta_a \sqrt{\varepsilon_a} + \theta_c \sqrt{\varepsilon_c} + \theta_s \sqrt{\varepsilon_s} \qquad (8.29)$$

式中,θ_a、θ_c、θ_s 分别为空气、水泥石净浆、骨料的体积率;ε_{cr}、ε_a、ε_c、ε_s 分别为水泥混合料试件、空气、净浆、骨料的介电常数。

将水泥混合料试件实测数据和计算数据（各组成成分的介电常数 ε_a、ε_c、ε_s 和体积率 θ_a、θ_c、θ_s），代入式(8.29)的均方根模型，得到混合料介电常数 ε_{cr} 计算值。表8.8和图8.20为水泥混合料介电常数测试值和均方根模型计算值的对比结果。可以看出，用均方根模型解释水泥混合料的介电特性，其相对误差在13.3%～31.2%之间，平均误差为23.3%。由此可见，利用均方根模型解释水泥混合料的介电特性误差较大，不适宜于水泥混合料介电特性的解释。

表8.8 水泥混合料试件介电常数均方根模型计算值与测量值

试件序号	1	2	3	4	5	6	7	8	9	10
介电常数计算值	10.022	10.029	10.118	10.196	10.024	10.020	9.906	9.891	10.049	10.047
介电常数测量值	7.637	7.768	8.215	7.929	8.603	7.996	8.053	7.925	8.550	8.870
误差	31.2%	29.1%	23.2%	28.6%	16.5%	25.3%	23.0%	24.8%	17.5%	13.3%

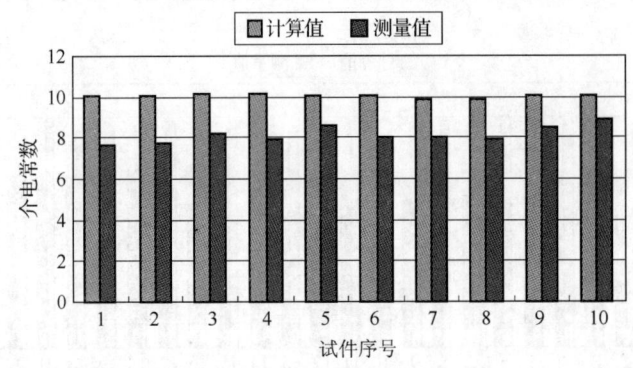

图8.20 水泥混合料试件介电常数均方根模型计算值与测量值比较图

2) 线性模型误差分析

(1) 沥青混合料。同样将沥青混合料试件看作是由空气、沥青结合料及骨料组成的三相复合介质，其线性模型可表示为

$$\varepsilon_{ac} = \theta_a\varepsilon_a + \theta_{as}\varepsilon_{as} + \theta_s\varepsilon_s \tag{8.30}$$

式中，θ_a、θ_{as}、θ_s 分别为空气、沥青、骨料的体积率；ε_{ac}、ε_a、ε_{as}、ε_s 分别为沥青混合料试件、空气、沥青、骨料的介电常数。

将沥青混合料试件实测数据和计算数据（各组成成分的介电常数 ε_a、ε_{as}、ε_s 和体积率 θ_a、θ_{as}、θ_s），代入式(8.30)的线性模型，得到混合料介电常数 ε_{ac} 的计算值。表8.9和图8.21为沥青混合料介电常数测试值和线性模型计算值的对比结果。可以看出，用线性模型解释沥青混合料的介电特性，其相对误差在33.6%～55%

之间,平均误差为39.7%。由此可见,相比于均方根模型,用线性模型解释沥青混合料的介电特性误差更大。

表 8.9 沥青混合料试件介电常数线性模型计算值与测量值

试件序号	1	2	3	4	5	6	7	8	9	10	11	12
介电常数计算值	7.152	7.085	7.101	7.185	7.150	7.256	7.199	7.162	7.103	7.196	7.160	7.098
介电常数测量值	5.050	5.101	5.232	5.096	5.085	5.178	5.290	5.144	4.874	5.135	5.118	5.118
误　差	41.6%	38.9%	35.7%	41.0%	40.6%	40.1%	36.1%	39.2%	45.7%	40.1%	39.9%	38.7%
试件序号	13	14	15	16	17	18	19	20	21	22	23	24
介电常数计算值	6.957	6.843	6.998	6.754	7.201	7.100	7.199	7.107	7.235	7.135	7.225	7.159
介电常数测量值	5.046	4.828	5.164	4.358	5.004	5.252	5.059	5.185	5.200	5.340	5.233	5.314
误　差	37.9%	41.7%	35.5%	55.0%	43.9%	35.2%	42.3%	37.1%	39.1%	33.6%	38.1%	34.7%

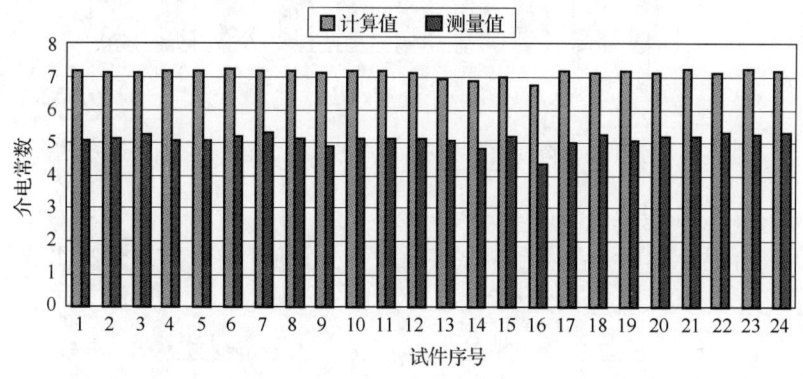

图 8.21 沥青混合料试件介电常数线性模型计算值与测量值比较图

(2) 水泥混合料。同样将水泥混合料试件看作是由空气、水泥石净浆及骨料组成的三相复合介质,其线性模型可表示为

$$\varepsilon_{cr} = \theta_a\varepsilon_a + \theta_c\varepsilon_c + \theta_s\varepsilon_s \tag{8.31}$$

式中,θ_a、θ_c、θ_s 分别为空气、水泥石净浆、骨料的体积率;ε_{cr}、ε_a、ε_c、ε_s 分别为水泥混合料试件、空气、净浆、骨料的介电常数。

将水泥混合料试件实测数据和计算数据(各组成成分的介电常数 ε_a、ε_c、ε_s 和体积率 θ_a、θ_c、θ_s),代入式(8.31)的线性模型,得到水泥混合料介电常数 ε_{cr} 的计算值。

表8.10和图8.22为水泥混合料介电常数测试值和线性模型计算值的对比结果。可以看出,用线性模型解释水泥混合料的介电特性,其相对误差在18.3%~36.7%之间,平均误差为28.7%。同样,相比于均方根模型,用线性模型解释水泥混合料的介电特性误差更大。

表8.10 水泥混合料试件介电常数线性模型计算值与测量值

试件序号	1	2	3	4	5	6	7	8	9	10
介电常数计算值	10.436	10.441	10.617	10.671	10.474	10.471	10.327	10.317	10.492	10.491
介电常数测量值	7.637	7.768	8.215	7.929	8.603	7.996	8.053	7.925	8.550	8.870
误差	36.7%	34.4%	29.2%	34.6%	21.7%	31.0%	28.2%	30.2%	22.7%	18.3%

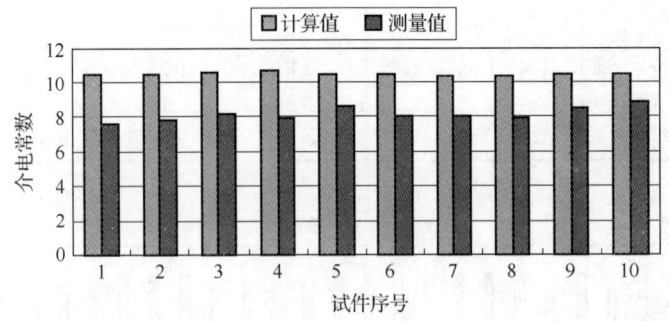

图8.22 水泥混合料试件介电常数线性模型计算值与测量值比较图

3) 瑞利(Rayleigh)模型误差分析

(1) 沥青混合料。沥青混合料试件是由空气、沥青结合料及骨料组成的三相复合介质,其瑞利(Rayleigh)模型可表示为

$$\frac{\varepsilon_{ac}-1}{\varepsilon_{ac}+2} = \theta_a \frac{\varepsilon_a-1}{\varepsilon_a+2} + \theta_{as} \frac{\varepsilon_{as}-1}{\varepsilon_{as}+2} + \theta_s \frac{\varepsilon_s-1}{\varepsilon_s+2} \tag{8.32}$$

式中,θ_a、θ_{as}、θ_s分别为空气、沥青、骨料的体积率;ε_{ac}、ε_a、ε_{as}、ε_s分别为沥青混合料试件、空气、沥青、骨料的介电常数。

将沥青混合料试件实测数据和计算数据(各组成成分的介电常数ε_a、ε_{as}、ε_s和体积率θ_a、θ_{as}、θ_s),代入式(8.32)的瑞利(Rayleigh)模型,计算出沥青混合料介电常数ε_{ac}的计算值。表8.11和图8.23为沥青混合料介电常数测试值和瑞利(Rayleigh)模型计算值的对比结果。可以看出,用瑞利(Rayleigh)模型解释沥青混合料的介电特性,其相对误差在8.9%~22.1%之间,平均误差为16.8%。相比于均方根模型和线性模型,利用瑞利(Rayleigh)模型解释沥青混合料的介电特性误差最小，但平均误差仍接近20%，可见该模型仍然不适用于沥青混合料介电特性的解释。

表 8.11 沥青混合料试件介电常数瑞利(Rayleigh)模型计算值与测量值

试件序号	1	2	3	4	5	6	7	8	9	10	11	12
介电常数计算值	5.955	5.824	5.862	5.990	6.022	6.269	6.171	6.038	5.953	6.213	6.123	6.074
介电常数测量值	5.050	5.101	5.232	5.096	5.085	5.178	5.290	5.144	4.874	5.135	5.118	5.118
误　差	17.9%	14.2%	12.0%	17.5%	18.4%	21.1%	16.7%	17.4%	22.1%	21.0%	19.6%	18.7%
试件序号	13	14	15	16	17	18	19	20	21	22	23	24
介电常数计算值	5.496	5.337	5.651	5.163	6.084	5.905	6.122	5.938	6.279	6.067	6.270	6.124
介电常数测量值	5.046	4.828	5.164	4.358	5.004	5.252	5.059	5.185	5.200	5.340	5.233	5.314
误　差	8.9%	10.5%	9.4%	18.5%	21.6%	12.4%	21.0%	14.5%	20.8%	13.6%	19.8%	15.2%

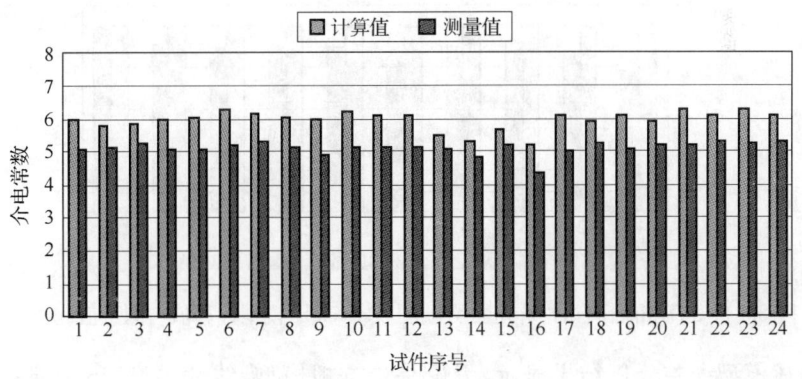

图 8.23 沥青混合料试件介电常数瑞利(Rayleigh)模型计算值与测量值比较图

(2) 水泥混合料。同样将水泥混合料试件看作是由空气、水泥石净浆及骨料组成的三相复合介质，其瑞利(Rayleigh)模型可表示为

$$\frac{\varepsilon_{cr}-1}{\varepsilon_{cr}+2} = \theta_a \frac{\varepsilon_a-1}{\varepsilon_a+2} + \theta_c \frac{\varepsilon_c-1}{\varepsilon_c+2} + \theta_s \frac{\varepsilon_s-1}{\varepsilon_s+2} \tag{8.33}$$

式中，θ_a、θ_c、θ_s 分别为空气、水泥石净浆、骨料的体积率；ε_{cr}、ε_a、ε_c、ε_s 分别为水泥混合料试件、空气、净浆、骨料的介电常数。

将水泥混合料试件实测数据和计算数据(各组成成分的介电常数 ε_a、ε_c、ε_s 和体积率 θ_a、θ_c、θ_s),代入式(8.33)的瑞利(Rayleigh)模型,得到水泥混合料介电常数 ε_σ 的计算值。表 8.12 和图 8.24 为水泥混合料介电常数测试值和瑞利(Rayleigh)模型计算值的对比结果。可以看出,用瑞利(Rayleigh)模型解释水泥混合料的介电特性,其相对误差在 1.8%~17% 之间,平均误差为 9.9%。同样,相比于均方根模型和线性模型,利用瑞利(Rayleigh)模型解释水泥混合料的介电特性误差最小,但平均误差仍接近 10%,可见该模型也不适用于水泥混合料介电特性的解释。

表 8.12 水泥混合料试件介电常数瑞利(Rayleigh)模型计算值与测量值

试件序号	1	2	3	4	5	6	7	8	9	10
介电常数计算值	8.934	8.948	8.869	9.033	8.932	8.922	8.889	8.857	9.037	9.033
介电常数测量值	7.637	7.768	8.215	7.929	8.603	7.996	8.053	7.925	8.550	8.870
误差	17.0%	15.2%	8.0%	13.9%	3.8%	11.6%	10.4%	11.8%	5.7%	1.8%

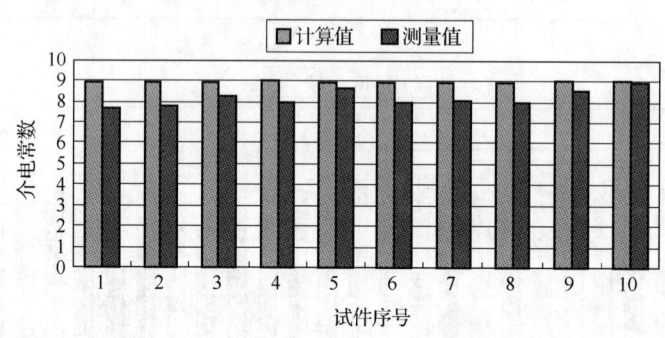

图 8.24 水泥混合料试件介电常数瑞利(Rayleigh)模型计算值与测量值比较图

上述模型误差分析结果显示,无论是均方根模型、线性模型,还是瑞利(Rayleigh)模型,用它们解释沥青混合料、水泥混合料等路用材料的介电特性,平均相对误差通常均超过 10%,有时甚至高达 50% 以上。其中,瑞利(Rayleigh)模型误差最小,但平均误差仍在 10% 左右甚至更高。在探地雷达无损检测中,用这些模型解释路面结构层材料的介电特性,这样的精度是很难达到使用要求的。产生误差过大的原因可能有以下几点:①应用对象不同。原有模型多是由试验得到的经验模型,有一定的适用条件,多用于土壤和地球物理,以及水和多孔渗水介质的相互作用。由于路面材料有其特有的结构特点,这些模型用于路面材料未必合适。②介电常数测量方法或所用频率不同。这些模型建立时介电常数的测量方法或测量频率与本章试验所用的不同,而介电常数具有频率依赖性。③介质相数不同。原有模型多是从两相介质得出,后来被扩展应用于三相介质。应用对象发生了改变,使得原有模型未必适用于三相介质。总之,原有模型大都是基于一定假设、在特定情况下才成立的经验模型,有一定的适用条件,缺乏普遍适用性。

2. 路用材料复合介电特性模型改进

根据前面的分析,路用材料复合介电特性模型是利用探地雷达识别路面结构结构压实度、含水量、孔隙率或沥青含量等指标的关键,其精度也将直接决定着探地雷达对这些指标的检测精度。因此,对现有复合介电特性模型进行改进,使其能够更加合理地解释路用材料的介电特性,无疑具有重要的理论价值和工程实际意义。

从上面路用材料介电常数计算值与测量值的对比中可以看出,误差有一定的规律性,且计算值与测量值之间有一定的线性相关关系,因此可以利用这种相关关系对上述模型进行改进,使其适用于路用材料介电特性的解释。下面将采用这种方法分别对上述三种介电常数模型进行改进,使其能更加合理地解释路面材料的介电特性,从而为揭示多相复合材料介电特性与压实度、孔隙率、含水量或沥青含量等工程质量关键指标的本质关系奠定理论基础。

1) 均方根模型的改进

(1) 沥青混合料。沥青混合料试件介电常数测量值和通过均方根模型得到的计算值之间的线性相关关系为

$$y = 0.8366x - 0.5853 \tag{8.34}$$

式中,y 为介电常数测量值;x 为介电常数计算值。

将沥青混合料试件看作是由空气、沥青结合料及骨料组成的三相复合介质,根据式(8.34)改进均方根模型,改进后的均方根模型可表示为

$$\sqrt{\frac{\varepsilon_{ac} + 0.5853}{0.8366}} = \theta_a \sqrt{\varepsilon_a} + \theta_{as} \sqrt{\varepsilon_{as}} + \theta_s \sqrt{\varepsilon_s} \tag{8.35}$$

式中,θ_a、θ_{as}、θ_s 分别为空气、沥青、骨料的体积率;ε_{ac}、ε_a、ε_{as}、ε_s 分别为沥青混合料试件、空气、沥青、骨料的介电常数。

采用改进后的均方根模型式(8.35),计算沥青混合料试件的介电常数 ε_{ac}。表8.13和图8.25为沥青混合料介电常数测试值和改进后均方根模型计算值的对比结果。可以看出,用改进后的均方根模型计算得到的沥青混合料试件介电常数与测量值之间的相对误差在 $-4.1\% \sim 7.2\%$ 之间,平均误差为 2.1%。由此可见,利用改进后的均方根模型解释沥青混合料的介电特性具有较好的精度。

表 8.13　沥青混合料试件介电常数均方根模型改进后计算值与测量值

试件序号	1	2	3	4	5	6	7	8	9	10	11	12
介电常数计算值	5.127	5.052	5.071	5.156	5.140	5.264	5.205	5.151	5.092	5.211	5.168	5.115
介电常数测量值	5.050	5.101	5.232	5.096	5.085	5.178	5.290	5.144	4.874	5.135	5.118	5.118
误差	1.5%	1.0%	3.1%	1.2%	1.1%	1.7%	1.6%	0.1%	4.5%	1.5%	1.0%	0.1%
试件序号	13	14	15	16	17	18	19	20	21	22	23	24
介电常数计算值	4.890	4.776	4.954	4.674	5.188	5.080	5.194	5.092	5.251	5.139	5.243	5.167
介电常数测量值	5.046	4.828	5.164	4.358	5.004	5.252	5.059	5.185	5.200	5.340	5.233	5.314
误差	3.1%	1.1%	4.1%	7.3%	3.7%	3.3%	2.7%	1.8%	1.0%	3.8%	0.2%	2.8%

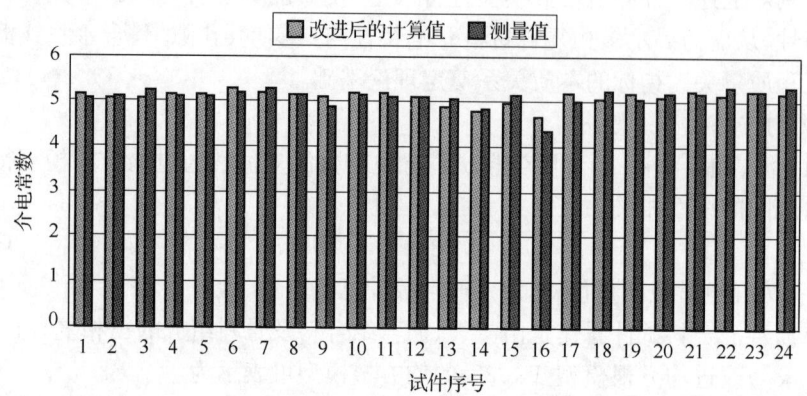

图 8.25　沥青混合料试件介电常数均方根模型改进后计算值与测量值比较图

(2) 水泥混合料。水泥混合料试件介电常数测量值和根据均方根模型计算而得到的计算值之间的线性相关关系为

$$y = 0.507x + 3.069 \tag{8.36}$$

式中，y 为介电常数测量值；x 为介电常数计算值。

将水泥混合料试件看作是由空气、水泥石净浆及骨料组成的三相复合介质，根据式(8.36)改进均方根模型，改进后的均方根模型可表示为

$$\sqrt{\frac{\varepsilon_\sigma - 3.069}{0.507}} = \theta_a \sqrt{\varepsilon_a} + \theta_c \sqrt{\varepsilon_c} + \theta_s \sqrt{\varepsilon_s} \tag{8.37}$$

式中，θ_a、θ_c、θ_s 分别为空气、水泥石净浆、骨料的体积率；ε_σ、ε_a、ε_c、ε_s 分别为水泥混

合料试件、空气、净浆、骨料的介电常数。

采用改进后的均方根模型式(8.37),计算水泥混合料试件的介电常数ε_{cr}。表8.14和图8.26为水泥混合料介电常数测试值和改进后均方根模型计算值的对比结果。可以看出,用改进后的均方根模型计算得到的水泥混合料试件介电常数与测量值之间的相对误差在$-8.0\%\sim6.7\%$之间,平均误差为3.8%。由此可见,利用改进后的均方根模型解释水泥混合料的介电特性具有较好的精度。

表8.14 水泥混合料试件介电常数均方根模型改进后计算值与测量值

试件序号	1	2	3	4	5	6	7	8	9	10
介电常数计算值	8.150	8.154	8.199	8.238	8.151	8.149	8.091	8.084	8.164	8.163
介电常数测量值	7.637	7.768	8.215	7.929	8.603	7.996	8.053	7.925	8.550	8.870
误差	6.7%	5.0%	0.2%	3.9%	5.3%	1.9%	0.5%	2.0%	4.5%	8.0%

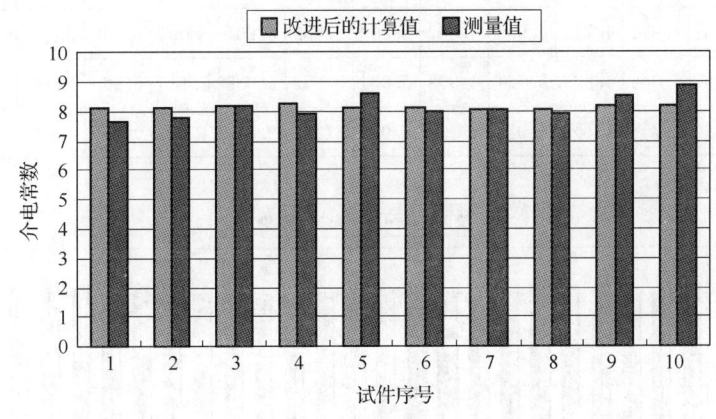

图8.26 水泥混合料试件介电常数均方根模型改进后计算值与测量值比较图

2) 线性模型的改进

(1) 沥青混合料。沥青混合料试件介电常数测量值和由线性模型计算而得到的计算值之间的线性相关关系为

$$y = 1.1996x - 3.4354 \tag{8.38}$$

式中,y为介电常数测量值;x为介电常数计算值。

将沥青混合料试件看作是由空气、沥青结合料及骨料组成的三相复合介质,根据式(8.38)改进线性模型,改进后的线性模型可表示为

$$\varepsilon_{ac} = 1.1996(\varepsilon_a\theta_a + \varepsilon_{as}\theta_{as} + \varepsilon_s\theta_s) - 3.4354 \tag{8.39}$$

式中，θ_a、θ_{as}、θ_s 分别为空气、沥青、骨料的体积率；ε_{ac}、ε_a、ε_{as}、ε_s 分别为沥青混合料试件、空气、沥青、骨料的介电常数。

采用改进后的线性模型式(8.39)，计算得到沥青混合料试件的介电常数 ε_{ac}。表 8.15 和图 8.27 为沥青混合料介电常数测试值和改进后线性模型计算值的对比结果。可以看出，用改进后的线性模型计算得到的沥青混合料试件介电常数与测量值之间的相对误差在 $-4.0\% \sim 7.1\%$ 之间，平均误差为 2.2%，具有较高精度。由此可见，改进后的线性模型可以用于解释沥青混合料的介电特性。

表 8.15 沥青混合料试件介电常数线性模型改进后计算值与测量值

试件序号	1	2	3	4	5	6	7	8	9	10	11	12
介电常数计算值	5.144	5.063	5.083	5.183	5.142	5.269	5.201	5.157	5.085	5.197	5.154	5.079
介电常数测量值	5.050	5.101	5.232	5.096	5.085	5.178	5.290	5.144	4.874	5.135	5.118	5.118
误差	1.9%	0.7%	2.8%	1.7%	1.1%	1.8%	1.7%	0.3%	4.3%	1.2%	0.7%	0.8%
试件序号	13	14	15	16	17	18	19	20	21	22	23	24
介电常数计算值	4.911	4.774	4.959	4.667	5.203	5.082	5.201	5.091	5.243	5.124	5.232	5.153
介电常数测量值	5.046	4.828	5.164	5.004	5.252	5.059	5.185	5.200	5.340	5.233	5.314
误差	2.7%	1.1%	4.0%	7.1%	4.0%	3.2%	2.8%	1.8%	0.8%	4.0%	0.0%	3.0%

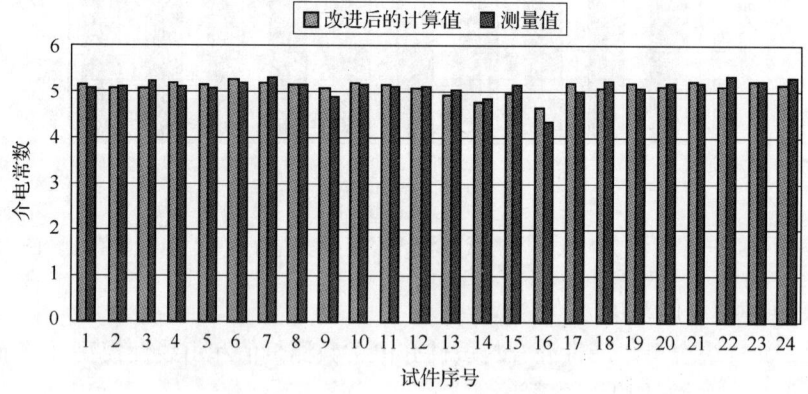

图 8.27 沥青混合料试件介电常数线性模型改进后计算值与测量值比较图

(2) 水泥混合料。水泥混合料试件介电常数测量值和由线性模型得到的计算值之间的线性相关关系为

$$y = 0.6233x + 1.6265 \tag{8.40}$$

式中，y 为介电常数测量值；x 为介电常数计算值。

将水泥混合料试件看作是由空气、水泥石净浆及骨料组成的三相复合介质，根

据式(8.40)改进线性模型,改进后的线性模型可表示为

$$\varepsilon_{cr} = 0.6233(\varepsilon_a\theta_a + \varepsilon_c\theta_c + \varepsilon_s\theta_s) + 1.6265 \quad (8.41)$$

式中,θ_a、θ_c、θ_s 分别为空气、水泥石净浆、骨料的体积率;ε_{cr}、ε_a、ε_c、ε_s 分别为水泥混合料试件、空气、净浆、骨料的介电常数。

采用改进后的线性模型式(8.41),计算得到水泥混合料试件的介电常数 ε_{cr}。表 8.16 和图 8.28 为水泥混合料介电常数测试值和改进后线性模型计算值的对比结果。可以看出,用改进后的线性模型计算得到的水泥混合料试件介电常数与测量值之间的相对误差在 $-7.9\%\sim6.5\%$ 之间,平均误差为 3.7%,同样具有较高精度。由此可见,改进后的线性模型可以用于解释水泥混合料的介电特性。

表 8.16 水泥混合料试件介电常数线性模型改进后计算值与测量值

试件序号	1	2	3	4	5	6	7	8	9	10
介电常数计算值	8.131	8.134	8.244	8.278	8.155	8.153	8.063	8.057	8.166	8.166
介电常数测量值	7.637	7.768	8.215	7.929	8.603	7.996	8.053	7.925	8.550	8.870
误 差	6.5%	4.7%	0.4%	4.4%	5.2%	2.0%	0.1%	1.7%	4.5%	7.9%

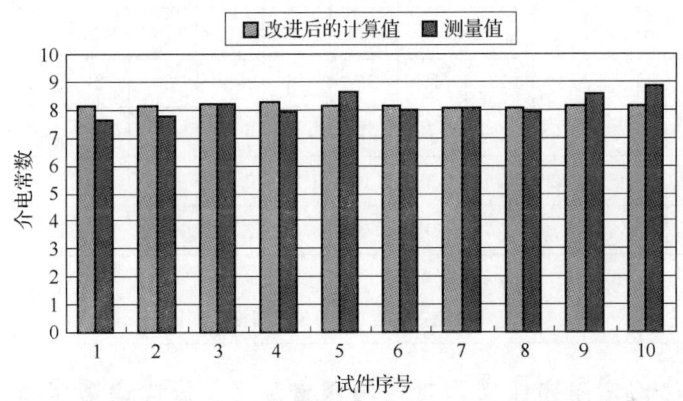

图 8.28 水泥混合料试件介电常数线性模型改进后计算值与测量值比较图

3) 瑞利(Rayleigh)模型的改进

(1) 沥青混合料。沥青混合料试件介电常数测量值和由瑞利(Rayleigh)模型得到的计算值之间的线性相关关系为

$$y = 0.4962x + 2.1451 \quad (8.42)$$

式中,y 为介电常数测量值;x 为介电常数计算值。

将沥青混合料试件看作是由空气、沥青结合料及骨料组成的三相复合介质,根据式(8.42)进行改进的瑞利(Rayleigh)模型可表示为

$$\frac{\dfrac{\varepsilon_{ac}-2.1451}{0.4962}-1}{\dfrac{\varepsilon_{ac}-2.1451}{0.4962}+2}=\theta_a\frac{\varepsilon_a-1}{\varepsilon_a+2}+\theta_{as}\frac{\varepsilon_{as}-1}{\varepsilon_{as}+2}+\theta_s\frac{\varepsilon_s-1}{\varepsilon_s+2} \qquad (8.43)$$

式中,θ_a、θ_{as}、θ_s 分别为空气、沥青、骨料的体积率;ε_{ac}、ε_a、ε_{as}、ε_s 分别为沥青混合料试件、空气、沥青、骨料的介电常数。

采用改进后的瑞利(Rayleigh)模型式(8.43),计算得到沥青混合料试件的介电常数 ε_{ac}。表 8.17 和图 8.29 为沥青混合料介电常数测试值和改进后瑞利(Rayleigh)模型计算值的对比结果。可以看出,用改进后的瑞利(Rayleigh)模型计算得到的沥青混合料试件介电常数与测量值之间的相对误差在 -4.2%~8.0% 之间,平均误差为 2.2%,具有较高精度。改进后的瑞利(Rayleigh)模型可以用于解释沥青混合料的介电特性。

表 8.17 沥青混合料试件介电常数瑞利(Rayleigh)模型改进后计算值与测量值

试件序号	1	2	3	4	5	6	7	8	9	10	11	12
介电常数计算值	5.100	5.035	5.054	5.117	5.133	5.256	5.207	5.141	5.099	5.228	5.183	5.159
介电常数测量值	5.050	5.101	5.232	5.096	5.085	5.178	5.290	5.144	4.874	5.135	5.118	5.118
误 差	1.0%	1.3%	3.4%	0.4%	0.9%	1.5%	1.6%	0.1%	4.6%	1.8%	1.3%	0.8%
试件序号	13	14	15	16	17	18	19	20	21	22	23	24
介电常数计算值	4.872	4.793	4.949	4.707	5.164	5.075	5.183	5.091	5.261	5.156	5.256	5.184
介电常数测量值	5.046	4.828	5.164	4.358	5.004	5.252	5.059	5.185	5.200	5.340	5.233	5.314
误 差	3.4%	0.7%	4.2%	8.0%	3.2%	3.4%	2.5%	1.8%	1.2%	3.4%	0.4%	2.4%

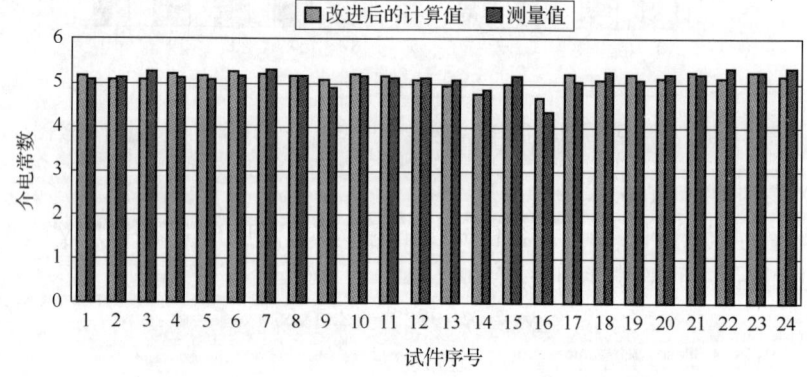

图 8.29 沥青混合料试件介电常数瑞利(Rayleigh)模型改进后计算值与测量值比较图

(2) 水泥混合料。水泥混合料试件介电常数测量值和由瑞利(Rayleigh)模型计算而得到的计算值之间的线性相关关系为

$$y = 2.488x - 14.102 \tag{8.44}$$

式中，y 为介电常数测量值；x 为介电常数计算值。

将水泥混合料试件看作是由空气、水泥石净浆及骨料组成的三相复合介质，根据式(8.44)进行改进的瑞利(Rayleigh)模型可表示为

$$\frac{\dfrac{\varepsilon_{ac}+14.102}{2.488}-1}{\dfrac{\varepsilon_{ac}+14.102}{2.488}+2} = \theta_a \frac{\varepsilon_a-1}{\varepsilon_a+2} + \theta_{as}\frac{\varepsilon_{as}-1}{\varepsilon_{as}+2} + \theta_s\frac{\varepsilon_s-1}{\varepsilon_s+2} \tag{8.45}$$

式中，θ_a、θ_c、θ_s 分别为空气、水泥石净浆、骨料的体积率；ε_{cr}、ε_a、ε_c、ε_s 分别为水泥混合料试件、空气、净浆、骨料的介电常数。

采用改进后的瑞利(Rayleigh)模型式(8.45)，计算得到水泥混合料试件的介电常数 ε_{cr}。表 8.18 和图 8.30 为水泥混合料介电常数测试值和改进后瑞利(Rayleigh)模型计算值的对比结果。可以看出，用改进后的瑞利(Rayleigh)模型计算得到的水泥混合料试件介电常数与测量值之间的相对误差在 −5.6%～6.4% 之间，平均误差为 3.5%，具有较高精度。改进后的瑞利(Rayleigh)模型可以用于解释水泥混合料的介电特性。

表 8.18 水泥混合料试件介电常数瑞利(Rayleigh)模型改进后计算值与测量值

试件序号	1	2	3	4	5	6	7	8	9	10
介电常数计算值	8.125	8.161	7.965	8.372	8.120	8.096	8.013	7.933	8.382	8.372
介电常数测量值	7.637	7.768	8.215	7.929	8.603	7.996	8.053	7.925	8.550	8.870
误　差	6.4%	5.1%	3.0%	5.6%	5.6%	1.3%	0.5%	0.1%	2.0%	5.6%

通过以上对均方根模型、线性模型和瑞利(Rayleigh)模型改进的结果可见，采用改进后的模型得到的介电常数计算值与测量值之间的平均误差均在 5% 以内，与改进前相比误差显著降低，如表 8.19 所示。因此，改进后的均方根模型、线性模型和瑞利(Rayleigh)模型可以较好地解释路用材料(沥青混合料和水泥混合料)的介电特性。

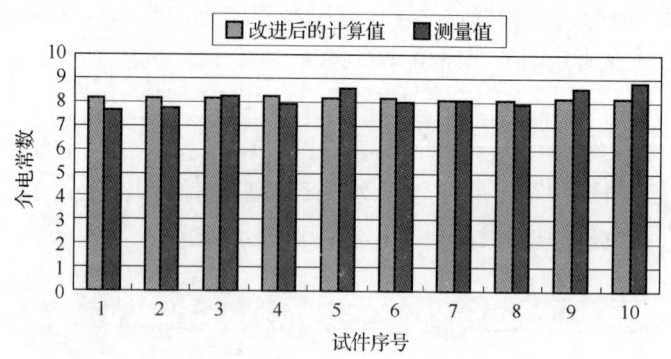

图 8.30 水泥混合料试件介电常数瑞利(Rayleigh)模型改进后计算值与测量值比较图

表 8.19 路用材料复合介电常数模型改进前后误差比较

平均误差	均方根模型		线性模型		瑞利(Rayleigh)模型	
	沥青混合料	水泥混合料	沥青混合料	水泥混合料	沥青混合料	水泥混合料
改进前	33.4%	23.3%	39.7%	28.7%	16.8%	9.9%
改进后	2.1%	3.8%	2.2%	3.7%	2.2%	3.5%

8.2 基于反演理论的路基路面材料压实度、孔隙率、含水量或沥青含量分析[1]

路基路面材料压实度、孔隙率、含水量或沥青含量是道路施工质量控制和工程验收评定的重要指标。现行的以人工为主的检测方法效率低、代表性差。因此,研究开发快速、高效、连续、无损的路基路面材料压实度、孔隙率、含水量或沥青含量检测技术在国内外受到日益广泛的重视,探地雷达逐步成为人们关注的热点。

基于介电常数研究压实度、孔隙率、含水量或沥青含量等指标的理论依据在于这些指标的改变将直接导致介质介电常数的变化。比如通常情况下,含水量或沥青含量的增加导致介电常数的增大;孔隙率的减小,即压实度的提高会使介电常数变大。

国内外围绕介电常数与这些指标之间关系开展了不少研究。现有的研究主要是通过大量的室内及室外实验来寻找介电常数与这些指标之间的关系,即在现场钻取大量的芯样,在实验室中对这些芯样的压实度、孔隙率、含水量或沥青含量等进行测定,然后将实验室测定结果与探地雷达的介电常数检测结果做回归分析,从而找出它们之间的相关关系,并将这个相关关系应用于全线数据分析中。如芬兰通过大量的室内压实实验和现场检测试验,得到沥青混合料的介电常数与孔隙率的关系如图 8.31 所示。

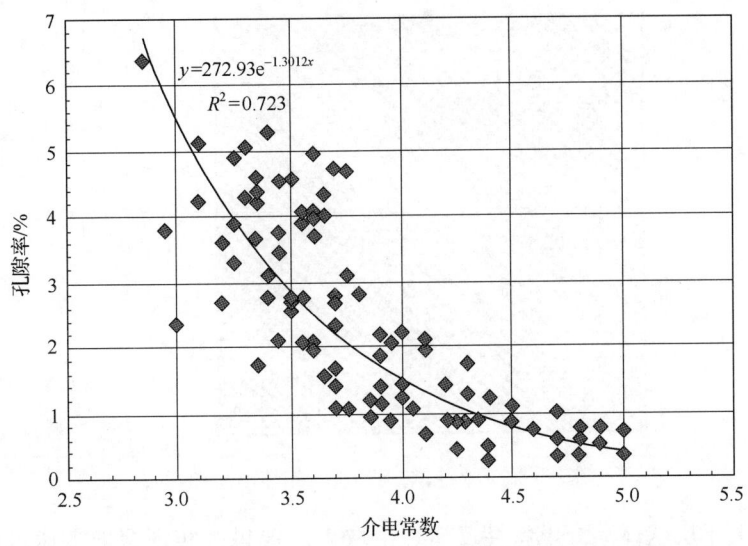

图 8.31 沥青混合料的介电常数与孔隙率的关系

目前基于探地雷达对压实度、孔隙率、含水量或沥青含量等指标的分析方法存在的主要困难和问题如下：

（1）需要钻取大量芯样并经实验室分析才能找出介电常数与压实度、孔隙率、含水量或沥青含量等指标的相关关系。

（2）相关关系无通用性，对不同的结构体系及不同时间的同一结构体系都需分别建立相关关系。

（3）将通过有限芯样获取的相关关系应用于全线分析，即以点代线，不能很好地反映全线的实际情况。

这些局限性使得目前基于探地雷达检测数据的压实度、孔隙率、含水量或沥青含量等指标的研究工作仍处于探索阶段，取得的成果尚未在工程中广泛应用，使探地雷达的工程应用价值远未被充分发挥出来。

道路材料通常是由固相、气相、液相三相组成的混合物，如图8.32所示。沥青混凝土实际上也是三相体，只是以沥青代替了水。由于固体、气体、液体的介电常数各不相同，尤其是水与空气和骨料之间的介电特性差异甚大，所以道路材料的介电常数其实是固体、气体和液体三相的复合介电常数。因此，只要已知了复合介电常数和固体、气体与液体三相介电常数和体积率之间的关系，即复合介电常数模型，就可根据模型确定出三相物质的体积率，并相应地计算出结构层压实度、孔隙率、含水量或沥青含量等重要技术指标。可见，多相复合介质介电常数模型揭示了介电特性与压实度、孔隙率、含水量或沥青含量等指标的本质关系，是研究路基路面压实度、空隙率、含水量或沥青含量等指标的基础和关键之一。

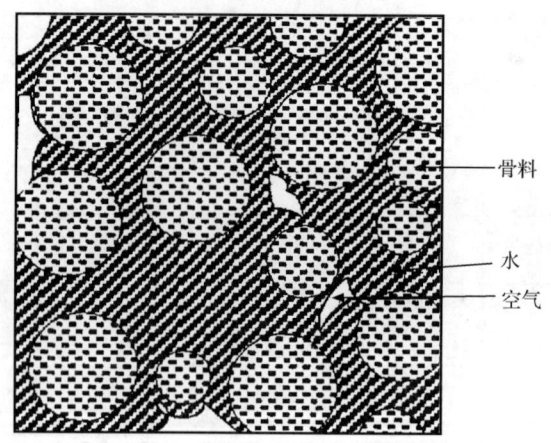

图 8.32　骨料、空气和水三相体示意图

作者关于层状体系介电特性反演理论取得的成果为实现探地雷达对压实度、孔隙率、含水量或沥青含量等指标的快速、连续、无损检测建立了可行的途径,其中复合材料介电特性模型以及介电特性反演方法是其理论基础。

上节对多相复合介质的介电常数模型做了研究和分析,改进得到了适用于沥青混凝土和水泥混凝土的多相复合介质介电常数模型,建立了多相复合介质复合介电常数与其各组成成分的介电常数和体积率等参数之间的函数关系,在此基础上,可建立全新的路基路面材料压实度、孔隙率、含水量或沥青含量等工程质量关键指标的分析方法。

8.2.1　路基路面材料压实度、孔隙率、含水量或沥青含量的定义

1. 孔隙率

孔隙率的定义为空隙体积占材料总体积的百分率。材料中气体的体积率 V_v 即为孔隙率。

2. 含水量

含水量 w 是介质中水的质量 M_w 与固体颗粒质量 M_s 的比值:

$$w = \frac{M_w}{M_s} = \frac{\rho_w \times V_w}{\rho_s \times V_s} \tag{8.46}$$

式中,w 为含水量;ρ_w 为水的密度;ρ_s 为固体颗粒的密度;V_w 为水的体积率;V_s 为固体颗粒的体积率。

3. 压实度和沥青含量

压实度是指工地实际达到的干密度与室内标准击实试验所得的最大干密度（标准密度）的比值：

$$压实度 = \frac{干密度}{标准干密度} \times 100\% \tag{8.47}$$

下面以沥青混合料为例，推导压实度的计算公式。将沥青混合料三相体中的气相、固相、液相体积率分别设为 V_v、V_s、V_a（液相为三相体中的沥青），三相材料的密度分别设为 ρ_v、ρ_s、ρ_a，其中空气的相对密度为 $\rho_v = 0$。这里引入固体体积率的概念。混合料的固体体积率由式(8.48)计算，并通常用百分率表示：

$$固体体积率 = \frac{\rho_d}{\rho_s} \times 100\% \tag{8.48}$$

式中，ρ_d 为混合料集料的干密度；ρ_s 为混合料集料的密度。

由上面的假设，可以计算出混合料的干密度 ρ_d：

$$\rho_d = V_s \times \rho_s \tag{8.49}$$

当沥青混合料中沥青含量为 P_a 时，则标准密度 ρ_t 按下式计算：

$$\rho_t = \frac{100}{\sum\limits_{i=1}^{n} \frac{p_i}{\rho_i} + \frac{p_a}{\rho_a}} \times \rho_w \tag{8.50}$$

式中，p_i 为各种矿料的配合比（矿料总和为 $\sum\limits_{1}^{n} p_i + p_a = 100$）；$\rho_i$ 为各种矿料与水的相对密度；p_a 为沥青含量（沥青质量占沥青混合料总质量的百分率）；ρ_a 为沥青的相对密度；ρ_w 为水的密度（标准状态下通常 $\rho_w = 1.0$）。

沥青含量 P_a 和集料含量 P_s 可以由下式分别计算：

$$P_a = \frac{\rho_a \times V_a}{\rho_s \times V_s + \rho_a \times V_a} \times 100\% \tag{8.51}$$

$$P_s = \frac{\rho_s \times V_s}{\rho_s \times V_s + \rho_a \times V_a} \times 100\% \tag{8.52}$$

根据以上定义，首先计算沥青含量 P_a，则沥青混合料的总质量

$$M_a = \rho_s \times V_s + \rho_a \times V_a \tag{8.53}$$

于是沥青混合料的标准密度 ρ_t 就可以计算出来：

$$\rho_t = \frac{100}{\frac{p_s}{\rho_s} + \frac{p_a}{\rho_a}} \times 100\% \tag{8.54}$$

从而压实度 K 可以由式(8.47)、式(8.49)、式(8.52)、式(8.53)和式(8.54)联立计算得

$$K = \frac{\rho_d}{\rho_t} = \frac{\rho_s V_s}{\dfrac{100}{\dfrac{p_s}{\rho_s} + \dfrac{p_a}{\rho_a}}} = \frac{\rho_s V_s}{\dfrac{100}{\dfrac{\dfrac{\rho_a V_a}{\rho_s V_s + \rho_a V_a} \times 100}{\rho_s} + \dfrac{\dfrac{\rho_s V_s}{\rho_s V_s + \rho_a V_a} \times 100}{\rho_a}}} \tag{8.55}$$

8.2.2 基于反演理论的路基路面材料压实度、孔隙率、含水量或沥青含量分析

在多相复合介质介电常数模型的建立过程中涉及了较多的参数，但三相体积率存在着一定的关系，关键是寻求各结构层的介电常数和其中两相物质的体积率。根据多相介质复合介电常数模型，可将材料的复合介电常数进一步分解为各相物质的体积率，以此为基础可建立复合介电常数和压实度、孔隙率、含水量或沥青含量等指标的关系。基于第 5 章的层状体系介电特性反演方法，可建立如下反演方程：

$$[F]\{P\} = \{e\} \tag{8.56}$$

式中，$\{P\}$ 为路面结构中探地雷达电磁波传播模型参数调整向量；$\{e\}$ 为探地雷达电磁波模拟结果与实测雷达反射波的误差向量；$[F]$ 为灵敏度矩阵。

灵敏度矩阵的具体表达式如式(8.57)所示：

$$[F] = \begin{bmatrix} \dfrac{\partial A_1}{\partial V_{v1}} & \dfrac{\partial A_1}{\partial V_{s1}} & \dfrac{\partial A_1}{\partial V_{v2}} & \dfrac{\partial A_1}{\partial V_{s2}} & \cdots & \dfrac{\partial A_1}{\partial V_{vn}} & \dfrac{\partial A_1}{\partial V_{sn}} \\ \dfrac{\partial A_2}{\partial V_{v1}} & \dfrac{\partial A_2}{\partial V_{s1}} & \dfrac{\partial A_2}{\partial V_{v2}} & \dfrac{\partial A_2}{\partial V_{s2}} & \cdots & \dfrac{\partial A_2}{\partial V_{vn}} & \dfrac{\partial A_2}{\partial V_{sn}} \\ & & & \vdots & & & \\ \dfrac{\partial A_m}{\partial V_{v1}} & \dfrac{\partial A_m}{\partial V_{s1}} & \dfrac{\partial A_m}{\partial V_{v2}} & \dfrac{\partial A_m}{\partial V_{s2}} & \cdots & \dfrac{\partial A_m}{\partial V_{vn}} & \dfrac{\partial A_m}{\partial V_{sn}} \end{bmatrix} \tag{8.57}$$

式中，$A_1, A_2, \cdots, A_m$ 符号定义同前；V_{v1} 和 V_{s1} 为路面结构面层材料气相和固相的体积率；V_{v2} 和 V_{s2} 为路面结构基层材料气相和固相的体积率；V_{vn} 和 V_{sn} 为路面结构第 n 层材料气相和固相的体积率。

通过求解方程(8.56)，即可反演路面各结构层材料气相和固相的体积率，并可根据 8.2.1 节的计算公式得到各结构层压实度、孔隙率、含水量或沥青含量等指标。

根据上述原理，可编制路基路面材料压实度、孔隙率、含水量或沥青含量等指标分析程序。其流程图如图 8.33 所示。

基本分析步骤如下：

(1) 读入数据文件，包括雷达入射波、路面结构层数、三相介电常数和体积率初值，以及探地雷达实测反射波。

(2) 选择多相介复合介质电常数模型。

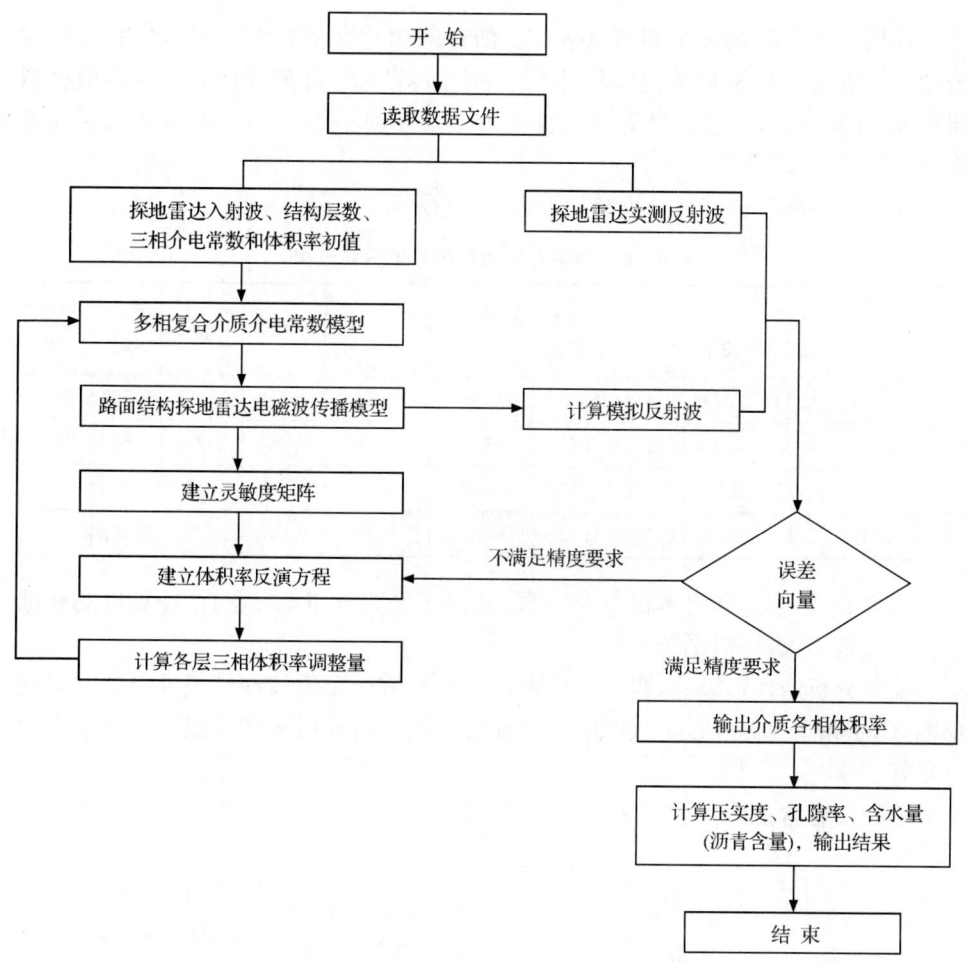

图 8.33　基于反演理论的路基路面材料压实度、孔隙率、含水量或沥青含量
分析程序流程图

(3) 建立路面结构探地雷达电磁波传播模型,计算模拟雷达反射波。
(4) 建立灵敏度矩阵和体积率反演方程。
(5) 计算各层三相体积率调整量。
(6) 判断误差向量是否满足精度要求。如满足,则输出介质各相体积率,计算压实度、孔隙率、含水量(沥青含量),输出结果;如果不满足的话,转入步骤(4)。

8.2.3 工程应用实例

选用 7.4 节实例 3 中的测试数据。沥青的相对密度取为 1.015,集料的相对密度平均取为 2.718,以单位体积计算。利用上节基于反演理论的路基路面材料压实度、孔隙率、含水量或沥青含量分析方法分析对应不同测点的路面面层孔隙率、压实度和沥青含量。

面层孔隙率和压实度分析结果如表 8.20 所示。

表 8.20 面层孔隙率和压实度分析结果

测点	空气体积率	集料体积率	集料质量	沥青质量	混合料总质量	集料含量/%	沥青含量/%	孔隙率	干密度	理论密度	压实度/%
1	0.043	0.84	2.283	0.119	2.402	95.04	6.96	0.043	2.283	2.509	91.0
2	0.053	0.83	2.256	0.119	2.375	95.0	5.0	0.053	2.256	2.508	90.0
3	0.056	0.82	2.229	0.126	2.355	96.65	5.35	0.056	2.229	2.494	89.4
4	0.048	0.83	2.283	0.124	2.407	96.85	5.15	0.048	2.283	2.502	91.2

表 8.20 中假定沥青体积率为 12%,相当于沥青含量 5% 左右,计算出的孔隙率符合规范要求(一般小于 6%)。

反演分析迭代运算后,测点 1 和测点 2 实测雷达反射波和模拟反射波的对比如图 8.34 和图 8.35 所示,从图中可以看出实测雷达反射波和模拟反射波两者拟合良好。

面层沥青含量分析结果如表 8.21 所示。

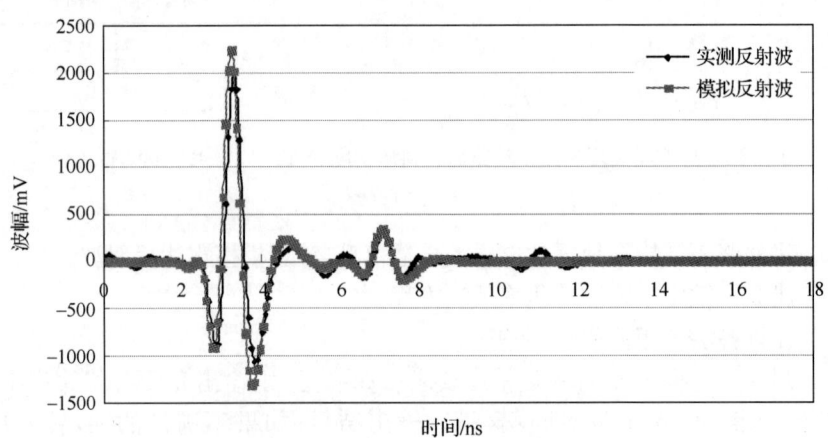

图 8.34 孔隙率和压实度分析中测点 1 实测雷达反射波与模拟反射波对比图

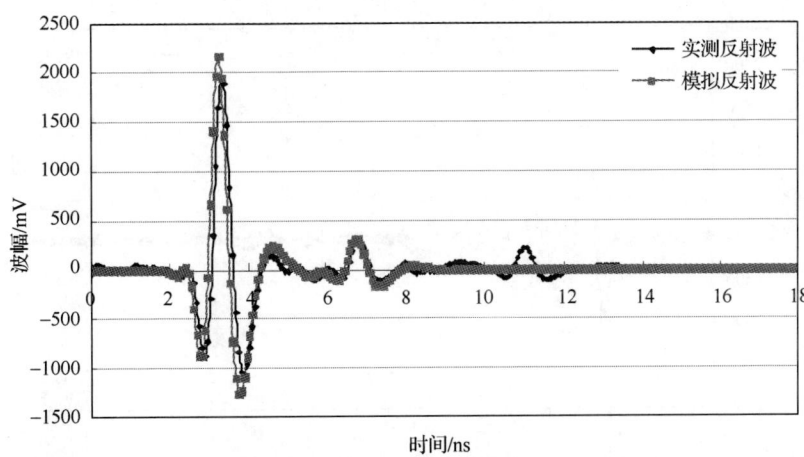

图 8.35 孔隙率和压实度分析中测点 2 实测雷达反射波与模拟反射波对比图

表 8.21 面层沥青含量分析结果

测点	沥青体积率	集料体积率	集料质量	沥青质量	混合料总质量	集料含量/%	沥青含量/%	干密度	理论密度	压实度/%
1	0.106	0.834	2.2668	0.1076	2.3744	95.47	6.53	2.2668	2.526	89.7
2	0.112	0.828	2.2505	0.1137	2.3642	95.19	6.81	2.2505	2.515	89.5
3	0.090	0.850	2.3103	0.0914	2.4017	96.19	3.81	2.3103	2.555	90.4
4	0.086	0.854	2.3212	0.0873	2.4085	96.37	3.63	2.3212	2.562	90.6

反演分析迭代运算后，测点 2 和测点 3 实测探地雷达反射波和模拟反射波的对比如图 8.36 和图 8.37 所示。从图中可以看出实测雷达反射波和模拟反射波两者拟合较好。

近年来，应用探地雷达检测分析压实度、含水量等方面的研究在国内外受到广泛关注，但目前尚未取得突破性进展。作者通过对多相复合材料介电常数模型的研究，揭示了路面材料介电特性与压实度、孔隙率、含水量或沥青含量等工程质量关键指标之间的关系，提出了基于反演理论的路基路面材料压实度、孔隙率、含水量或沥青含量分析方法，探索了路基路面材料压实度、孔隙率、含水量或沥青含量无损检测的新途径。

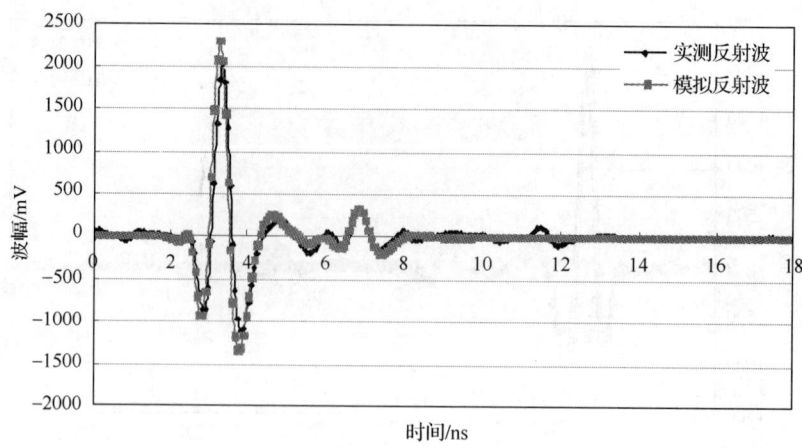

图 8.36 沥青含量分析中测点 2 实测雷达反射波与模拟反射波对比图

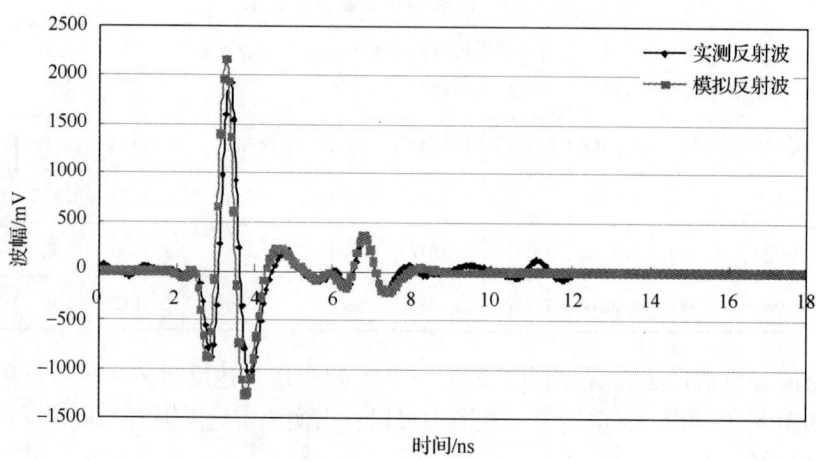

图 8.37 沥青含量分析中测点 3 实测雷达反射波与模拟反射波对比图

8.3 路基含水量分析[28]

在公路建设中,路基压实度和含水量是路基施工质量的两个重要控制指标,而含水量同时又影响压实度的好坏,一旦路基土含水量不能控制在最佳含水量,则压实度也较难达到95％以上。也有研究表明[29]:路基含水量也影响路基强度,当含水量控制合适的时候,不仅可以减少结构层厚度,也可以降低路表弯沉达到延长路面使用寿命的目的。因此,加强压实度和含水量的控制成为路基施工的重要环节。

目前路基含水量检测的常见方法有[30]：烘干法、比重法、酒精燃烧法、碳化钙气压法、碳化钙化学反应失重法、微波炉法、电容法以及核子密度仪法。为了提高检测效率，以探地雷达为基础的含水量检测技术受到广泛重视，并已取得重要进展。现有的研究成果表明，土壤介电常数和含水量之间存在一定的相关关系[31]。因此，如果利用探地雷达快速得到路基的介电常数，就能够实现路基含水量的快速检测与分析。目前探地雷达对路基含水量的检测主要是将压实层视为均匀介质，通过表面反射波波幅来计算介电常数，因此只能反映路基压实层表面的含水量。作者利用非均匀介质雷达电磁波传播模型与介电常数反演方法，能够得到30cm压实层内各子层的介电常数，实现了压实层内深度方向含水量分布的计算与分析。

作者在某砂性路基土上进行了探地雷达测试和含水量、密实度的对比测试。土壤具体物理性质如表8.22所示。

表 8.22 试验路段土壤物理特性

土质名称	液限 w_L/%	塑限 w_P/%	塑性指数 I_P	最佳含水量 ω_0/%	最大干密度 ρ_0/(g/cm³)
砾类土	31.8	22.7	9.1	9.4	2.02

主要测试内容和方法如下：

1) 含水量试验

对每个试验点利用灌砂法进行密度测试，将挖出的土样进行均匀性拌和，如图8.38所示。然后分别取出3份土壤（约10g重），用燃烧法进行含水量测试。取3次试验的平均值作为该试验点的含水量测试值，最后将重量含水量换算成体积含水量。

图 8.38 路基密度、含水量测试

2) 碾压层内的介电常数反演

首先在试验点正上方进行探地雷达反射波采集，每次采集50个波形以上，进行平均消噪处理,如图 8.39 所示。然后假设检测层厚为 30cm,将检测层分成 10 个子层,每个子层厚度为 3cm。利用层状非均匀介质介电特性反演分析方法,进行非均匀介电常数反演:反演整个路基 30cm 内的 10 个介电常数。

3) 试验点表面介电常数测试

在进行灌砂挖坑之前,采用介电常数测试仪测试试验点表面 20cm×20cm 范围内的 9 个介电常数值,取平均值作为该试验点表面的介电常数,如图 8.40 所示。

图 8.39　利用探地雷达采集路基试验数据　　图 8.40　利用介电常数仪测试路基表面介电常数

4) 相关性分析

对试验点上 10 个介电常数的平均值和含水量进行相关性分析,得到层内平均介电常数与体积含水量的相关关系,如图 8.41 所示。对试验点上得到的表面介电常数和含水量进行相关分析,得到表面介电常数与含水量的相关关系,如图 8.42 所示。

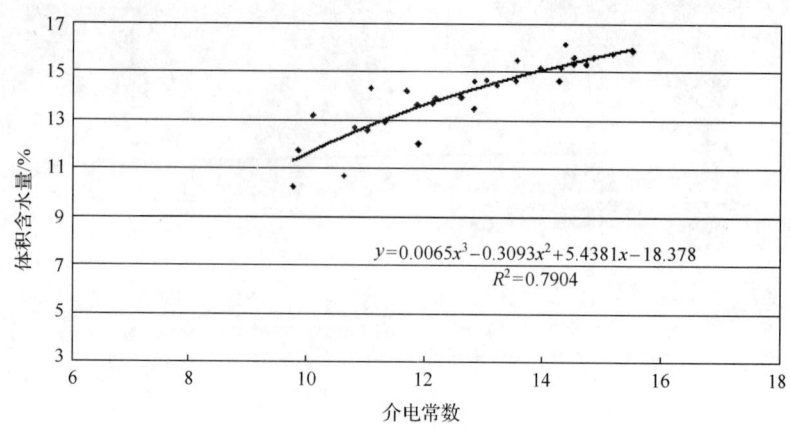

图 8.41　探地雷达测试的平均介电常数与体积含水量的相关关系

各种试验结果如表 8.23 所示。

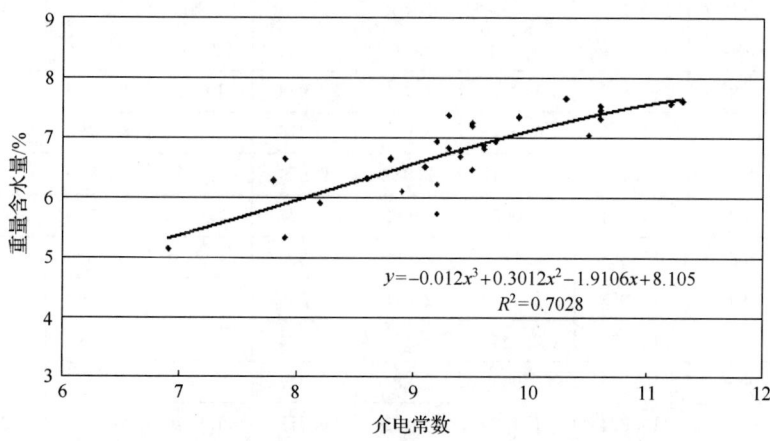

图 8.42 介电常数仪测试的介电常数与含水量的相关关系

表 8.23 介电常数与含水量和密度的试验数据

测点	介电常数仪测试值	平均介电常数	变异系数	湿密度/(g/cm³)	含水量/%	干密度/(g/cm³)	压实度	体积含水量/%
1	7.9	11.859	1.917	2.052	6.636	1.924	93.407	13.616
2	11.3	15.789	0.932	2.069	7.614	1.923	93.352	15.756
3	9.5	14.303	0.440	2.095	7.243	1.953	94.818	15.171
4	6.9	9.769	0.846	1.992	5.146	1.895	91.966	10.251
5	10.5	13.538	0.810	2.079	7.036	1.942	94.267	14.625
6	9.5	12.822	1.214	2.086	6.454	1.960	95.134	13.464
7	8.9	11.012	1.190	2.062	6.097	1.943	94.336	12.571
8	9.6	14.275	1.743	2.134	6.858	1.997	96.931	14.632
9	9.2	11.304	0.383	2.078	6.216	1.957	94.976	12.917
10	11.2	14.377	0.427	2.137	7.560	1.986	96.424	16.153
11	8.6	10.087	0.811	2.087	6.314	1.963	95.296	13.178
12	9.1	12.117	0.323	2.106	6.503	1.978	96.002	13.696
13	10.3	15.520	1.255	2.074	7.653	1.926	93.513	15.870
14	7.8	10.784	0.411	2.020	6.279	1.901	92.265	12.683
15	8.8	12.601	0.626	2.101	6.639	1.970	95.650	13.949
16	8.2	9.854	1.096	1.987	5.904	1.876	91.084	11.733
17	10.6	14.537	0.838	2.094	7.452	1.948	94.583	15.601

续表

测点	介电常数仪测试值	平均介电常数	变异系数	湿密度/(g/cm³)	含水量/%	干密度/(g/cm³)	压实度	体积含水量/%
18	9.2	12.827	1.647	2.108	6.926	1.972	95.709	14.601
19	10.6	14.528	0.964	2.094	7.316	1.951	94.730	15.321
20	9.4	12.165	1.314	2.082	6.674	1.952	94.739	13.895
21	9.3	13.561	1.097	2.099	7.373	1.955	94.908	15.477
22	9.6	11.668	2.129	2.086	6.805	1.953	94.829	14.198
23	10.6	14.863	1.359	2.073	7.530	1.927	93.562	15.607
24	9.7	13.033	2.564	2.117	6.924	1.980	96.110	14.658
25	9.9	14.747	1.985	2.084	7.347	1.941	94.247	15.313
26	9.4	13.224	1.453	2.132	6.772	1.997	96.944	14.440
27	9.5	13.958	0.939	2.108	7.189	1.967	95.485	15.156
28	7.9	10.611	0.319	2.009	5.324	1.907	92.595	10.697
29	9.3	11.062	0.917	2.100	6.814	1.966	95.459	14.312
30	9.2	11.877	1.926	2.101	5.724	1.987	96.473	12.028

从上述相关分析可以看出，介电常数仪只能得到结构表面介电常数，不能反映结构层内部的介电特性；而探地雷达能够穿透整个结构层，反映整层的介电特性，利用探地雷达测试的介电常数和含水量的相关关系要优于介电常数仪测试的介电常数和含水量的相关关系。

由于利用探地雷达波形反演的是沿深度方向的 10 个介电常数，因此可以得到介电常数的二维分布情况，如图 8.43 所示。

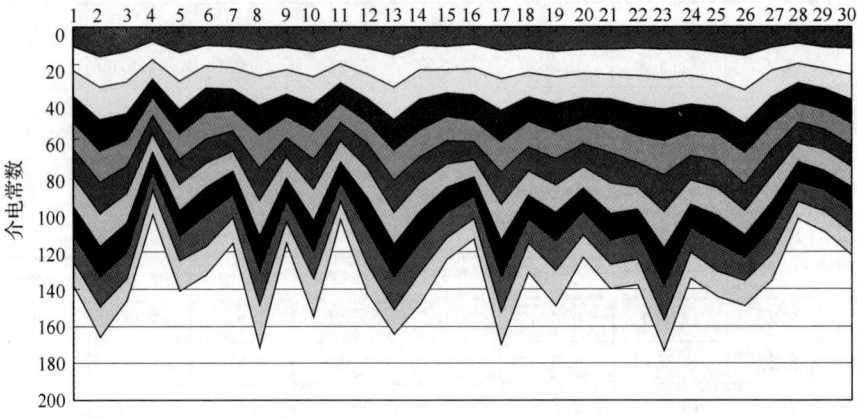

图 8.43　路基 30cm 内深度方向介电常数累计分布情况

利用上述介电常数和体积含水量的相关关系,就可以得到含水量的二维分布变化情况,如图 8.44 所示。

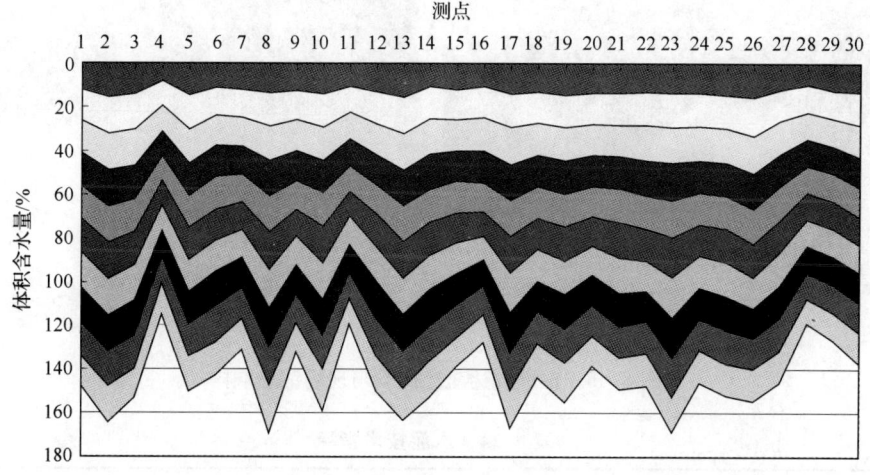

图 8.44　路基 30cm 深度方向累计体积含水量沿测点的变化情况

由上述结果可知:本节将 30cm 的碾压层视为非均匀介质,采用 10 个等效均匀子层,实现了深度方向层内介电常数的反演,并且结合现场试验结果,实现了含水量在层内不同深度处的检测分析。该方法能够更全面了解路基施工过程中含水量的分布情况,为科学、合理控制路基压实质量提供了更详细的资料。

8.4　水泥稳定基层强度分析[28]

水泥稳定碎石基层具有整体性强、承载能力高、刚度大、水稳性好、抗冲刷性强等特点,在我国高等级公路设计中得到广泛应用。7d 抗压强度是水泥稳定碎石基层施工质量控制的关键指标之一。现行的测试方法依赖于钻芯取样和室内抗压试验,效率较低。由于水灰比是水稳碎石抗压强度的主要影响因素,同时,水灰比与水稳碎石材料的介电特性存在本质关系[32]。因此,可以建立以介电特性反演为基础的水稳碎石强度分析方法。

为此,作者对正在施工的某公路基层进行了现场试验和强度分析。在试验点上先进行雷达波形数据采集,然后钻芯取样,如图 8.45 所示。材料主要参数如表 8.24 和表 8.25 所示。

图 8.45 探地雷达对比试验与现场钻芯取样

表 8.24 水泥技术指标

厂牌种类	抗压强度/MPa		抗折强度/MPa		凝结时间	
	3d	28d	3d	28d	初凝	终凝
天瑞 po32.5	20.4	34.7	3.3	6.0	2h45min	5h50min
标准要求	≥11.0	≥32.5	≥2.5	≥5.5	≥45min	≤10h
结论	合格	合格	合格	合格	合格	合格

表 8.25 水泥沙砾级配设计表

筛孔/mm	各材料所占百分比/%				设计级配	建议级配范围
	10~20	石屑	砂砾	卵石		
	10.0	10.0	60.0	20.0		
	通过率/%					
37.5	10.0	10.0	60.0	20.0	100.0	100
31.5	10.0	10.0	60.0	15.5	95.5	89~100
19	7.9	10.0	58.5	4.4	80.8	75~95
9.5	0.5	10.0	54.1	0.1	64.7	60~85
4.75	0.0	10.0	49.8	0.0	59.8	50~75
2.36	0.0	7.9	44.8	0.0	52.7	35~60
0.6	0.0	4.4	18.3	0.0	22.8	22~45
0.075	0.0	1.5	0.3	0.0	1.8	0~17

水泥沙砾级配曲线如图 8.46 所示。

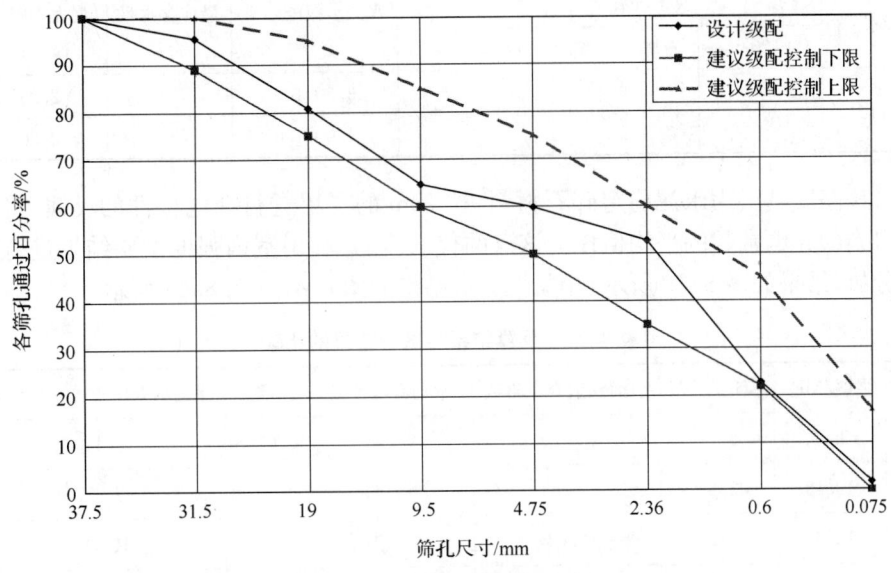

图 8.46　水泥砂砾级配曲线

水泥沙砾击实试验结果、水泥沙砾 7d 无侧限抗压强度和目标配合比设计结果分别如表 8.26~表 8.28 所示。

表 8.26　水泥砂砾击实试验结果

试验类型	重型击实试验			振动击实试验		
水泥：级配砂砾	3.5∶100	4.0∶100	4.5∶100	3.5∶100	4.0∶100	4.5∶100
最佳含水量/%	5.6	5.8	5.8	5.6	5.6	5.8
最大干密度/(g/cm³)	2.16	2.18	2.19	2.26	2.26	2.27

表 8.27　水泥砂砾 7d 无侧限抗压强度

成型方式	静压成型			振动成型		
水泥：级配沙砾	3.5∶100	4.0∶100	4.5∶100	3.5∶100	4.0∶100	4.5∶100
平均 7d 无侧限抗压强度/MPa	2.5	3.1	4.0	3.5	3.7	4.9
偏差系数 C_V/%	9.1	3.9	6.5	10.3	5.5	6.6
95%概率的强度值 $R_{CU,95}$/MPa	2.1	2.9	3.6	2.9	3.4	4.3

表 8.28 目标配合比设计结果

粒径	级配砂砾				部位	水泥：级配砂砾 /%	最佳含水量 /%	最大干密度 /(g/cm³)
	10~20/mm	石屑	砂砾	卵石				
配合比/%	10.0	10.0	60.0	20.0	底基层	3.5：100	5.6	2.26
						4.0：100	5.6	2.26

该路底基层为水泥稳定碎石材料，按 3cm 的子层进行介电特性的反演，将反算得到的介电常数的平均值作为该点的代表值，并利用室内强度试验结果进行对比分析，结果如表 8.29 所示，相关性分析结果如图 8.47~图 8.49 所示。

表 8.29 反算结果与试验结果的比较

	强度/MPa	模量/MPa	表面反射介电常数	平均介电常数	标准差	平均值介电常数—标准差
1	9.09	3117	9.520	9.504	0.0545	9.449
2	10.13	2359	9.783	10.258	0.4018	9.857
3	12.67	1438	10.646	11.116	0.3285	10.788
4	15.32	1931	12.326	13.549	0.3891	13.160
5	9.05	583	9.498	10.271	0.4643	9.806
6	14.26	2263	11.814	13.167	0.4162	12.751
7	10.07	1159	9.274	10.641	0.9205	9.721
8	10.76	1839	9.971	10.423	0.4198	10.003
9	12.83	1253	10.226	9.919	0.3764	9.542
10	8.16	2023	9.939	10.499	0.7697	9.729
11	13.36	1962	9.837	14.158	1.2904	12.867
12	9.09	1953	8.962	9.049	0.1111	8.938
13	10.76	1588	8.985	11.637	1.3156	10.322
14	7.79	777	9.252	8.843	0.0910	8.752
15	11.94	5046	9.752	9.699	0.4001	9.299
16	8.16	4143	7.305	9.130	1.2486	7.881
17	7.34	1241	8.679	9.263	0.6338	8.629

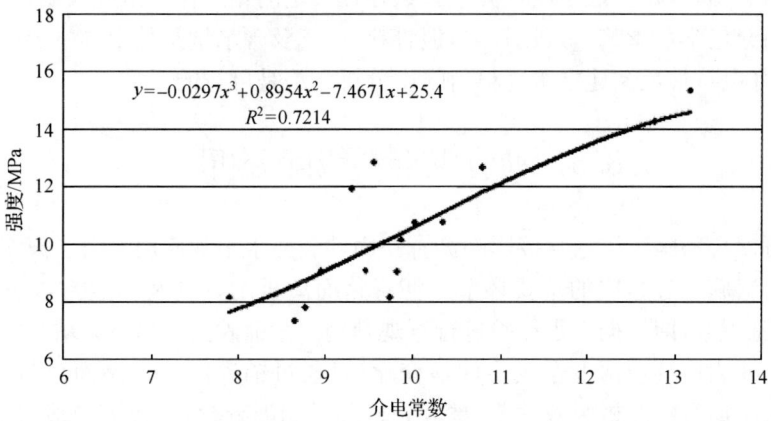

图 8.47 水稳基层强度与介电常数(平均值—标准差)的相关关系

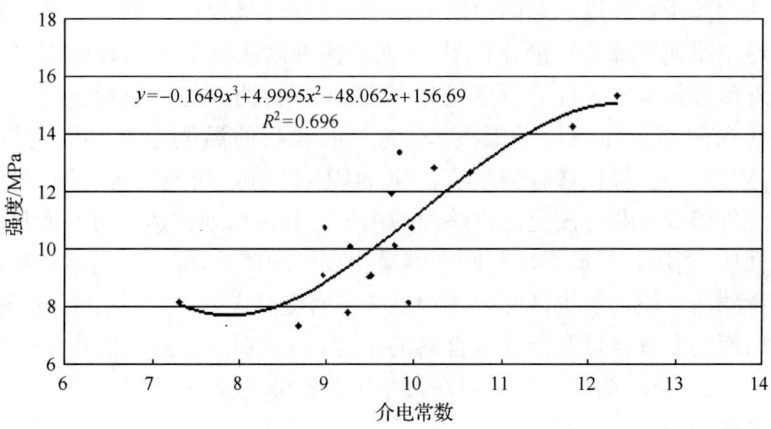

图 8.48 水稳基层强度与由表面反射得到的介电常数的相关关系

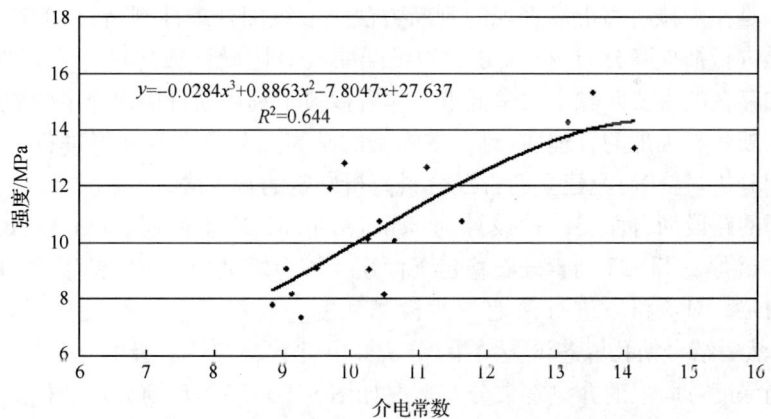

图 8.49 水稳基层强度与平均介电常数的相关关系

可以看出，水稳基层强度与介电常数存在一定的相关性。由此表明，尽管水稳基层材料介电常数影响因素比较多，但骨料、空气及含水量是其中的主要因素。因此，基于介电特性反演建立水稳材料强度分析方法是可行的。

8.5　沥青混合料级配分析[28]

沥青混合料施工质量直接影响沥青路面的服务水平和使用寿命。离析控制是沥青混合料施工过程中的重要环节。沥青路面离析的判别及测定常规方法主要有：①视觉观察，即根据工程经验进行直观判别。②铺砂法。离析区域与非离析区域沥青路面表面纹理深度会发生明显变化，可通过铺砂法确定路面离析的程度。③取芯法。通过在离析区域钻芯取样，分析芯样的沥青含量、级配组成、试件密度及孔隙率，通过与设计值或标准值的比较来判定路面离析的程度。

沥青路面离析新发展起来的检测方法有：①红外摄像仪检测法。通过红外摄像仪绘制整个路面区域的热量分布图，从而检测和解决施工中出现的温度离析现象。用红外摄像仪检测软件分析热量分布图，可评价路面施工质量。红外摄像仪检测法只能探测到路面表层的温度，不能对混合料的温度差异原因进行判断。②探地雷达与红外摄像仪联合测定法。NCHRP441课题研究报告表明，可利用探地雷达与红外摄像仪联合测定沥青路面的离析。利用探地雷达分析路面材料随深度变化的性质，利用红外摄像仪判断和测量路表面的离析，综合利用这两种设备可以测定沥青路面性质的三维剖面。③轻型核子密度测定仪。通过轻型核子密度仪测定沥青路面的沥青含量及沥青混合料的密度，并判别沥青路面的离析。轻型核子密度仪可手持操作，简单方便。但在每个工程检测之前，轻型核子密度仪必须先进行校验才能使用。

以上方法中有的是从整体密度的角度，有的是从表面特性的角度进行离析判断的。但是作为粒料离析最直观的判断方法——级配合理性判断，目前还是依靠钻芯取样进行抽提筛分，根据筛分后的级配曲线对比设计级配进行合理性判断。这种方法存在的主要问题是效率低下。作者探讨了利用沥青层内介电常数的不均匀性来判断骨料级配的合理性，对正在施工的某高速公路沥青面层进行了现场试验和级配分析，旨在研究建立沥青混合料离析判定的新方法。

选择的路段沥青面层结构设计为6cm厚的AC-20上面层、6cm厚AC-25中面层和7cm厚ATB-25沥青碎石稳定下面层。该标段试验时仅摊铺了ATB-25和AC-25两层。对该路段进行探地雷达检测和复合材料介电特性反演，结果列于表8.30。然后结合钻孔取芯试验结果，分析介电常数均匀性对级配合理性的影响。层内不同深度方向上的介电常数分布情况如图8.50所示，反演分析迭代运算后雷达波模拟波形和实测波形的对比如图8.51～图8.61所示，对应点的筛分级配曲线如图 8.62～图 8.80 所示。

表 8.30　探地雷达分析介电常数、厚度与钻芯取样的相关指标的对比

点号	层位	分析厚度/cm	实测厚度/cm	介电常数	平均介电常数	变异系数	密度/(g/cm³)	油石比/%	级配
6-1	上层	7.81	7.4	6.33 6.44 6.28	6.35	0.08	2.47	4.07	合理
6-1	下层	6.27	6.6	8.05 7.72 8.57	8.12	0.43	2.46	3.89	粗颗粒偏多
6-1	总厚度	14.08	14.0						
6-3	上层	8.44	7.6	6.28 6.18 5.92 6.53	6.23	0.25	2.49	4.52	合理
6-3	下层	7.29	7.5	7.18 8.07 8.52	7.92	0.68	2.48	4.25	粗颗粒偏多
6-3	总厚度	15.73	15.1						
6-5	上层	7.41	7.0	5.92 6.16 7.05 7.33	6.62	0.68	2.51	3.51	合理
6-5	下层	5.86	6.2	9.34 8.78	9.06	0.40	2.44	4.08	粗颗粒偏多
6-5	总厚度	13.27	13.2						
6-6	上层	6.80	7.2	6.59 9.16 8.52	8.09	1.34	2.50	4.09	粗、细料均偏多
6-6	下层	6.43	6.0	9.20 8.20 7.98	8.46	0.65	2.49	3.45	粗颗粒多
6-6	总厚度	13.23	13.2						

续表

点号	层位	分析厚度/cm	实测厚度/cm	介电常数	平均介电常数	变异系数	密度/(g/cm³)	油石比/%	级配
6-7	上层	7.57	7.0	6.15	6.52	0.33	2.51	4.83	合理
				6.76					
				6.65					
	下层	5.73	6.1	7.43	8.61	1.02	2.47	4.35	粗颗粒偏多
				9.08					
				9.30					
	总厚度	13.30	13.1						
6-9	上层	7.79	7.2	5.94	5.92	0.03	2.43	4.81	合理
				5.89					
				5.94					
	下层	6.26	6.4	8.11	8.48	0.64	2.50	4.08	粗颗粒偏多
				8.11					
				9.21					
	总厚度	14.06	13.8						
6-12	—	—	6.9	6.45	6.39	0.20	2.48	4.02	合理
				6.78						
				6.37					
				6.38					
				6.17					
			7.0	6.19			2.45	4.07	合理
				6.42					
	总厚度	14.54	13.9						
6-15	上层	8.06	6.7	6.12	6.26	0.34	2.42	4.03	合理
				5.92					
				6.30					
				6.72					
	下层	—	5.8				2.39	3.81	合理

续表

点号	层位	分析厚度/cm	实测厚度/cm	介电常数	平均介电常数	变异系数	密度/(g/cm³)	油石比/%	级配
6-23		8.12	7.7	5.77	6.02	0.30	2.47	3.85	合理
				5.87					
				5.98					
				6.46					
		7.31	6.5	7.61	7.77	0.16	2.51	3.68	合理
				7.76					
				7.93					
		15.43	14.2						
6-28	上层	8.41	8.8	5.55	6.45	0.66	2.47	4.46	合理
				6.51					
				5.59					
				7.14					
	下层	—	7.1				2.50	4.32	合理

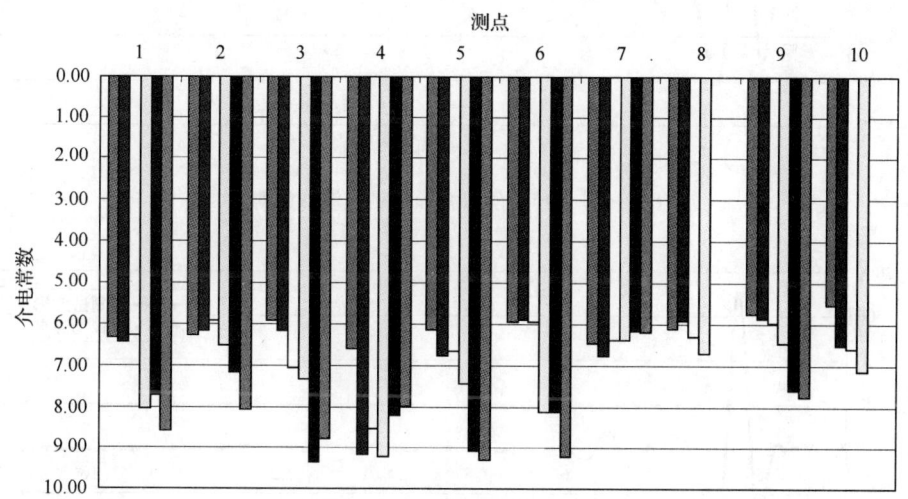

图 8.50 深度方向子层介电常数变异性变化情况

从表 8.30 可见,除了 6-12 号点,由于上下层材料介电特性非常接近,不能区分两层,6-15、6-28 号点不能识别出下面层外,大部分测点探地雷达能够将两层沥青区分开,并且只要能够分清层的,都能将该层分成 3~4 个子层,进行多层介电常数反演。反演结果表明:沥青混合料介电常数的均匀性能够反映级配的合理性。

当介电常数均匀性较差时(标准差大于0.70),级配较差;另外,当介电常数偏大时(大于8.0),往往粗颗粒含量偏多,级配较差。因此,可以采用介电常数均匀性来判断沥青混合料粒料级配的合理性。

由图8.50所示的介电常数在深度方向的分布情况和级配试验结果可以看出:当沥青混合料的介电常数较均匀时,级配较合理;当介电常数离散性较大时,级配相对较差。

以上研究结果表明,沥青混合料的介电特性及其沿层厚方向的均匀性基本反映了混合料级配的合理性。因此,应用探地雷达检测技术和介电特性反演方法,结合少量取芯试验,能够对沥青混合料级配的合理性进行快速、时实分析,避免了大量取芯对路面造成的破坏。虽然这方面的研究有待于进一步深入和完善,但无疑它是道路无损检测技术发展中值得重视的方向,有望为沥青混凝土路面施工质量控制提供新的方法。

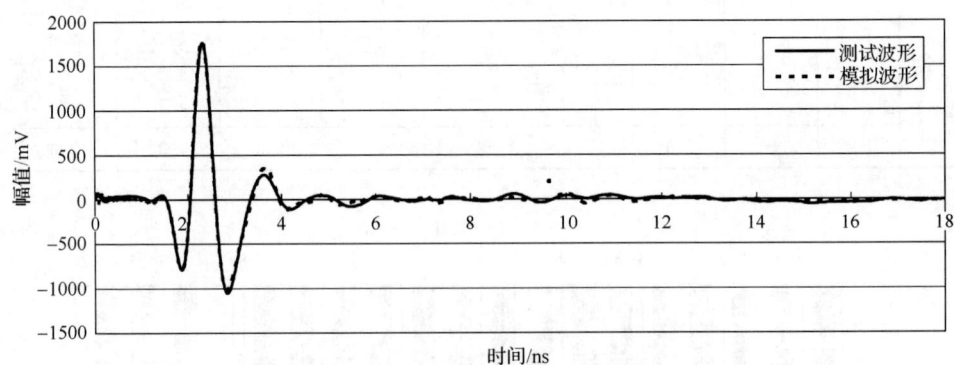

图8.51 6-1号点模拟波形和测试波形的对比

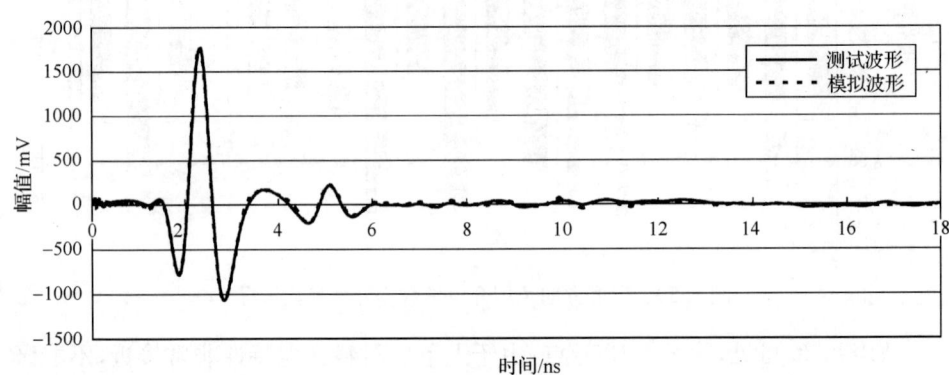

图8.52 6-3号点模拟波形和测试波形的对比

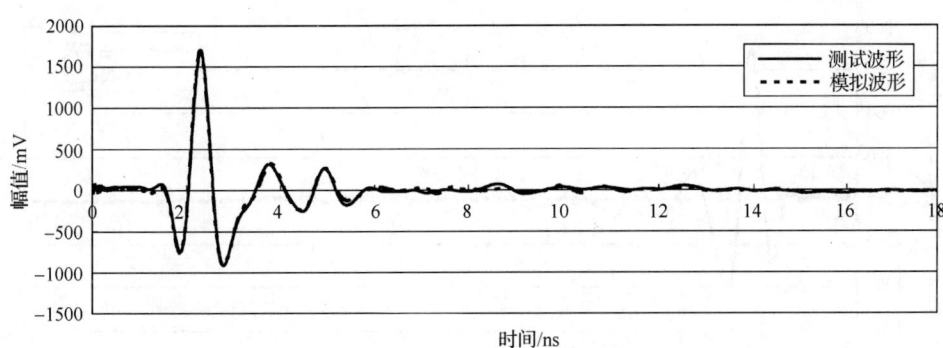

图 8.53 6-5 号点模拟波形和测试波形的对比

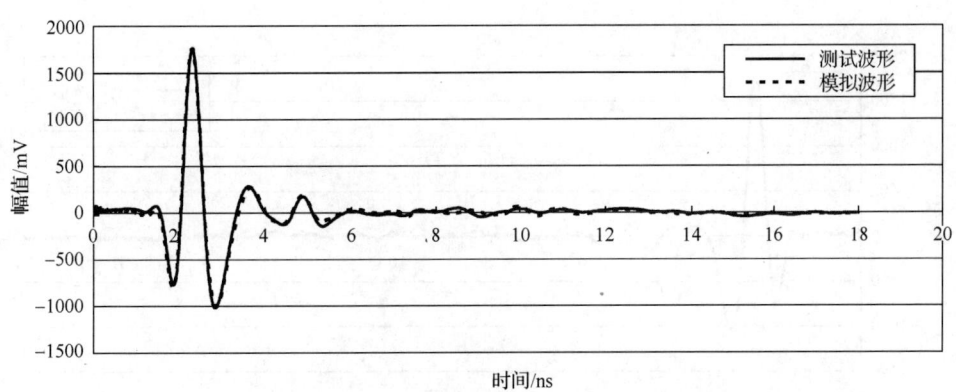

图 8.54 6-6 号点模拟波形和测试波形的对比

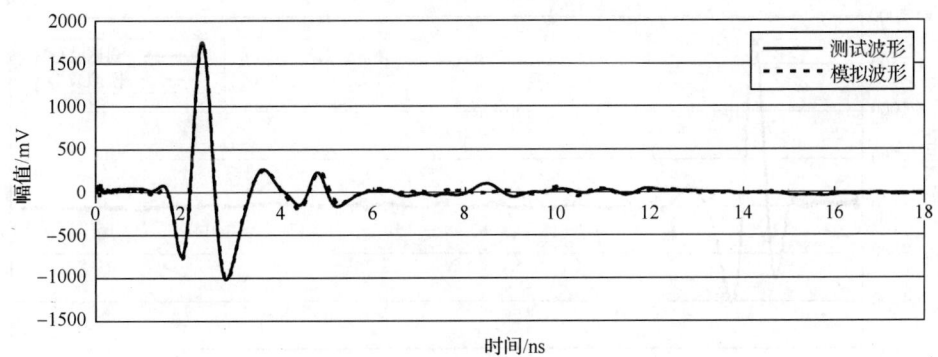

图 8.55 6-7 号点模拟波形和测试波形的对比

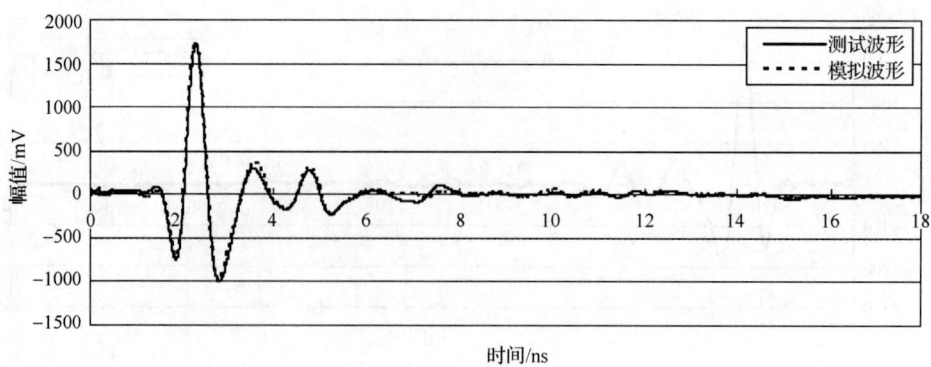

图 8.56　6-9 号点模拟波形和测试波形的对比

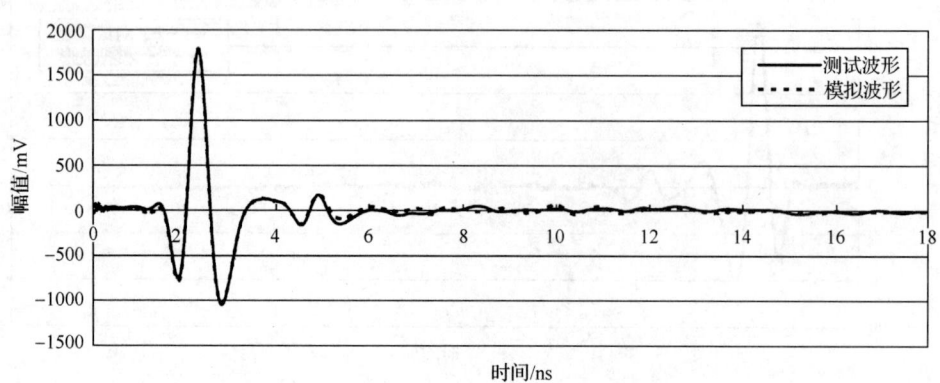

图 8.57　6-12 号点模拟波形和测试波形的对比

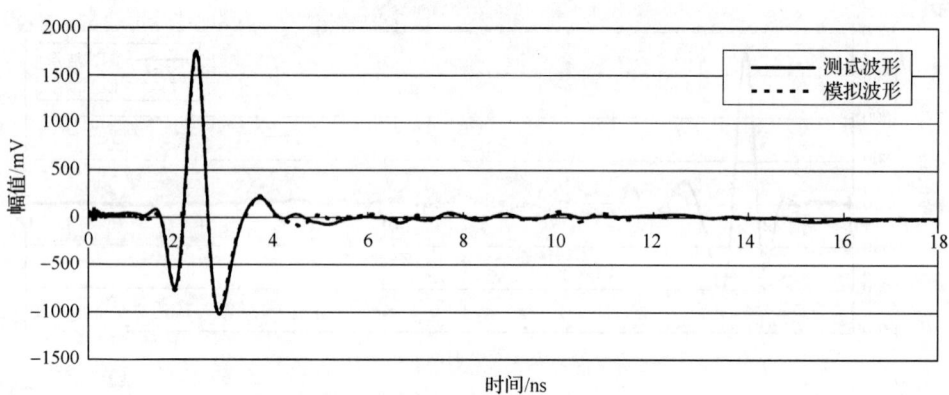

图 8.58　6-15 号点模拟波形和测试波形的对比

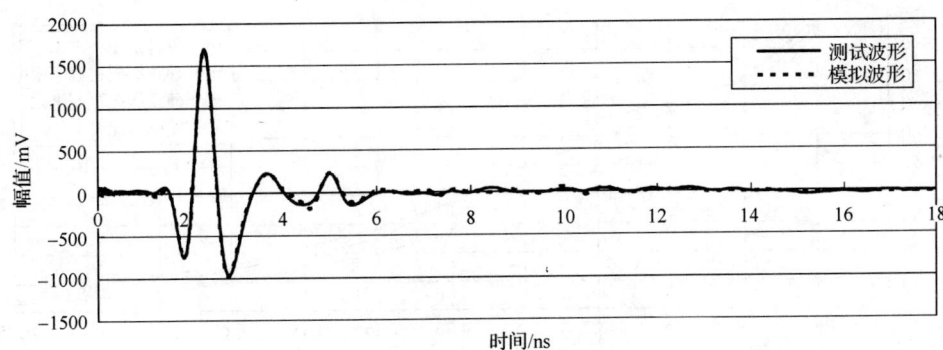

图 8.59 6-23 号点模拟波形和测试波形的对比

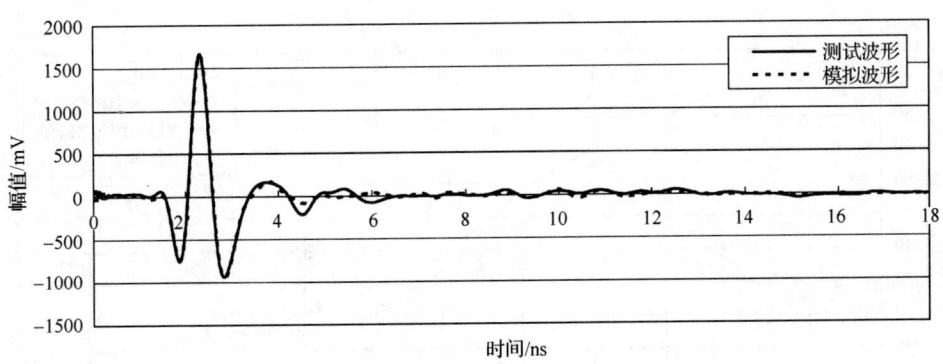

图 8.60 6-28 号点模拟波形和测试波形的对比

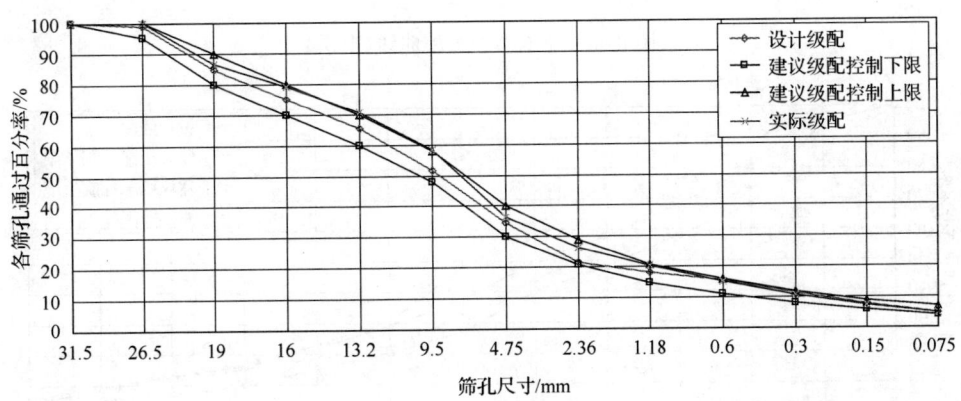

图 8.61 芯样 6-1 级配曲线（上层）

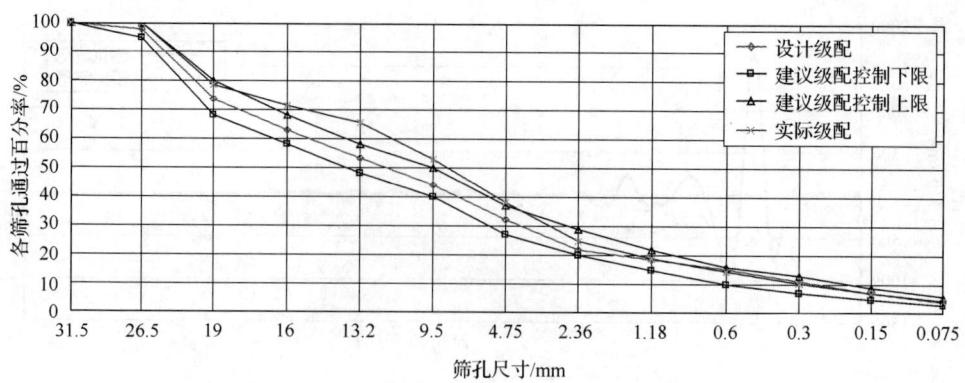

图 8.62 芯样 6-1 级配曲线(下层)

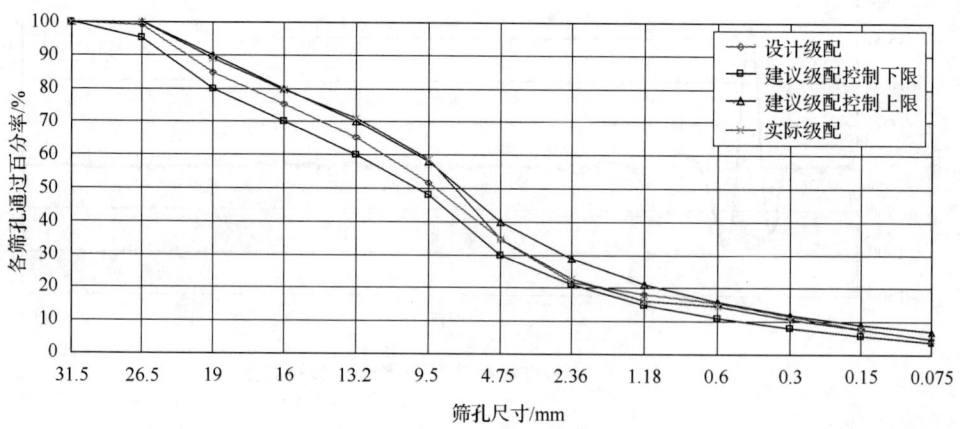

图 8.63 芯样 6-3 级配曲线(上层)

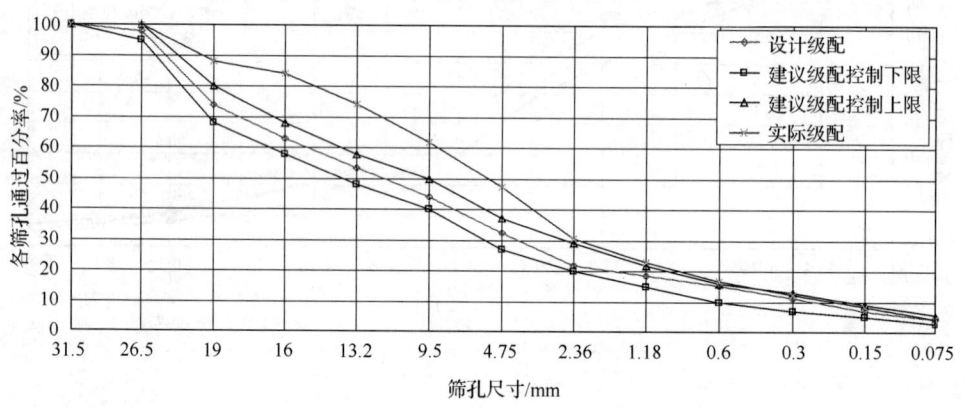

图 8.64 芯样 6-3 级配曲线(下层)

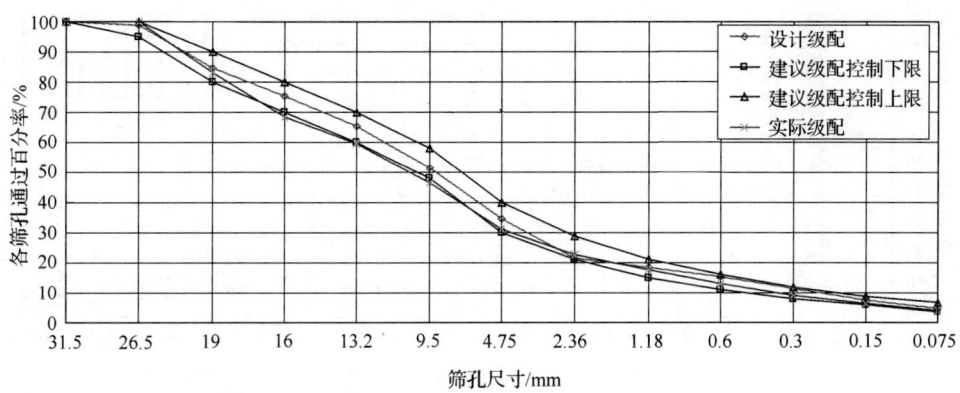

图 8.65　芯样 6-5 级配曲线(上层)

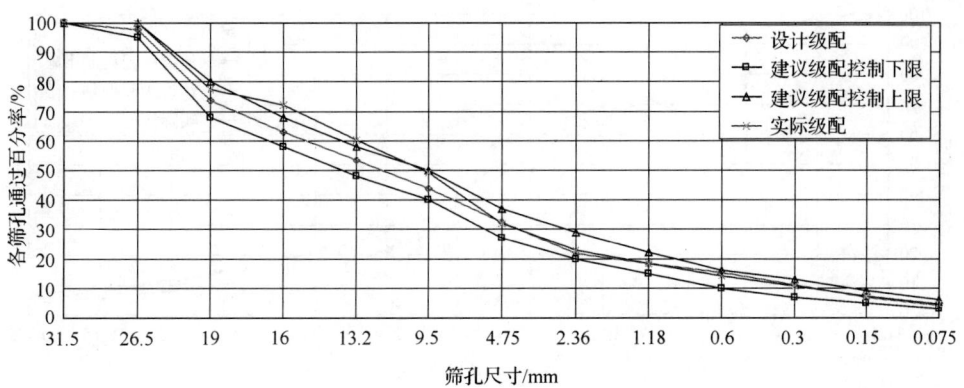

图 8.66　芯样 6-5 级配曲线(下层)

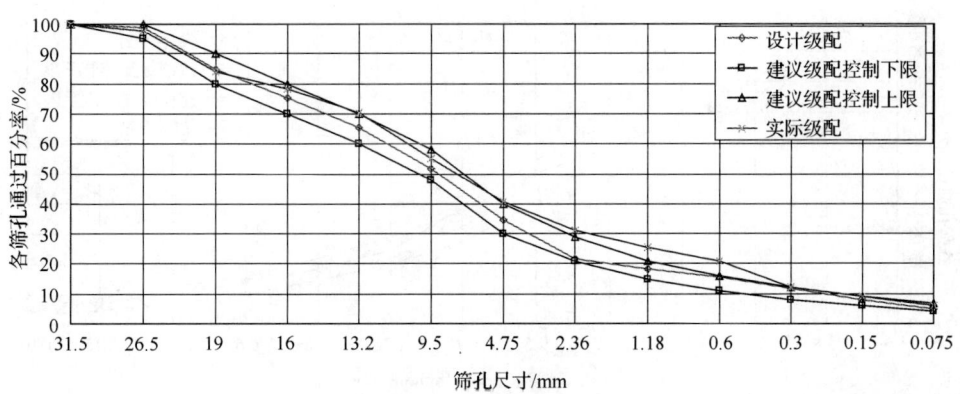

图 8.67　芯样 6-6 级配曲线(上层)

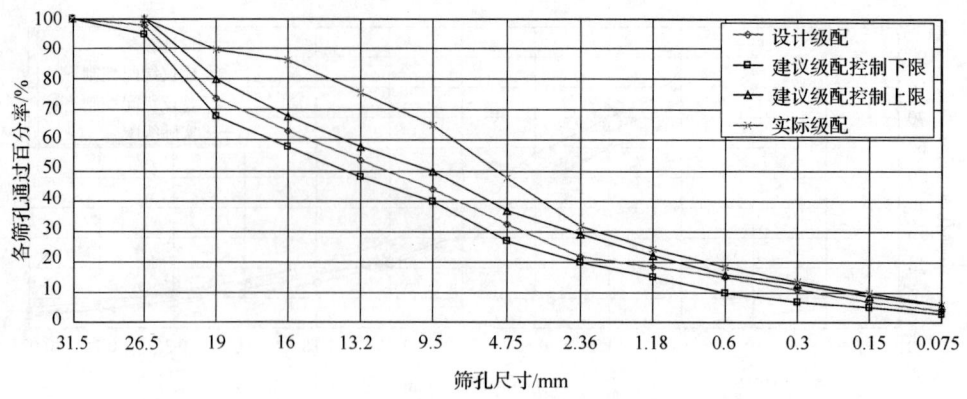

图 8.68　芯样 6-6 级配曲线(下层)

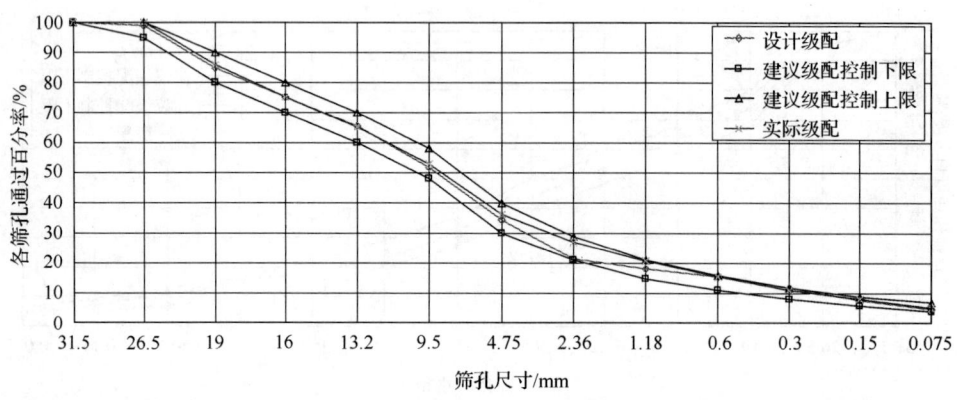

图 8.69　芯样 6-7 级配曲线(上层)

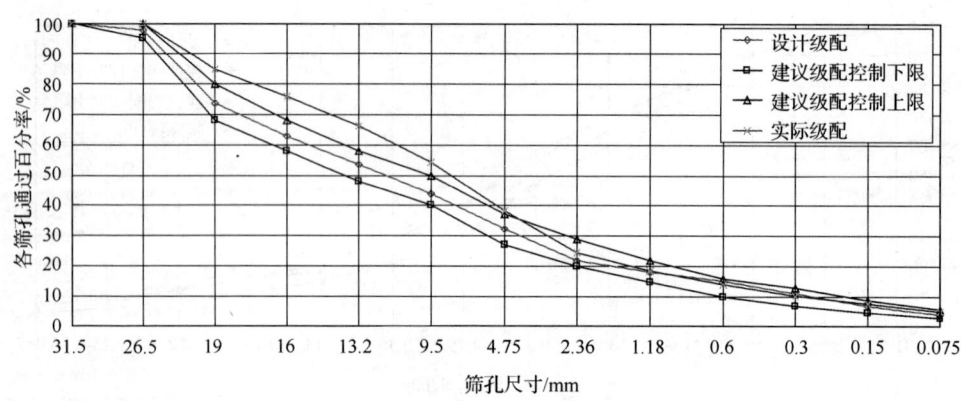

图 8.70　芯样 6-7 级配曲线(下层)

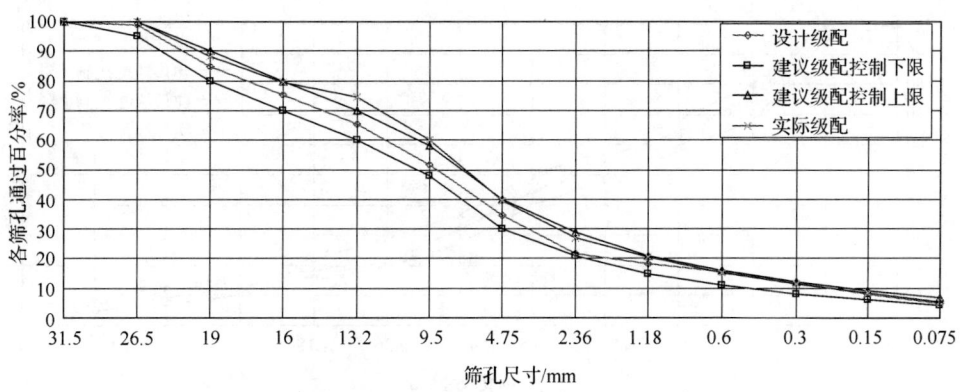

图 8.71 芯样 6-9 级配曲线(上层)

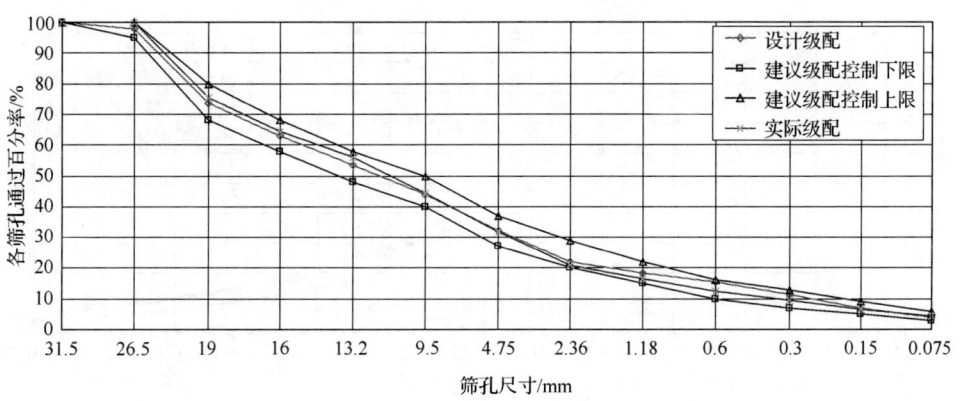

图 8.72 芯样 6-9 级配曲线(下层)

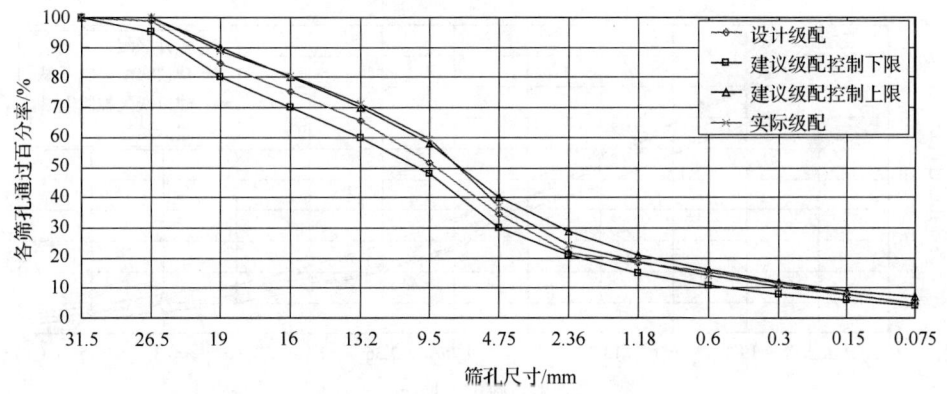

图 8.73 芯样 6-12 级配曲线(上层)

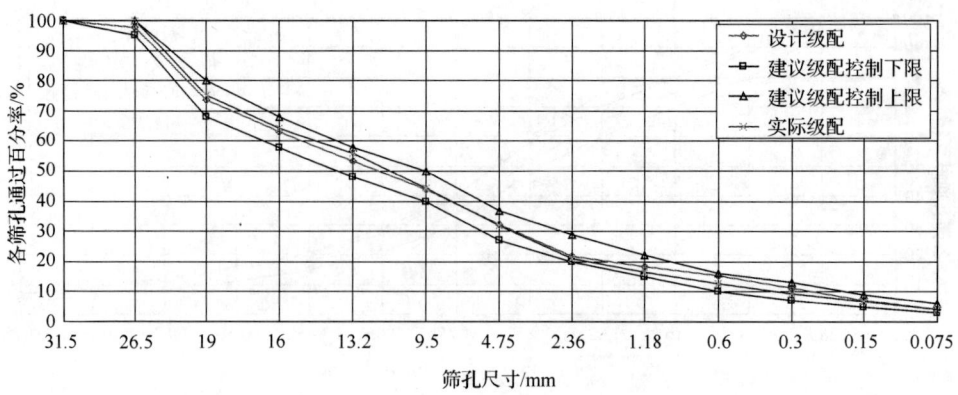

图 8.74 芯样 6-12 级配曲线（下层）

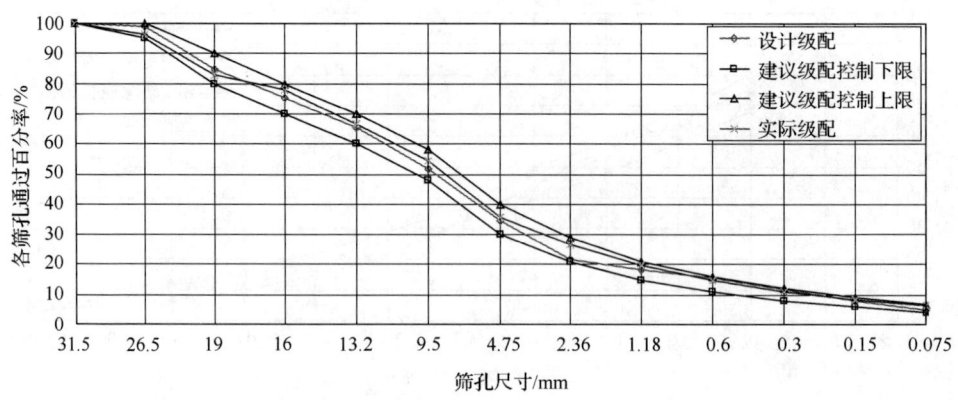

图 8.75 芯样 6-15 级配曲线（上层）

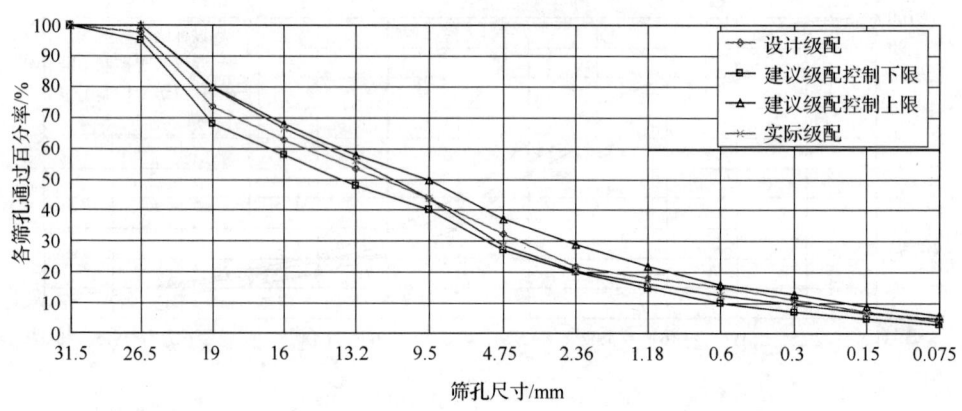

图 8.76 芯样 6-15 级配曲线（下层）

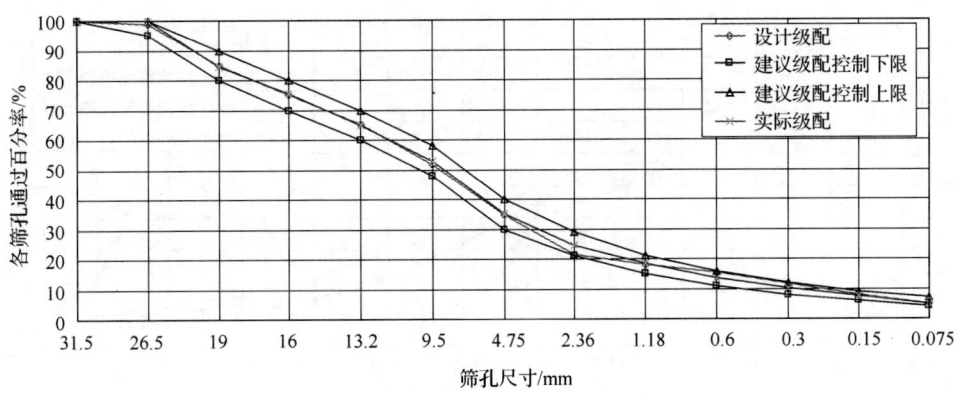

图 8.77　芯样 6-23 级配曲线（上层）

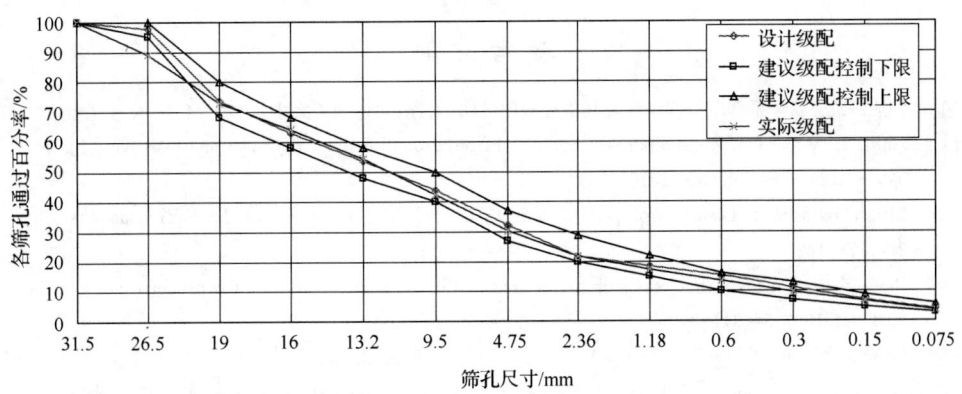

图 8.78　芯样 6-23 级配曲线（下层）

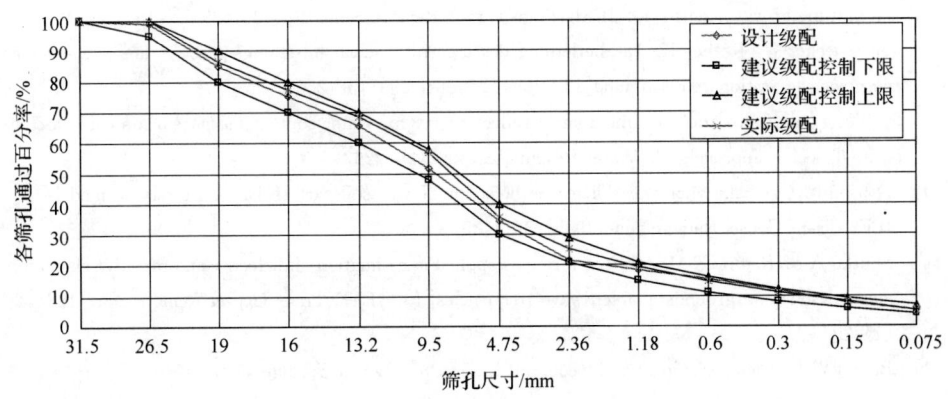

图 8.79　芯样 6-28 级配曲线（上层）

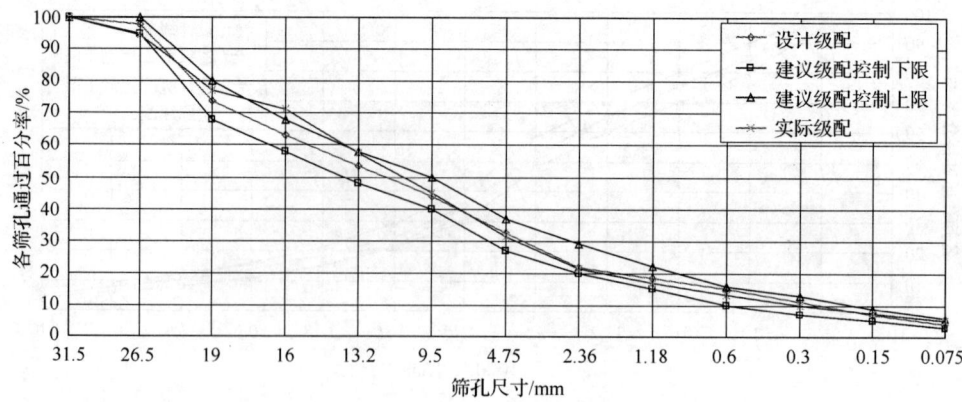

图 8.80　芯样 6-28 级配曲线（下层）

参 考 文 献

[1]　钟燕辉. 层状体系介电特性反演及其工程应用[D]. 大连：大连理工大学，2006

[2]　Anita T. Water content and porosity estimated from ground-penetrating radar and resistivity[J]. Journal of Applied Geophysics，2006，58：99—111

[3]　Mirko D，Bosko R. Dielectric properties modeling of composite materials [J]. FME Transactions，2009，37：117—122

[4]　Rayleigh L. On the influences of obstacles arranged in rectangular order on the properties of a medium [J]. Phil，1892，34(3)：481—502

[5]　Böttcher C J F. Theory of Electric Polarization[M]. Amsterdam：Elsevier，1952：11—13

[6]　Boersma A，Turnhout J V. Dielectric on-line spectroscopy during extrusion of polymer blends[J]. Polymer，1999，40(18)：5023—5033

[7]　Leshchanskyi Y I，Ulyanychev N V. Calculation of the electrical parameters of sandy-clay soils at meter and centimeter wavelengths[J]. IEEE Trans Geosci Remote Sens，1980，23：529

[8]　Lichtenecker K，Rother K. Die herleitung des logarithmischen mischungs-gesetzes aus allegemeinen prinzipien der stationaren stromung[J]. Phys Zeitschr，1931，32：255

[9]　Roth K，et al. Calibration of time domain reflectometry for water content measurements using a composite dielectric approach[J]. Water Resour Res，1990，26：2267

[10]　Dobson M C，et al. Microwave dielectric behavior of wet soil-part II：Dielectric mixing models[J]. IEEE Trans Geosci Remote Sens，1985，23(1)：35

[11]　Shutko A M，Reutov E M. Mixture formulas applied in estimation of dielectric and radiative characteristics of soils and grounds at microwave frequencies[J]. IEEE Trans Geosci Remote Sens，1982，20(1)：29

[12]　Brown W F. Dielectrics in Encyclopedia of Physics[M]. Berlin：Springer，1956：15—16

[13]　Birchak J R，Gardner C G，Hipp J E，et al. High dielectric contant microwave probes for sensing soil moisture[J]. Proc IEEE，1974，62(1)：93—98

[14]　Wharton R P，Hazen G A，Rau R W，et al. Advances in technique and interpretation[C]//SPE Paper

9267,55th Annual Technical Conference and Exhibition, Dallas, 1980

[15] Landau L D, Lifshitz E M. Electrodynamics of Continuous Media[M]. Oxford: Pergamon Press, 1960

[16] Shutko A M, Reutov E M. Mixture formulas applied in estimation of dielectric and radiative characteristics of soils and grounds at microwave frequencies[J]. IEEE Transactions on Geoscience and Remote Sensing, 1982, 20(1): 11—13

[17] van Beek. Progress in Dielectrics[J]. Heywood Books, 1965, 7: 69—114

[18] Hasted J B. Aqueous Dielectric[M]. London: Chapman and Hall Press, 1973

[19] Wobschall D A. Theory of complex dielectric permittivity of soil containing water[J]. IEE Transaction on Geoscience Electronics, 1977, 15(1): 49—58

[20] Sen P N, Scala C, Cohen M H. A self-similar model for sedimentary rocks with application to the dielectric constant of fused glass beads[J]. Geophysics, 1981, 46(5): 781

[21] Sherman M M. The calculation of porosity from dielectric constant measurements[C]//26th Annual Logging Symposium Transactions, Texas, 1985

[22] Reynolds J A, Hough J M. Formulate for dielectric constant of mixtures[J]. Proc Phys Soc, 1957, 708(452): 765—769

[23] 李剑浩. 混合物介电常数的新公式[J]. 地球物理学报, 1989, 32(6): 716—719

[24] 中华人民共和国交通部. JTG D50—2006 公路沥青路面设计规范[M]. 北京: 人民交通出版社, 2006

[25] 中华人民共和国交通部. JTJ 052—2000 公路工程沥青及沥青混合料试验规程[M]. 北京: 人民交通出版社, 2000

[26] 中华人民共和国交通部. JTJ 034—2000 公路路面基层施工技术规范[M]. 北京: 人民交通出版社, 2000

[27] 中华人民共和国交通部. JTG E40—2007 公路土工试验规程[M]. 北京: 人民交通出版社, 2007

[28] 蔡迎春. 层状非均匀介质介电特性反演分析——路面雷达应用技术研究[D]. 大连: 大连理工大学, 2008

[29] 周雪铭. 路基含水量对弯沉值的影响[J]. 中南公路工程, 2003, 28(1): 60—62

[30] 李秋忠, 查旭东. 路基含水量测定方法综述[J]. 中外公路, 2005, 25(2): 41—43

[31] Grote K S, Hubbard S, Rubin Y. GPR monitoring of volumetric water content in soils applied to highway construction and maintenance[J]. Leading Edge of Expl, 2002, (21): 482—485

[32] Soutsos M N, Bungey J H, Millard S G, et al. Dielectric properties of concrete and their influence on radar testing[J]. NDT & International, 2001, (34): 419—425